高等职业教育"十三五"规划教材

数据通信设备运行与维护

主　编◉范新龙　　张　华　　郭芊彤
副主编◉高　琳　　王洪平

西南交通大学出版社
·成都·

内容提要

本书以网络设备维护为主线，通过对交换机和路由器等网络设备进行配置，学习相关网络理论知识，培养学习者的职业技能和网络知识的基本运用能力。

全书共分为七部分：网络技术基础、局域网技术及管理、路由器原理及应用、广域网技术及管理、网络安全管理、网络管理及故障处理、高级应用。通过这些内容的学习，读者可以学习到网络的基本概念、数据通信的基本知识；局域网的技术及应用、虚拟局域网、无线局域网；TCP/IP 协议、子网划分、网络接入技术；交换机、路由器常用协议及配置方法，并且对网络工作原理有更深刻的理解。

本书可以作为高职院校的通信技术、计算机网络技术、计算机应用等专业的教材使用，也可以作为网络管理人员及网络知识自学者的参考资料。

图书在版编目（CIP）数据

数据通信设备运行与维护 / 范新龙，张华，郭芊彤主编. 一成都：西南交通大学出版社，2017.3
高等职业教育"十三五"规划教材
ISBN 978-7-5643-5344-5

Ⅰ. ①数… Ⅱ. ①范… ②张… ③郭… Ⅲ. ①数据通信设备 – 运行 – 高等职业教育 – 教材②数据通信设备 – 维修 – 高等职业教育 – 教材 Ⅳ. ①TN919.5

中国版本图书馆 CIP 数据核字（2017）第 055333 号

高等职业教育"十三五"规划教材
数据通信设备运行与维护
主编 范新龙 张 华 郭芊彤

责 任 编 辑	穆 丰	
封 面 设 计	何东琳设计工作室	
	西南交通大学出版社	
出 版 发 行	（四川省成都市二环路北一段 111 号 西南交通大学创新大厦 21 楼）	
发 行 部 电 话	028-87600564　028-87600533	
邮 政 编 码	610031	
网　　　　址	http://www.xnjdcbs.com	
印　　　　刷	四川森林印务有限责任公司	
成 品 尺 寸	185 mm × 260 mm	
印　　　　张	19.75	
字　　　　数	469 千	
版　　　　次	2017 年 3 月第 1 版	
印　　　　次	2017 年 3 月第 1 次	
书　　　　号	ISBN 978-7-5643-5344-5	
定　　　　价	45.00 元	

前 言/Preface

随着互联网技术的发展和普及，特别是移动互联网的普及，网络应用已经成为人们日常生活和生产活动的一部分，计算机网络设备的应用和维护已经变得越来越重要。特别是铁路、地铁等交通领域的网络通信设备被越来越多地应用，对相关技术人才的需求也不断增加。

为了适应市场需求的不断变化，适应社会职业技能型人才培养的要求，特编写了本书。本书是供高等职业教育、成人教育以及计算机网络技术爱好者使用的计算机网络教材，能使读者在学习中一步一步掌握网络设备维护的实用技术，了解计算机网络的基本结构、应用及发展，从而有能力从事网络设备的配置和维护等相关工作。

本书以网络技术应用为主，强调实际动手能力，在讲解网络基本知识的同时，加入在实际网络中的应用知识和实践经验，使读者对网络的基本工作原理和应用有一个较为直观的认知。通过使用虚拟网络实训环境，可以降低学习成本，提高学习效率。

在内容的组织上，我们精选了网络设备维护中较为常用的内容，主要分为七个部分：（1）网络技术基础，介绍企业网构架、传输介质、交换技术、协议概念及常用网络设备等，使读者可以对全书有一定了解；（2）局域网技术，主要介绍交换机的一般维护方法、生成树协议、VLAN 和无线局域网的知识；（3）路由器技术，主要介绍路由的概念、路由器原理、动态路由和静态路由概念及常用的路由协议配置方法；（4）广域网技术，主要介绍广域网技术及常见的广域网协议及配置；（5）网络安全技术，主要介绍常见网络安全技术及实现方法，AAA、VPN等技术的应用方法；（6）网管技术及故障处理，介绍网络设备上的常用管理技术及故障处理的一般方法；（7）高级应用，通过介绍部分现在常用的路由器和交换机高级应用技术，学习掌握一些高级应用技术。

全书包含大量的实训项目内容，这些实训大多数可以使用网络设备仿真软件实现，对理解相应章节的网络知识帮助极大。仿真器以华为生产的仿真器为主，在学习过程中，也包含部分 H3C 和思科的设备命令，对理解设备的工作可起到帮助作用。

本书由西安铁路职业技术学院范新龙、张华、郭芊彤、高琳和南充职业技术学院王洪平编写，分工如下：郭芊彤编写项目1，张华编写项目2，高琳编写项目5及项目7的任务7.1，王洪平编写项目7的任务7.2至任务7.4，范新龙编写项目3、4、6及全书的实训和习题并进行了全书的统稿工作。

　　本书的编写得到了许多朋友的关心和支持，张重阳、王超、聂雪、刘晓云在本书编写过程中提出了许多宝贵意见，在此对他们表示衷心的感谢。

　　由于编者水平有限，时间仓促，对于书中存在的疏漏与不足之处，敬请广大读者和专家批评指正。

编　者

2016 年 12 月

目 录/contents

项目 1 网络技术基础 ………………………………………………… 1

　　任务 1.1 企业网络架构概述 ……………………………………… 1

　　任务 1.2 数据传输介质 ………………………………………… 2

　　任务 1.3 数据交换技术 ………………………………………… 6

　　任务 1.4 网络协议简介 ………………………………………… 11

　　任务 1.5 认识和管理网络设备 ………………………………… 39

　　任务 1.6 网络设备配置仿真环境的认知 ……………………… 45

　　思考与练习 ……………………………………………………… 55

项目 2 局域网技术及管理 ………………………………………… 56

　　任务 2.1 以太网技术 …………………………………………… 56

　　任务 2.2 交换机技术基础 ……………………………………… 60

　　任务 2.3 交换机端口技术 ……………………………………… 76

　　任务 2.4 VLAN 原理及 VLAN 配置 ………………………… 83

　　任务 2.5 STP 及 RSTP 原理与配置 ………………………… 97

　　任务 2.6 GARP 及 GVRP 原理和配置 ……………………… 113

　　任务 2.7 无线网络设备的原理与配置 ………………………… 118

　　思考与练习 ……………………………………………………… 125

项目 3 路由器原理及应用 ………………………………………… 126

　　任务 3.1 路由器原理 …………………………………………… 126

　　任务 3.2 静态路由 ……………………………………………… 132

　　任务 3.3 动态路由协议 ………………………………………… 142

　　任务 3.4 VLAN 间路由及配置 ………………………………… 168

　　思考与练习 ……………………………………………………… 174

项目 4 广域网技术及管理 ………………………………………… 175

　　任务 4.1 广域网技术 …………………………………………… 175

　　任务 4.2 常见的广域网协议 …………………………………… 181

　　思考与练习 ……………………………………………………… 205

项目 5　网络安全管理 ································· 206

　　任务 5.1　路由器访问控制列表 ················ 207

　　任务 5.2　认证、授权和计费 ··················· 215

　　任务 5.3　虚拟专用网 VPN ····················· 221

　　任务 5.4　网络地址转换 NAT ················· 237

　　思考与练习 ·· 245

项目 6　网络管理及故障处理 ····················· 246

　　任务 6.1　网络管理概述 ························· 246

　　任务 6.2　网络管理协议 ························· 248

　　任务 6.3　网络故障处理 ························· 253

　　思考与练习 ·· 266

项目 7　高级应用 ·································· 267

　　任务 7.1　BGP 协议原理及配置 ··············· 267

　　任务 7.2　VRRP 原理及应用 ··················· 279

　　任务 7.3　MSTP 原理及应用 ··················· 288

　　任务 7.4　SmartLink 原理及应用 ··············· 298

参考文献 ·· 309

项目 1　网络技术基础

任务 1.1　企业网络架构概述

企业网络是指某个组织或机构的网络互联系统。企业使用该网络互联系统主要用于共享打印机、文件服务器等，并使用 Email 实现用户间的高效协同工作。现在，企业网络已经广泛应用在各行各业中，包括小型办公室、教育、政府和银行等行业或机构，如图 1-1 所示。

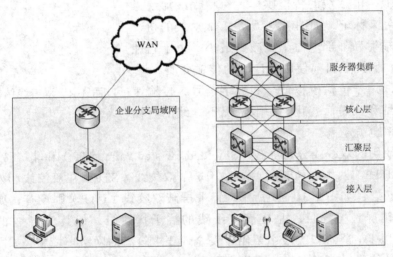

图 1-1　企业网络的基本框架

由于企业的业务总是在不断地发展，总体上对网络的需求也是在不断地变化，这就要求企业网络应该具备适应这种需求不断变化的能力。因此，了解企业网络的架构是如何适应业务的需求将变得十分必要。

一般情况下，企业网络的规模有限，地域集中，但也有一些企业网络比较分散，有众多相距较远的分支机构，需要采用远程互联方式。

（1）小型企业网络通常采用扁平网络结构，网络扩展能力低。如果需要支持未来不断增长的用户，应采用多层网络结构。大型企业网络用户较多，通常采用层次化结构以支持网络的扩展和用户的增长。

（2）在设计大型企业网络时必须首先考虑企业业务的特点，在保证网络性能满足业务需求的前提下，还必须考虑网络的可用性、稳定性、可扩展性、安全性和可管理性，以保证企业业务的正常运营和发展。

任务 1.2 数据传输介质

网络上的数据传输需要有"传输媒体",这好比车辆必须在道路上行驶一样,道路质量的好坏会影响到行车的安全舒适程度。同样,网络传输媒介的质量好坏也会影响数据传输的质量,包括速率、数据丢失等。

常用的网络传输介质可分为两类:一类是有线的,一类是无线的。有线传输介质主要有双绞线、同轴电缆及光缆等;无线介质有无线电和微波等。

1.2.1 双绞线

1. 双绞线的物理特性

双绞线是由相互绝缘的两根铜线按一定扭矩相互绞合在一起的类似于电话线的传输媒体,每根铜线加绝缘层并用不同颜色来标记,如图 1-2 所示。成对线的扭绞是为了使电磁辐射和外部电磁干扰减到最小。由于它性能好,价格低,因此是目前使用最广泛的传输介质。

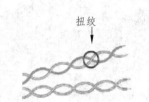

图 1-2 双绞线结构示意图

双绞线可以用于传输模拟信号和数字信号,传输速率根据线的粗细和长短而变化。一般情况下,线的直径越大,传输速率也就越高。

局域网中使用的双绞线分为屏蔽(Shielded Twisted Pair,STP)和非屏蔽(Unshielded Twisted Pair,UTP)两类。两者的差异在于屏蔽双绞线(STP)在双绞线和外皮之间增加了一个铅箔屏蔽层,如图 1-3(a)所示;而非屏蔽双绞线(UTP)则没有,如图 1-3(b)所示。增加铅箔屏蔽层的目的是提高双绞线的抗干扰性能,但其价格是非屏蔽双绞线(UTP)的两倍以上。屏蔽双绞线主要用于安全性要求较高的网络环境中,如军事网络和股票网络等,而且使用屏蔽双绞线的网络为了达到屏蔽的效果,要求所有的插口和配套设施均需使用屏蔽的设备,否则就达不到真正的屏蔽效果,所以整个网络的造价会比使用非屏蔽双绞线的网络高出很多。

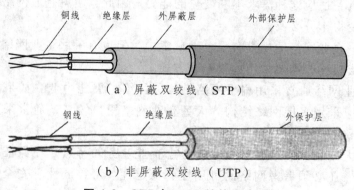

(a)屏蔽双绞线(STP)

(b)非屏蔽双绞线(UTP)

图 1-3 STP 与 UTP 结构示意图

2. 非屏蔽双绞线的类型

按照 EIA/TIA（电气工业协会、电信工业协会）568A 标准，UTP 共分为 1 至 5 类，其中计算机网络常用的是 3 类和 5 类。

1 类线：可用于电话传输，但不适用于数据传输。这一级电缆没有固定的性能要求。

2 类线：可用于电话传输和传输速率最高为 4 Mbit/s 的数据传输，包括 4 对双绞线。

3 类线：可用于传输速率最高为 10 Mbit/s 的数据传输，包括 4 对双绞线，常用于 10Base-T 以太网的语音和数据传输。

4 类线：可用于传输速率 16 Mbit/s 的令牌环网和大型 10Base-T 以太网，包括 4 对双绞线。其测试速度可达 20 Mbit/s。

5 类线：既可用于传输速率 100 Mbit/s 的快速以太网连接，又支持传输速率 150 Mbit/s 的 ATM 数据传输，包括 4 对双绞线，是连接桌面设备的主要传输介质。

使用双绞线组网，网卡必须带有 RJ-45 接口，如图 1-4 所示。另外，还需要一个交换机或集线器进行连接。

图 1-4　RJ45 接口示意图

1.2.2　同轴线及其他常用介质

1. 同轴电缆的物理特性

同轴电缆也是一种常用的传输介质。这种电缆在实际中的应用很广泛，比如有线电视网。组成同轴电缆的内外两个导体是同轴的，如图 1-5 所示，同轴之名由此而来。它的外导体是一个由金属丝编织而成的圆柱形套管，内导体是圆柱形的金属芯线，一般都采用铜制材料。内外导体之间填充有绝缘介质。同轴电缆可以是单芯的，也可以将多条同轴电缆安排在一起形成同轴电缆。由于同轴电缆的绝缘效果上佳，频带也宽，数据传输稳定，价格适中，性价比高，因此是局域网中普遍采用的一种传输介质。

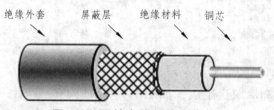

绝缘外套　　屏蔽层　　绝缘材料　　铜芯

图 1-5　同轴电缆结构示意图

同轴电缆又可分为两类：粗缆和细缆。经常提到的 10Base-2 和 10Base-5 以太网就是分别使用细缆和粗缆组网的。

使用同轴电缆组网，需要在两端连接 50 Ω的反射电阻，即终端匹配器。

同轴电缆组网的其他连接设备，随细缆和粗缆的差别而不尽相同，即使名称一样，其规格、大小也是有区别的。

2. 细缆连接设备及技术参数

采用细缆组网，除需要电缆外，还需要 BNC 头、T 形头和终端匹配器等，如图 1-6 所示。同轴电缆组网的网卡必须带有细缆连接接口（通常在网卡上标有"BNC"字样）。

（a）BNC 接头　　　　　　（b）T 型头终端匹配器

图 1-6　细缆连接设备示意图

下面是细缆组网的技术参数。

最大的网段长度：185 m。

网络的最大长度：925 m。

每个网段支持的最大节点数：30 个。

BNC、T 形连接器之间的最小距离：0.5 m。

3．粗缆连接设备及技术参数

粗缆连接的设备包括转换器（粗缆上的接线盒）、DIX 连接器及电缆、N 系列插头和 N 系列匹配器。使用粗缆组网，网卡必须有 DIX 接口（一般标有 DIX 字样）。

下面是采用粗缆组网的技术参数。

最大的网段长度：500 m。

网络的最大长度：2500 m。

每个网段支持的最大节点数：100 个。

收发器之间的最小距离：2.5 m。

收发器电缆的最大长度：50 m。

1.2.3　光　纤

1．光纤的物理特性

光纤由纤芯、包层和涂覆层组成，如图 1-7 所示。每根光纤只能单向传送信号，因此若要实现双向通信，光缆中至少应包括两条独立的光纤，一条发送，另一条接收。光纤两端的端头都是通过电烧烤或化学环氯工艺与光学接口连接在一起的。一根光缆可以包括二至数百根光纤，并用加强芯和填充物来提高机械强度。光束在光纤内传输，防磁、防电，传输稳定，质量高。由于可见光的频率大约是 1 014 Hz，因而光传输系统可使用的带宽范围极大，因此光纤多适用于高速网络和骨干网。

光纤
纤膏
松套管
包带
聚乙烯内护套
加强芯
铝带复合物
缆膏
填充绳
聚乙烯外护套

图 1-7　光纤结构示意图

光纤传输系统中的光源可以是发光二极管（LED）或注入式二极管（ILD），当光通过这些器件时发出光脉冲，而光脉冲通过光缆传输信息，光脉冲的出现表示为 1，不出现表示为 0。在光纤传输系统的两端都要有一个装置来完成电/光信号或光/电信号的转换，接收端将光信号转换成电信号时，要使用光电二极管（PIN）检波器或 APD 检波器。一个典型光纤传输系统的结构示意如图 1-8 所示。

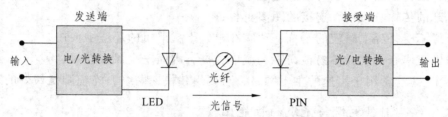

图 1-8　光纤传输系统结构示意图

根据使用的光源和传输模式的不同，光纤分为单模和多模两种。如果光纤做得极细，纤芯的直径细到只有光的一个波长，这样光纤就成了一种波导管，这种情况下光线不必经过多次反射式的传播，而是一直向前传播，这种光纤称为单模光纤。多模光纤的纤芯比单模光纤的粗，一旦光线到达光纤内发生全反射后，光信号就由多条入射角度不同的光线同时在一条光纤中传播，这种光纤称为多模光纤。光波在多模光纤和单模光纤中的传播如图 1-9 所示。

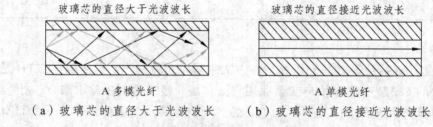

（a）玻璃芯的直径大于光波波长　　（b）玻璃芯的直径接近光波波长

图 1-9　光波在多模光纤和单模光纤中的传播

单模光纤性能很好，传输速率较高，在几十千米内能以每秒几吉比特的速率传输数据，但其制作工艺比多模更难，成本较高；多模光纤成本较低，但性能比单模光纤差一些。单模光纤与多模光纤的比较如表 1-1 所示。

表 1-1　单模光纤与多模光纤的比较

内容	单模光纤	多模光纤
距离	长	短
数据传输率	高	低
光源	激光	发光二极管
信号衰减	小	大
端接	较难	较易
造价	高	低

2. 光纤的特点

光纤的很多优点使得它在远距离通信中起着重要的作用，它与同轴电缆相比有如下优点：

① 光纤有较大的带宽，通信容量大；

② 光纤的传输速率高，每秒能超过千兆比特；

③ 光纤的传输衰减小，连接的距离更长；

④ 光纤不受外界电磁波的干扰，适宜在电气干扰严重的环境中使用；

⑤ 光纤无串音干扰，不易被窃听和截取数据，因而安全保密性好。

目前，光缆通常用于高速的主干网络，若要组建快速网络，光缆则是最好的选择。

3. 双绞线、同轴电缆与光缆的性能比较

双绞线、同轴电缆与光缆的性能比较如表 1-2 所示。

表 1-2　双绞线、同轴电缆与光纤的性能比较

传输介质	价　格	电磁干扰	频带宽度	单段最大长度
UTP	最便宜	高	低	100 m
STP	一般	低	中等	100 m
同轴电缆	一般	低	高	185 m/500 m
光缆	最高	没有	极高	几十千米

4. FTTH

FTTH 是光纤直接到家庭的外语缩写，中文缩写为光纤到户。具体说，FTTH 是指将光网络单元（ONU）安装在住家用户或企业用户处，是光接入系列中除 FTTD（光纤到桌面）外最靠近用户的光接入网应用类型。FTTH 的显著技术特点是不但提供更大的带宽，而且增强了网络对数据格式、速率、波长和协议的透明性，放宽了对环境条件和供电的要求，简化了维护和安装。说到 FTTH，首先就必须谈到光纤接入。光纤接入是指局端与用户之间完全以光纤作为传输媒体，光纤接入可以分为有源光接入和无源光接入，光纤用户网的主要技术是光波传输技术。目前，光纤传输的复用技术发展相当快，多数已处于实用化。根据光纤深入用户的程度，可分为 FTTC、FTTZ、FTTO、FTTF、FTTH 等。FTTH 目前多采用单芯双向光纤，以提高可靠性及降低安装复杂性。

任务 1.3　数据交换技术

两个设备进行通信，最简单的方式是用一条线路直接连接这两个设备。但在计算机网络中，两个相距很远的设备之间不可能有直接的连线，其通过通信子网建立连接。通信子网由传输线路和中间节点构成，当信源和信宿之间没有线路直接相连时，信源发出的数据先到达与之相连的中间节点，在从中间节点传到下一个中间节点，直至到达信宿，这个过程称为交换。从通信资源的分配角度来看，"交换"就是按照某种方式动态分配传输线路的资源。在一个网络系统中，通常采用的数据交换技术有 3 种，即电路交换、报文交换和分组交换。

1.3.1 电路交换

电路交换要求通信双方之间建立起一条实际的物理通路，并在整个通信过程中这条通路被独占。典型的电路交换例子就是电话系统。

在使用电路交换打电话之前，必须先建立拨号连接。当拨号的信令通过许多交换机到达被叫用户所连接的交换机时，该交换机就使用户的电话机振铃。在被叫用户摘机且摘机信令传送回到主叫用户所连接的交换机后，呼叫即完成。这时，在主叫端到被叫端之间就建立了一条连接（物理通路）。此后主叫和被叫双方才能通话。通话完毕后，挂机信令告诉这些交换机，使交换机释放刚才使用的这条物理通路。这种必须经过"建立连接→通信→释放连接"三个步骤的联网方式称为面向连接的，电路交换必定是面向连接的。如图 1-10 所示为电路交换的示意图。

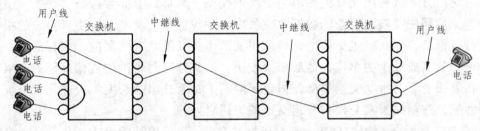

图 1-10　电路交换的示意图

电路交换的优点是数据传输可靠、迅速，而且保证顺序。缺点是电路建立和拆除的时间较长，而且在这期间，电路不能被共享，资源被浪费，尤其当数据量较小时线路的传输速率往往更低。

1.3.2 报文交换

报文交换不需要在两个站点之间建立一条专用通路，其数据传输的单位是报文（信息的一个逻辑单位）。传送过程采用存储-转发的方式，即发送站在发送一个报文时，把目的地址附加在报文上，途经的网络节点根据报文上的目的地址信息，把报文发送到下一个节点，通过逐个节点转送到目的站点。每个节点在收到整个报文后，暂存并检查有无错误，然后利用路由信息找出下一个节点的地址，再把整个报文传送给下一个节点。在同一时间内，报文的传输只占用两个节点之间的一段线路。而在两个通信用户间的其他线路段，可传输其他用户的报文，不像电路交换那样必须占用端到端的全部信道。

报文交换有如下一些优点：

（1）线路效率较高，这是因为许多报文可以用分时方式共享一条节点到节点的通道。

（2）不需要同时使用发送器和接收器来传输数据，网络在接收器可用之前暂时存储这个报文。

（3）在线路交换网上，当通信量变得很大时，就不能接收某些呼叫。而在报文交换上却仍然可以接收报文，只是传送延迟会增加。

（4）报文交换系统可以把一个报文发送到多个目的地。

（5）能够建立报文的优先权。

（6）报文交换网可以进行速度和代码的转换，因为每个站都可以用它特有的数据传输率连接到其他点，所以两个不同传输率的站点也可以连接；另外还可以转换传输数据的格式。

报文交换有如下缺点：

（1）不能满足实时或交互式的通信要求，因为网络的延迟相当长，而且有相当大的变化。因此，这种方式不能用于传送声音和图像数据，也不适于进行交互式处理。

（2）有时节点收到的数据过多而不得不丢弃报文，同时也会阻止其他报文的发送。

（3）对交换节点的存储容量有较高的要求。

1.3.3　分组交换

分组交换方式兼有报文交换和电路交换的优点。其形式上非常像报文交换，主要差别在于分组交换网中要限制传输的数据单位长度。一般在报文交换系统中可传送的报文数据位数可做得很长，而在分组交换中，传送报文的最大长度是有限制的，如超出某一长度，报文必须要分割成较少的单位，然后依次发送，通常称这些较少的数据单位为分组。其传输过程在表面上看与报文交换相似，但由于限制了每个分组的长度，因此大大改善了网络传输的性能，这就是报文交换与分组交换的不同之处。

如图 1-11 所示是分组的概念。在发送报文之前，先将较长的报文划分为一个个较小的等长数据段，如每个数据段为 1024 bit。在每一个数据段前面，加上一些必要的控制信息组成首部后，就构成了一个分组（packet）。分组又称为"包"，它是在计算机网络中传送的数据单元。在一个分组中，"首部"是非常重要的，正是由于分组的首部包含了诸如目的地址和源地址等重要的控制信息，所以每一个分组才能在分组交换网中独立地选择路由。因此，分组交换的特征是基于标记的，上述分组首部就是一种标记。

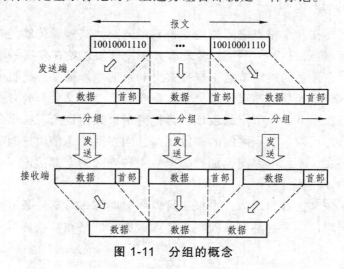

图 1-11　分组的概念

分组交换具体实现一般采用两种方式：

1. 虚电路

虚电路是由分组交换通信所提供的面向连接的通信服务。在两个节点或应用进程之间建立起一个逻辑上的连接或虚电路后，就可以在两个节点之间依次发送每一个分组，接收端收到分组的顺序必然与发送端的发送顺序一致，因此接收端无须负责在收集分组后重新进行排序。虚电路协议向高层协议隐藏了将数据分割成段、包或帧的过程。

虚电路通信与电路交换类似，两者都是面向连接的，即数据按照正确的顺序发送，并且在连接建立阶段都需要额外开销，但虚电路建立连接时并不像电路连接那样真正占用线路，而是只对分组要经过的线路进行标记，使分组数据可以按照指定的线路传输，使分组数据包先发先到，达到类似电路交换的效果。

虚电路使用时又分为永久性虚电路 PVC（Permanent Virtual Circuit）和交换型虚电路 SVC（Switching Virtual Circuit）。永久性虚电路 PVC 是一种提前定义好的，基本上不需要建立任何时间端点站点间的连接。在公共-长途电信服务中，例如异步传输模式（ATM）或帧中继中，顾客提前和这些电信局签订关于 PVC 的端点合同，并且如果这些顾客需要重新配置这些 PVC 的端点时，他们就必须和电信局联系。交换型虚电路（SVC）是端点站点之间的一种临时性连接。这些连接只持续一定的时间，并且当会话结束时就取消这种连接。虚电路必须在数据传送之前建立。一些电信局提供的分组交换服务允许用户根据自己的需要动态定义 SVC。

虚电路的特点如下：

（1）虚电路的路由选择仅仅发生在虚电路建立的时候，在以后的传送过程中，路由不再改变，这可以减少节点不必要的通信处理。

（2）由于所有分组遵循同一路由，这些分组将以原有的顺序到达目的地，终端不需要进行重新排序，因此分组的传输时延较小。

（3）一旦建立了虚电路，每个分组头中不再需要有详细的目的地址，而只需有逻辑信道号就可以区分每个呼叫的信息，这可以减少每一分组的额外开销。

（4）虚电路是由多段逻辑信道构成的，每一个虚电路在它经过的每段物理链路上都有一个逻辑信道号，这些逻辑信道级连构成了端到端的虚电路。

（5）虚电路的缺点是当网络中线路或者设备发生故障时，可能导致虚电路中断，必须重新建立连接。

（6）虚电路适用于一次建立后长时间传送数据的场合，其持续时间应显著大于呼叫建立时间，如文件传送、传真业务等。

2. 数据报

在数据报分组交换中，每个分组的传送是被单独处理的。每个分组称为一个数据报，每个数据报自身携带足够的地址信息。一个节点收到一个数据报后，根据数据报中的地址信息和节点所存储的路由信息，找出一个合适的出路，把数据报原样地发送到下一节点。由于各数据报所走的路径不一定相同，因此不能保证各个数据报按顺序到达目的地，有的数据报甚至会中途丢失。整个过程中，没有虚电路建立，但要为每个数据报做路由选择。这种不必先建立连接而随时可发送数据的方式也称为无连接方式。

数据报分组交换技术的特点：

（1）同一报文的不同分组可以由不同的传输路径通过通信子网；

（2）同一报文的不同分组到达目的节点时可能会出现乱序、重复和丢失现象；

（3）每个分组在传输过程中都必须带有目的地址和源地址用于中间节点的路由工作，即每个分组在中间节点各自选路转发；

（4）数据报方式传输延迟较大，适用于突发性的通信，不适用于长报文、会话式的通信。

为了提高分组交换的可靠性，常采用网状拓扑结构，使得当发生网络拥塞或少数节点链路出现故障时，可灵活地改变路由而不致引起通信的中断或全网的瘫痪。此外，通信网络的主干线路往往由一些高速链路构成，这样就能以较高的数据传输速率迅速传送数据。

综上所述，分组交换网有如下一些优点：

（1）高效：在分组传输的过程中动态分配传输带宽，对通信链路逐段占用。

（2）灵活：为每一个分组独立地选择转发路由。

（3）迅速：以分组作为传送单位，可以不需先建立连接就能向其他主机发送分组，网络使用高速链路。

（4）可靠：完善的网络协议，分布式多路由的分组交换网，使网络有很好的生存性。

1.3.4 三种数据交换技术的比较

为了便于理解与区别，本节将对以上三种交换方式进行比较。首先从大的分类上进行比较，即"电路交换"与"存储交换"的比较。

1. "存储交换"方式与"电路交换"方式的主要区别

在存储交换方式中，发送的数据与目的地址、源地址和控制信息按照一定格式组成一个数据单元（报文或报文分组）进入通信子网。通信子网中的节点是通信控制处理机，它负责完成数据单元的接收、差错校验、存储、路选和转发功能，在电路交换方式中以上功能均不具备。

存储转发相对电路交换方式具有以下优点：

由于通信子网中的通信控制处理机可以存储分组，多个分组可以共享通信信道，线路利用率高。通信子网中通信控制处理机具有路选功能，可以动态选择报文分组通过通信子网的最佳路径，可以平滑通信量，提高系统效率。分组在通过通信子网中的每个通信控制处理机时，均要进行差错检查与纠错处理，因此可以减少传输错误，提高了系统的可靠性。通过通信控制处理机可以对不同通信速率的线路进行转换，也可以对不同的数据代码格式进行变换。

2. 电路交换与分组交换的比较

（1）从分配通信资源（主要是线路）方式上看。

电路交换方式事先静态地分配好线路，造成线路资源的浪费，并导致接续时的困难；

而分组交换方式可动态地（按序）分配线路，提高了线路的利用率，由于使用内存来暂存分组，可能出现因为内存资源耗尽而中间节点不得不丢弃接到分组的现象。

（2）从用户的灵活性方面看。

电路交换的信息传输是全透明的，用户可以自行定义传输信息的内容、速率、体积和格式等，可以同时传输语音、数据和图像等；分组交换的信息传输则是半透明的，用户必须按照分组设备的要求使用基本的参数。

（3）从收费方面看。

电路交换网络的收费仅限于通信的距离和使用的时间；分组交换网络的收费则考虑传输的字节（或者分组）数和连接的时间。

以上三种数据交换资源占用情况比较如图 1-12 所示。

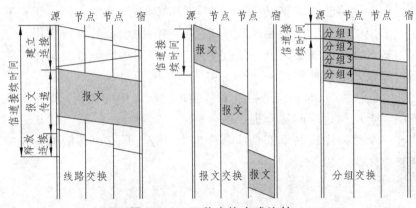

图 1-12　三种交换方式比较

任务 1.4　网络协议简介

1.4.1　协议、服务和标准

1．协　　议

网络协议是计算机进行通信时，为保障通信顺利进行，事先约定好的语法规则，主要有语义、语法、时序三个组成部分。

➢ 语义：是对协议元素的含义进行解释，不同类型的协议元素所规定的语义不同。例如，需要发出何种控制信息、完成何种动作及得到何种响应等。

➢ 语法：是将若干协议元素和数据组合在一起，用来表达一个完整的内容所应遵循的格式，也就是对信息的数据结构做一种规定，例如，用户数据与控制信息的结构与格式等。

➢ 时序：是对事件实现顺序的详细说明。例如，在双方进行通信时，发送点发出一个数据报文，如果目标点能够正确收到，则回答源点信息已经正确接收；若接收到错误的信息，则要求源发送点重发一次。

由此可以看出，协议（protocol）实质上是网络通信时所使用的一种语言。

网络协议对于计算机网络来说是必不可少的。不同结构的网络、不同厂家的网络产品所使用的协议也不一样，但都遵循一些协议标准，这样便于不同厂家的网络产品进行互联。

2. 服 务

协议层间存在服务和被服务的关系，下层是服务的提供者，上层是服务的调用者。通常，网络服务有面向连接的服务和无连接服务，所谓面向连接的服务就是网络通信进行时，存在建立、使用、拆除连接三个过程，建立一个通信通道，数据按顺序传送，也就是存在一个端到端的完整的通信路径描述。而无连接服务则是指在通信进行的过程中，不需要建立连接，由于每个被传输的数据都带有目标地址，在通信时，根据当时的情况由通信节点决定占用的传输线路，即通信时只存在线路相邻节点的占用。

网络协议是保证网络正常通信的规范。在七层的网络结构中，每一层有不同的网络协议来保障本层、上层的通信，服务是承载于某一层网络协议上的具体应用：

（1）协议的实现保证了能够向上一层提供服务，使用本层服务的实体只能看见服务而无法看见下面的协议。下面的协议对上面的实体是透明的。

（2）协议是"水平的"，即协议是控制对等实体之间通信的规则；但服务是"垂直的"，即服务是由下层向上层通过层间接口提供的。

（3）并非在一个层内完成的全部功能都称之为服务。只有那些能够被高一层实体看得见的功能才能被称之为"服务"。

3. 标 准

网络中传输数据时需要定义并遵循一些标准，以太网是根据 IEEE 802.3 标准来管理和控制数据帧的。了解 IEEE802.3 标准是充分理解以太网中链路层通信的基础。

20 世纪 60 年代以来，计算机网络得到了飞速发展。各大厂商和标准组织为了在数据通信网络领域占据主导地位，纷纷推出了各自的网络架构体系和标准，如 IBM 公司的 SNA协议、Novell 公司的 IPX/SPX 协议，以及广泛流行的 OSI 参考模型和 TCP/IP 协议。同时，各大厂商根据这些协议生产出了不同的硬件和软件。标准组织和厂商的共同努力促进了网络技术的快速发展和网络设备种类的迅速增长。

1.4.2 网络协议

1. OSI 参考模型

20 世纪 70 年代以来，国外一些主要计算机生产厂家先后推出了各自的网络体系结构，但它们都属于专用的。为使不同计算机厂家的计算机能够互相通信，以便在更大的范围内建立计算机网络，有必要建立一个国际范围的网络体系结构标准。国际标准化组织（ISO）在各厂家提出的计算机网络体系结构的基础上，提出了开放系统互联参考模型（OSI）。该模型已成为指导计算机网络研究、开发和应用的标准协议。

OSI 参考模型将整个网络的通信功能划分为七个层次，并规定了每层的功能以及不同层如何协同完成网络通信。七层由低到高分别是物理层、数据链路层、网络层、传输层、会话层、表示层、应用层，如图 1-13 所示。

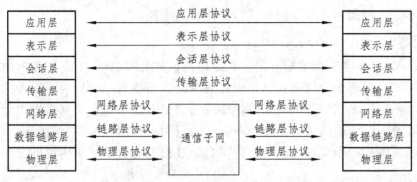

图 1-13　OSI 参考模型

下面简要介绍一下 OSI 参考模型各层的功能：

1）物理层（physical layer）

物理层是 OSI 参考模型的最底层，是提供网内两系统间的物理接口，利用传输介质为数据链路层提供物理链接，实现比特流的传输。物理层是所有网络的基础，其协议主要规定了计算机或终端与通信设备之间接口的标准，包括机械的、电气的、功能的和规程的特性。

2）数据链路层（data link layer）

数据链路层是 OSI 参考模型的第二层，介于物理层与网络层之间，它把从物理层传送来的原始数据打包成帧。设立数据链路层的主要目的是将一条原始的、有差错的物理线路变为对网络层无差错的数据链路。为了实现这个目的，数据链路层必须执行链路管理、帧传输、流量控制、差错控制等功能。

在 OSI 参考模型中，数据链路层向网络层提供以下基本服务：

数据链路建立、维护与释放的链路管理工作。

数据链路层服务数据单元帧的传输。

差错检测与控制。

数据流量控制。

在多点连接或多条数据链路连接的情况下，提供数据链路端口标识的识别，支持网络层实体建立网络连接。

帧接收顺序控制。

3）网络层（network layer）

网络层是 OSI 参考模型的第三层，它的主要工作是将数据分成一定长度的分组，并通过路由选择算法，为分组选择最适当的路径，使分组穿过通信子网，传到目的地。网络层的主要功能包括路由选择、拥塞控制和网络互联等。

4）传输层（transport layer）

传输层是 OSI 参考模型的第四层，从该层起向上各层所使用的数据单位统称为报文。

传输层为主机间提供端到端的传送服务，透明地传送报文。传输层向高层屏蔽了下层数据的细节，为不同进程间的数据交换提供可靠的传送手段。

5）会话层（session layer）

会话层是 OSI 参考模型的第五层，它是面向信息处理的 OSI 高层和面向数据通信的 OSI 低层的接口。当两个应用进程进行相互通信时，希望有一个作为第三者的进程能组织它们通话，协调它们之间的数据流，以便使应用进程专注于信息交互，设立会话层就是为了达到这个目的。会话层的主要功能是向会话的应用进程之间提供会话组织和同步服务，对数据的传送提供控制和管理，以达到协调会话过程、为表示层实体提供更好的服务。

6）表示层（presentation layer）

表示层位于 OSI 参考模型的第六层。它主要为应用进程之间传送的信息提供表示方式的服务，以保证所传输的数据经传送后其意义不改变。其主要功能包括数据格式转换、数据加密与解密、数据压缩与恢复等功能。

7）应用层（application layer）

应用层在 OSI 参考模型中位于最高层，是直接面向用户的层，是计算机网络与最终用户的接口。应用层负责两个应用进程之间的通信，提供网络应用服务，例如，Web、电子邮件、文件传输及其他网络软件服务。

OSI 参考模型中应用进程的数据在各层之间实际传送如图 1-14 所示。这里为了简便，将 7 层 OSI 参考模型简化为只有物理层、数据链路层、网络层、传输层及应用层 5 层的结构，并且假定两个主机是直接相连的。

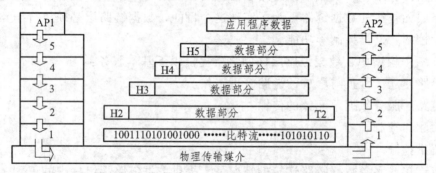

图 1-14　数据在各层之间的传递过程示意图

假定计算机 1 的应用进程 AP1 向计算机 2 的应用进程 AP2 传送数据。AP1 先将其数据交给第 5 层（应用层），在第 5 层加上必要的控制信息 H5，就变成了下一层的数据单元。第 4 层（传输层）收到这个数据单元后，加上本层的控制信息 H4，再交给第 3 层（网络层），成为第 3 层的数据单元。依此类推。不过到了第 2 层（数据链路层）后，控制信息分成两部分，分别加到本层数据单元的首部（H2）和尾部（T2），而第 1 层（物理层）由于是比特流的传送，所以不再加控制信息。

当这一串比特流经网络的物理媒体传送到目的站时，就从第 1 层依次上传到第 5 层。每一层根据控制信息进行必要的操作，并将控制信息剥去，然后将该层剩下的数据单元上交给更高的一层。最后，把应用进程 AP1 发送的数据交给目的站的应用进程 AP2。

虽然应用进程数据要经过图 1-14 所示的复杂过程才能送到对方的应用进程，但这些复杂的过程对用户来说都被屏蔽掉了，以至应用进程 AP1 好像是直接把数据交给了应用进程 AP2。同理，任何两个同样的层次（如在两个系统的第 3 层）可直接将数据传递给对方。这就是所谓的"对等层"（peer layers）之间的通信。以前经常提到的各层协议，实际上就是在各个对等层之间传递数据时的各项规定。

2. TCP/IP 协议模型

TCP/IP 协议是 Internet 所采用的通信协议，同时也是目前使用最广泛、不依赖于特定硬件平台的网络协议之一。随着 Internet 技术的发展，TCP/IP 也成为局域网中必不可少的协议。TCP/IP 协议连接世界各国、各部门、各机构的计算机网络，从而形成了 Internet。目前，各主要计算机公司和一些软、硬件厂商的计算机网络产品，几乎都支持 TCP/IP 协议。因此，TCP/IP 协议已经成为实际上的标准。

TCP/IP 协议使得连接在 Internet 中的每台计算机，不论是否属于同一类型，也不论是否使用相同的操作系统，都能方便地进行数据传输和实现资源共享。TCP/IP 协议是以传输控制协议（Transmission Control Protocol，TCP）和网际协议（Internet Protocol，IP）为核心的一组协议。

TCP/IP 协议采用了分层体系结构，所涉及的层次包括网络接口层、网间网层、传输层、应用层。TCP/IP 协议参考模型如表 1-3 所示。

表 1-3　TCP/IP 协议的参考模型

应用层	HTTP、FTP、SMTP、TELNET、BGP、SNMP、TFTP、RIP、BOOTP、DNS、DHCP
传输层	TCP、UDP
网间网层	IP、ICMP、IGMP、ARP、RARP、OSPF
网络接口层	Ethernet、Token、Ring、FDDI、ATM

1）网络接口层

为了在网络上将物理的数据信号准确无误地发送与接收，离不开在网络的数据链路层和物理层进行通信控制，包括将直接与网络传输介质接触的硬件设备中比特流转换成电信号等。在 TCP/IP 网络中，数据链路层和物理层的协议由各物理网络来进行定义，如 FDDI、以太网、令牌环网、帧中继、X.25 网等，而 TCP/IP 协议的网络接口层提供了 TCP/IP 与各种物理网络的接口，使 TCP/IP 协议与具体的物理传输媒体无关，体现了 TCP/IP 协议的包容性和适应性，为因特网的形成奠定了基础。

2）网间网层

网间网层的主要协议是无连接的网际协议 IP。与网际协议配合使用的还有地址解析协议 ARP、反向地址解析协议 RARP 和因特网控制报文协议 ICMP 等。TCP/IP 协议的网间网层对应 OSI 参考模型中的网络层，由于网际协议用来使互联起来的许多计算机网络能够进行通信，因此 TCP/IP 体系中的网络层称为网间网层或 IP 层。

网间网层负责主机之间的通信，传输的数据单位是 IP 数据报。其功能有 3 个：

（1）将传输层送来的报文段或用户数据报装入 IP 数据报，填完报头，选择到达目的主机的路由，将 IP 数据报发往适当的网络接口。

（2）对从网络接口收到的 IP 数据报，首先检查其合理性，然后进行寻径，若该数据报已到达目的地（本机），则去掉报头，将剩下的数据部分交给传输层；否则转发该 IP 数据报。

（3）处理网间网层差错与控制报文，处理路径、流量控制、拥塞等问题。

该层的其他协议提供 IP 协议的辅助功能，协助 IP 协议完成 IP 数据报的传送。在 TCP/IP 网络中，所有上层软件的外出数据报都必须通过 IP 层传输，而所有下层协议收到的进入数据都必须交 IP 协议处理，判断是转发、接收还是抛弃，即 IP 协议在 TCP/IP 协议簇中处于核心地位。

TCP/IP 通过 IP 层为不同的物理网络搭建了一个平台，作为传输 IP 数据报的通道，而 IP 层又通过网络接口层与不同的网络打交道，向下实现互联，向上提供通用的无连接数据报服务。

3）传输层

TCP/IP 的传输层相当于 OSI 参考模型的传输层，提供从信源应用进程到信宿应用进程的报文传送服务。在这一层，主要有传输控制协议（TCP 协议）和用户数据报协议（UDP 协议），它们都是建立在 IP 协议的基础上，其中 TCP 协议提供可靠的面向连接服务，UDP 提供简单的无连接服务。

4）应用层

TCP/IP 的应用层对应于 OSI 参考模型的会话层、表示层和应用层，向用户提供一组常用的应用协议，是用户访问网络的接口。应用层协议可分为 3 类：

（1）依赖于 TCP 的应用协议，如远程终端协议 Telnet、电子邮件协议 SMTP、文件传输协议 FTP、超文本传输协议 HTTP、外部网关协议 BGP 等。

（2）依赖于 UDP 的协议，如单纯文件传输协议 TFTP、简单网络管理协议 SNMP、内部网关协议 RIP、动态主机 IP 地址分配协议 DHCP 和引导程序协议 BOOTP 等。

（3）依赖于 TCP 和 UDP 的协议，如域名系统 DNS。

当然，一些没有标准化的建立在 TCP/IP 协议簇之上的用户应用程序（或专用程序）也属于应用层。

3. 以太网帧格式

数据包在以太网物理介质上传播之前必须封装头部和尾部信息。封装后的数据包称为称为数据帧，数据帧中封装的信息决定了数据如何传输。以太网上传输的数据帧有两种格式，选择哪种格式由 TCP/IP 协议簇中的网络层决定，如图 1-15 所示。

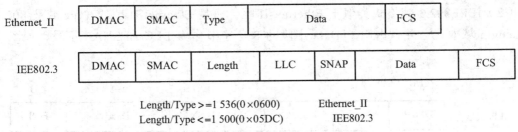

Ethernet_II	DMAC	SMAC	Type	Data	FCS

IEEE802.3	DMAC	SMAC	Length	LLC	SNAP	Data	FCS

Length/Type >=1 536(0×0600)　　Ethernet_II
Length/Type <=1 500(0×05DC)　　IEEE802.3

图 1-15　以太网和 IEEE 802.3 帧结构

以太网上使用两种标准帧格式。第一种是 20 世纪 80 年代初提出的 DIX v2 格式，即 EthernetII 帧格式。Ethernet II 后来被 IEEE 802 标准接纳，并写进了 IEEE 802.3x。第二种是 1983 年提出的 IEEE 802.3 格式。这两种格式的主要区别在于，Ethernet II 格式中包含一个 Type 字段，标识以太帧处理完成之后将被发送到哪个上层协议进行处理。IEEE802.3 格式中，同样的位置是长度字段。

不同的 Type 字段值可以用来区别这两种帧的类型，当 Type 字段值小于等于 1500（或者十六进制的 0x05DC）时，帧使用的是 IEEE 802.3 格式；当 Type 字段值大于等于 1536（或者十六进制的 0x0600）时，帧使用的是 Ethernet II 格式，以太网中大多数的数据帧使用的是 Ethernet II 格式。以太帧中还包括源和目的 MAC 地址，分别代表发送者的 MAC 和接收者的 MAC，此外还有帧校验序列字段，用于检验传输过程中帧的完整性。

（1）Ethernet II 的帧中各字段说明如下（见图 1-16）：

① DMAC（Destination MAC）是目的 MAC 地址。DMAC 字段长度为 6 个字节，标识帧的接收者。

② SMAC（Source MAC）是源 MAC 地址。SMAC 字段长度为 6 个字节，标识帧的发送者。

③ 类型字段（Type）用于标识数据字段中包含的高层协议，该字段长度为 2 个字节。如类型字段取值为 0x0800 的帧代表 IP 协议帧；类型字段取值为 0806 的帧代表 ARP 协议帧。

④ 数据字段（Data）是网络层数据，长度至少为 46 字节，以保证帧总长度至少达到 64 字节，数据字段的最大长度为 1500 字节。

⑤ 循环冗余校验字段（FCS）提供了一种错误检测机制。该字段长度为 4 个字节。

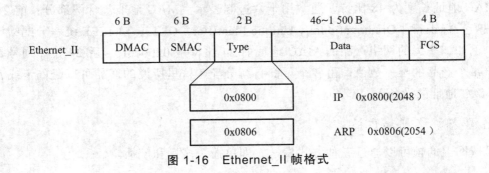

图 1-16　Ethernet_II 帧格式

（2）IEEE802.3 帧格式类似于 Ethernet-II 帧，只是 Ethernet-II 帧的 Type 域被 802.3 帧的 Length 域取代，并且占用了 Data 字段的 8 个字节作为 LLC 和 SNAP 字段，如图 1-17 所示。

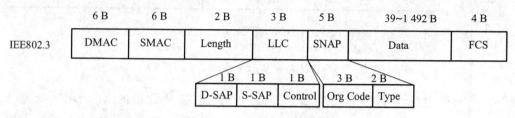

图 1-17　IEEE802.3 帧格式

Length 字段定义了 Data 字段包含的字节数。

逻辑链路控制 LLC（Logical Link Control）由目的服务访问点 DSAP（Destination Service Access Point）、源服务访问点 SSAP（Source Service Access Point）和 Control 字段组成。

SNAP（Sub-Network Access Protocol）由机构代码（Org Code）和类型（Type）字段组成。Org Code 三个字节都为 0，Type 字段的含义与 Ethernet-II 帧中的 Type 字段相同。IEEE802.3 帧根据 DSAP 和 SSAP 字段的取值又可分为以下几类：

① 当 DSAP 和 SSAP 都取特定值 0xff 时，802.3 帧就变成了 Netware-ETHERNET 帧，用来承载 NetWare 类型的数据。

② 当 DSAP 和 SSAP 都取特定值 0xaa 时，802.3 帧就变成了 ETHERNET-SNAP 帧。ETHERNET-SNAP 帧可以用于传输多种协议。

③ DSAP 和 SSAP 其他的取值均为标准 IEEE802.3 帧。

4. MAC 地址

数据链路层基于 MAC 地址进行帧的传输。

以太网在二层链路上通过 MAC 地址来唯一标识网络设备，并且实现局域网上网络设备之间的通信。MAC 地址也叫物理地址，大多数网卡厂商把 MAC 地址写入了网卡的 ROM 中。发送端使用接收端的 MAC 地址作为目的地址。以太帧封装完成后会通过物理层转换成比特流在物理介质上传输。

如同每一个人都有一个名字一样，每一台网络设备都用物理地址来标识自己，这个地址就是 MAC 地址。网络设备的 MAC 地址是全球唯一的。

MAC 地址长度为 48 比特，通常用十六进制表示。MAC 地址包含两部分：前 24 比特是组织唯一标识符（Organizationally Unique Identifier，OUI），由 IEEE 统一分配给设备制造商。例如，华为的网络产品的 MAC 地址前 24 比特是 0x00e0fc。后 24 位序列号是厂商分配给每个产品的唯一数值，由各个厂商自行分配（这里所说的产品可以是网卡或者其他需要 MAC 地址的设备）。

5. 单播、多播和广播

局域网上的帧可以通过三种方式发送，即单播、多播和广播。

1）单　播

第一种是单播，指从单一的源端发送到单一的目的端。每个主机接口由一个 MAC 地址唯一标识，MAC 地址的 OUI，第一字节第 8 个比特表示地址类型。对于主机 MAC 地址，这个比特固定为 0，表示目的 MAC 地址为此 MAC 地址的帧都是发送到某个唯一的目的端。在冲突域中，所有主机都能收到源主机发送的单播帧，但是其他主机发现目的地址与本地 MAC 地址不一致后会丢弃收到的帧，只有真正的目的主机才会接收并处理收到的帧，单播过程如图 1-18 所示。

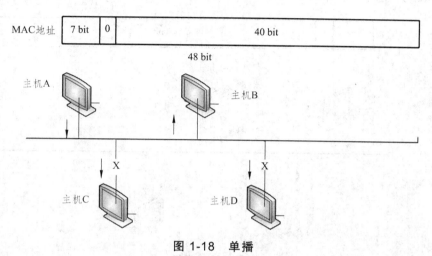

图 1-18　单播

2）广　播

第二种发送方式是广播，表示帧从单一的源发送到共享以太网上的所有主机。广播帧的目的 MAC 地址为十六进制的 FF：FF：FF：FF：FF：FF，所有收到该广播帧的主机都要接收并处理这个帧。广播方式会产生大量流量，导致带宽利用率降低，进而影响整个网络的性能。当需要网络中的所有主机都能接收到相同的信息并进行处理的情况下，通常会使用广播方式，如图 1-19 所示。

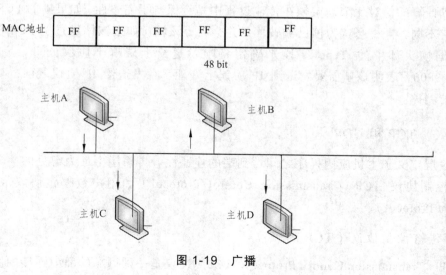

图 1-19　广播

3）组　播

第三种发送方式为组播，组播比广播更加高效。组播转发可以理解为选择性的广播，主机侦听特定组播地址，接收并处理目的 MAC 地址为该组播 MAC 地址的帧。组播 MAC 地址和单播 MAC 地址是通过第一字节中的第 8 个比特区分的。组播 MAC 地址的第 8 个比特为 1，而单播 MAC 地址的第 8 个比特为 0。

当需要网络上的一组主机（而不是全部主机）接收相同信息，并且其他主机不受影响的情况下通常会使用组播方式，如图 1-20 所示。

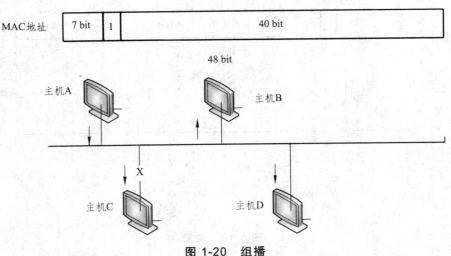

图 1-20　组播

6. 数据帧的发送和接收

帧从主机的物理接口发送出来后，通过传输介质传输到目的端。共享网络中，这个帧可能到达多个主机。主机检查帧头中的目的 MAC 地址，如果目的 MAC 地址不是本机 MAC 地址，也不是本机侦听的组播或广播 MAC 地址，则主机会丢弃收到的帧。

如果目的 MAC 地址是本机 MAC 地址，则接收该帧，检查帧校验序列（FCS）字段，并与本机计算的值对比来确定帧在传输过程中是否保持了完整性。如果帧的 FCS 值与本机计算的值不同，主机会认为帧已被破坏，并会丢弃该帧。如果该帧通过了 FCS 校验，则主机会根据帧头部中的 Type 字段来确定将帧发送给上层哪个协议处理。例如收到的 Type=Ox0800，表明该帧需要发送到 IP 协议上处理。在发送给 IP 协议之前，帧的头部和尾部会被剥掉。

1.4.3　TCP 和 UDP

传输层定义了主机应用程序之间端到端的连通性。传输层中最为常见的两个协议分别是传输控制协议 TCP（Transmission Control Protocol）和用户数据包协议 UDP（User Datagram Protocol）。

1. 传输控制协议（TCP）

TCP（Transmission Control Protocol，TCP）协议是一种可靠的面向连接的协议，它允

许将一台主机的字节流（byte stream）无差错地传送到目的主机。TCP 协将应用层的字节流分成多个报文段（segment），然后将一个个的报文段传送到网络层，发送到目的主机。当网络层将接收到的报文段传送给传输层时，传输层再将多个报文段还原成字节流传送到应用层。TCP 协议同时要完成流量控制功能，协调收发双方的发送与接收速度，达到正确传输的目的。

TCP 是一种面向连接的传输层协议，提供可靠的传输服务。

TCP 位于 TCP/IP 模型的传输层，它是一种面向连接的端到端协议。TCP 作为传输控制协议，可以为主机提供可靠的数据传输。TCP 需要依赖网络协议为主机提供可用的传输路径。两台主机在通信之前，需要 TCP 在它们之间建立可靠的传输通道。

TCP 允许一个主机同时运行多个应用进程。每台主机可以拥有多个应用端口，每对端口号、源和目标 IP 地址的组合唯一地标识了一个会话。端口分为知名端口和动态端口。有些网络服务会使用固定的端口，这类端口称为知名端口，端口号范围为 0 ~ 1023。如 FTP、HTTP、Telnet、SNMP 服务均使用知名端口。动态端口号范围从 1024 ~ 65 535，这些端口号一般不固定分配给某个服务，也就是说许多服务都可以使用这些端口。只要运行的程序向系统提出访问网络的申请，那么系统就可以从这些端口号中分配一个供该程序使用。

1）TCP 协议数据报头

如图 1-21 所示给出了 TCP 协议数据报头的格式。

源端口、目的端口：16 位长，标识出远端和本地的端口号。

顺序号：32 位长，表明了发送的数据报的顺序。

确认号：32 位长，希望收到的下一个数据报的序列号。

TCP 协议数据报头 DE 头长：4 位长，表明 TCP 头中包含多少个 32 位字。

接下来的 6 位未用。

ACK：ACK 位置 1 表明确认号是合法的。如果 ACK 为 0，那么数据报不包含确认信息，确认字段被省略。

PSH：表示是带有 PUSH 标志的数据。接收方因此请求数据报一到便可送往应用程序而不必等到缓冲区装满时才传送。

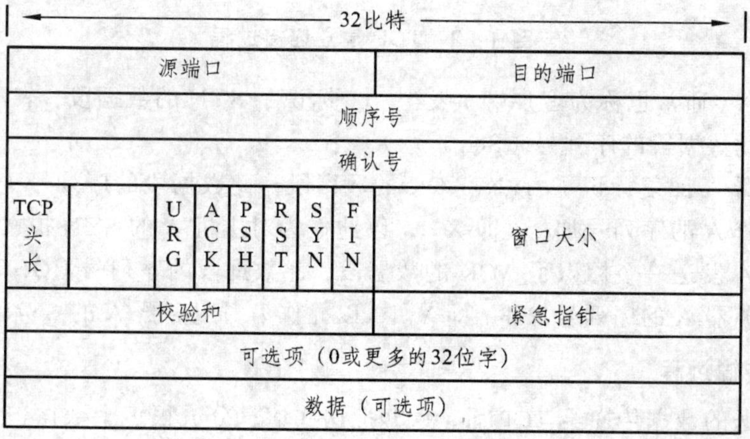

图 1-21　TCP 头结构

RST：用于复位由于主机崩溃或其他原因而出现的错误的连接，还可以用于拒绝非法的数据报或拒绝连接请求。

SYN：用于建立连接。

FIN：用于释放连接。

窗口大小：16 位长。窗口大小字段表示在确认了字节之后还可以发送多少个字节。

校验和：16 位长，是为了确保高可靠性而设置的。它校验头部、数据和伪 TCP 头部之和。

可选项：0 个或多个 32 位字，包括最大 TCP 载荷、窗口比例、选择重发数据报等选项。

最大 TCP 载荷：允许每台主机设定其能够接受的最大的 TCP 载荷能力。在建立连接期间，双方均声明其最大载荷能力，并选取其中较小的作为标准。如果一台主机未使用该选项，那么其载荷能力缺省设置为 536 字节。

窗口比例：允许发送方和接收方商定一个合适的窗口比例因子。这一因子使滑动窗口最大能够达到 232 字节。

TCP 通常使用 IP 作为网络层协议，这时 TCP 数据段被封装在 IP 数据包内。TCP 数据段由 TCP Header（头部）和 TCP Data（数据）组成。TCP 最多可以有 60 个字节的头部，如果没有 Options 字段，正常的长度是 20 字节。

2）TCP 建立连接的过程

TCP 是一种可靠的，面向连接的全双工传输层协议。

TCP 连接的建立是一个三次握手的过程，如图 1-22 所示。

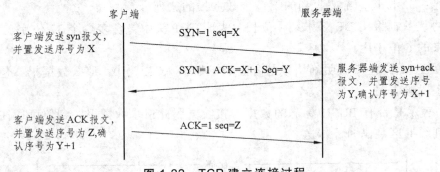

图 1-22　TCP 建立连接过程

（1）主机 A（通常也称为客户端）发送一个标识了 SYN 的数据段，表示期望与服务器 A 建立连接，此数据段的序列号（Seq）为 X。

（2）服务器 A 回复标识了 SYN+ACK 的数据段，此数据段的序列号（Seq）为 Y，确认序列号为主机 A 的序列号加 1，即 X+1，以此作为对主机 A 的 SYN 报文的确认。

（3）主机 A 发送一个标识了 ACK 的数据段，此数据段的序列号（Qeq）为 Z=X+1，确认序列号为服务器 A 的序列号加 1，即 Y+1，以此作为对服务器 A 的 SYN 报文段的确认。

3）TCP 传输过程

当把要传送的数据传递给 TCP 后，TCP 把这些信息分成很多个数据包（这种数据包称为 TCP 分组），每一个分组都包含有一个序号。接着 TCP 分组被传递给 IP 层，IP 层把这个 TCP 分组放在一个 IP 数据包的数据部分。然后，这个 IP 数据包被传到目的主机。目的主机上的 IP 层，把 IP 数据包的数据部分（即 TCP 分组）传递给 TCP 层。TCP 接收到分组后，检查数据包的正确性，如果不正确，通知源计算机重新发送该 IP 包，利用分组的序号来将数据按照原来的顺序排列，然后送给应用层。换句话说，IP 的工作是把原始数据（数据包）从一地传送到另一地；TCP 的工作是管理这种流动并确保其数据是正确的。在 IP 层，信息不是一个恒定的流，而是一个个小的数据包，这种数据包称为 IP 数据报。所有要发送的信息都必须被拆成 IP 数据报，才能在 IP 网上传送。IP 数据报中最主要的内容有：源计算机的地址信息、目的计算机的地址信息、要传输的数据。当发送一个数据包时，计算机首先根据目的地址决定将其发送给谁，如果目的计算机与源计算机在同一个物理网络中，则直接将这个数据报发送给它。如果目的计算机与源计算机不在同一个物理网络中，则发送给路由器，路由器这个特殊的计算机连在了两个网络之中，因此可以同时与两个网络中的计算机通信。路由器在收到数据包后，根据目的地址决定是直接发给目的计算机（如果在同一个物理网络中），还是转发给另一台计算机（如果不在同一个物理网络中）。

4）TCP **流量控制**

TCP 使用一种窗口（window）机制来控制数据流。当一个连接建立时，连接的每一端分配一个缓冲区来保存输入的数据，并将缓冲区的尺寸发送给另一端。当数据到达时，接收方发送确认，其中包含了自己剩余的缓冲区尺寸。剩余的缓冲区空间的大小被称为窗口（window），指出窗口大小的通知称为窗口通告（window advertisement）。接收方在发送的每一确认中都含有一个窗口通告。

如果接收方应用程序读数据的速度能够与数据到达的速度一样快，接收方将在每一确认中发送一个正的窗口通告。然而，如果发送方操作的速度快于接收方，接收到的数据最终将充满接收方的缓冲区，导致接收方通告一个零窗口（zero window）。发送方收到一个零窗口通告时，必须停止发送，直到接收方重新通告一个正的窗口。

TCP 的特点之一是提供体积可变的滑动窗口机制，支持端到端的流量控制。TCP 的窗口以字节为单位进行调整，以适应接收方的处理能力。处理过程如下：

（1）TCP 连接阶段，双方协商窗口尺寸，同时接收方预留数据缓存区；

（2）发送方根据协商的结果，发送符合窗口尺寸的数据字节流，并等待对方的确认；

（3）发送方根据确认信息，改变窗口的尺寸，增加或者减少发送未得到确认的字节流中的字节数。调整过程包括：如果出现发送拥塞，发送窗口缩小为原来的一半，同时将超时重传的时间间隔扩大一倍。

TCP 的窗口机制和确认保证了数据传输的可靠性和流量控制。

TCP/IP 中滑动窗口的意义：

（1）在不可靠链路上可靠地传输帧（核心功能）。

（2）用于保持帧的传输顺序。

（3）它有时支持流量控制，这是一种接收方能够控制发送方的一种反馈机制

5）TCP **关闭连接**

TCP 支持全双工模式传输数据，这意味着同一时刻两个方向都可以进行数据的传输。

在传输数据之前，TCP 通过三次握手建立的实际上是两个方向的连接，因此在传输完毕后，两个方向的连接必须都关闭。TCP 连接的建立是一个三次握手的过程，而 TCP 连接的终止则要经过四次握手，如图 1-23 所示。

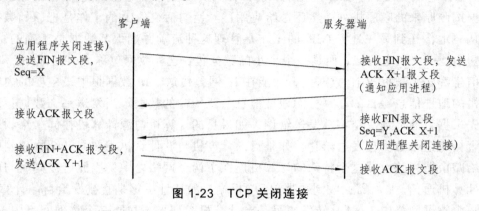

图 1-23　TCP 关闭连接

（1）客户端想终止连接，于是发送一个标识了 FIN，ACK 的数据段，序列号为 X，确认序列号为 Y。

（2）服务器端回应一个标识了 ACK 的数据段，序列号为 Y，确认序号为 X+1，作为对主机端的 FIN 报文的确认。

（3）服务器端想终止连接，于是向客户端发送一个标识了 FIN，ACK 的数据段，序列号为 y，确认序列号为 X+1。

（4）客户端回应一个标识了 ACK 的数据段，序列号为 X+1，确认序号为 Y+1，作为对服务器 A 的 FIN 报文的确认。

以上四次交互便完成了两个方向连接的关闭。

2. 用户数据报协议（UDP）

UDP（User Datagram Protocol，UDP）协议是一种不可靠的无连接协议，数据传输的单位是用户数据报。它主要用于不要求分组顺序到达的传输中，分组传送顺序检查与排序由应用层完成。它也被广泛地应用于只有一次的客户/服务器模式的请求/应答查询，以及快速递交比准确递交更重要的应用程序，如传输语音或图像数据。

UDP 是一种面向无连接的传输层协议，传输可靠性没有保证。当应用程序对传输的可靠性要求不高，但是对传输速度和延迟要求较高时，可以用 UDP 协议来替代 TCP 协议在传输层控制数据的转发。UDP 将数据从源端发送到目的端时，无需事先建立连接。UDP 采用了简单、易操作的机制在应用程序间传输数据，没有使用 TCP 中的确认技术或滑动窗口机制，因此 UDP 不能保证数据传输的可靠性，也无法避免接收到重复数据的情况。

UDP 报文分为 UDP 报文头和 UDP 数据区域两部分。报头由源端口、目的端口、报文长度以及校验和组成。UDP 适合于实时数据传输，如语音和视频通信。相比于 TCP，UDP 的传输效率更高、开销更小，但是无法保障数据传输的可靠性。UDP 头部的标识如图 1-24 所示。

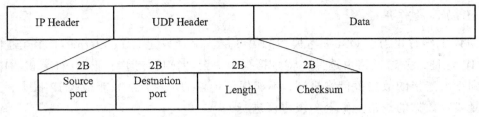

图 1-24　UDP 头部结构

16 位源端口号：源主机的应用程序使用的端口号。

16 位目的端口号：目的主机的应用程序使用的端口号。

16 位 UDP 长度：是指 UDP 头部和 UDP 数据的字节长度。因为 UDP 头部长度为 8 字节，所以该字段的最小值为 8。

16 位 UDP 校验和：该字段提供了与 TCP 校验字段同样的功能，该字段是可选的。

UDP 传输过程（见图 1-25）：

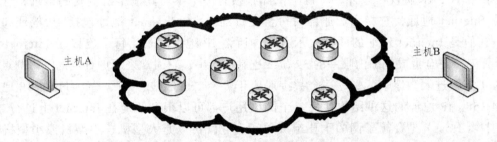

图 1-25　UDP 传输过程

主机 A 发送数据包时，这些数据包是以有序的方式发送到网络中的，每个数据包独立地在网络中被发送，所以不同的数据包可能会通过不同的网络路径到达主机 B。这样的情况下，先发送的数据包不一定先到达主机 B。因为 UDP 数据包没有序号，主机无法通过 UDP 协议将数据包按照原来的顺序重新组合，所以此时需要应用程序提供报文的到达确认、排序和流量控制等功能。通常情况下，UDP 采用实时传输机制和时间戳来传输语音和视频数据。

UDP 不提供重传机制，占用资源小，处理效率高。

一些时延敏感的流量，如语音、视频等，通常使用 UDP 作为传输层协议。

在使用 TCP 协议传输数据时，如果一个数据段丢失或者接收端对某个数据段没有确认，发送端会重新发送该数据段。TCP 重新发送数据会带来传输延迟和重复数据，降低了用户的体验。对于迟延敏感的应用，少量的数据丢失一般可以被忽略，这时使用 UDP 传输将能够提升用户的体验。

1.4.4　IP 协议

IP 协议是 TCP/IP 参考模型中最重要的协议之一，也是最重要的因特网标准协议之一。本节重点介绍什么是 IP 地址，它的组成与分类，子网和子网掩码的概念以及怎样确定子网掩码和子网的划分方法。

1. IP 协议的作用

IP 协议工作时相当于 OSI 参考模型的第 3 层。IP 协议定义了 Internet 上相互通信的计算机的 IP 地址，并通过路由选择，将数据报由一台计算机传递到另一台计算机。IP 协议提供点到点无连接的数据报传输机制，不能保证传输的可靠性，只能检验 IP 报头，丢失数据的恢复或者数据的纠错是由上一级协议进行的。

2. IP 地址

1）IP 地址的定义

在全球范围内，每个家庭都有一个地址，而每个地址的结构是由国家、省、市、区、街道和门牌号这样一个层次结构组成的，因此每个家庭地址是全球唯一的。有了这个唯一的家庭住址，信件间的投递才能够正常进行，不会发生冲突。同样的道理，覆盖全球的 Internet 主机组成了一个大家庭，为了实现 Internet 上不同主机之间的通信，除使用相同的通信协议（TCP/IP 协议）以外，每台主机都必须有一个不与其他主机重复的地址，这个地址就是 Internet 地址，它相当于通信时每台主机的名字。Internet 地址包括 IP 地址和域名地址，它们是 Internet 地址的两种表示方式。所谓 IP 地址就是给每个连接在 Internet 上的主机分配一个在全世界范围内唯一的 32 位二进制比特串，它通常采用更直观的、以圆点 "." 分隔的 4 个十进制数字表示，每一个数字对应于 8 个二进制位，如某一台主机的 IP 地址为 10.48.4.158。IP 地址的这种结构使每一个网络用户都可以很方便地在 Internet 上进行寻址。

主机（Host）是资源子网的重要组成单元，它既可以是大型机、中型机或小型机，也可以是局域网中的微型机，是软件资源和信息资源的拥有者。

2）IP 地址的组成及分类

（1）IP 地址的组成。

从逻辑上讲，在 Internet 中，每个 IP 地址由网络地址和主机地址两部分组成，如图 1-26 所示。位于同一物理子网的所有主机和网络设备（如服务器、路由器、工作站等）的网络地址是相同的，而通过路由器互联的两个网络，一般认为是两个不同的物理网络。对于不同物理网络上的主机和网络设备而言，其网络地址是不同的。网络地址在 Internet 中是唯一的。

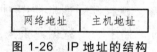

图 1-26　IP 地址的结构

主机地址是用来区别同一物理子网中不同的主机和网络设备的，在同一物理子网中，必须给出每一台主机和网络设备的唯一主机地址，以区别于其他的主机。

在 Internet 中，网络地址和主机地址的唯一性决定了每台主机和网络设备的 IP 地址的唯一性。在 Internet 中根据 IP 地址寻找主机时，首先根据网络地址找到主机所在的物理网络，在同一物理网络内部，主机的寻找是网络内部的地址，主机间的数据交换则是根据网络内部的物理地址来完成的。因此，IP 地址的定义方式是比较合理的，它对于 Internet 上不同网络间的数据交换非常有利。

（2）IP 地址的表示方法。

前面已经提到，基于 IPv4 的一个 IP 地址共有 32 位二进制，即由 4 个字节组成，平均分为 4 段，每段 8 位二进制（1 个字节）。为了简化记忆，用户实际使用 IP 地址时，几乎都将组成 IP 地址的二进制数记为 4 个十进制数表示，每个十进制数的取值范围是 0 ~ 255，每相邻两个字节的对应十进制数间用 "." 分隔。IP 地址的这种表示法叫做 "点分十进制表示法"，显然这比全是 "1" "0" 容易记忆。

下面是一个将二进制 IP 地址用点分十进制来表示的例子：

二进制地址格式：00001010 00110000 00000100 10011110

十进制地址格式：10.48.4.158

计算机的网络协议软件很容易将用户提供的十进制地址格式转换为对应的二进制 IP 地址，再供网络互联设备识别。

（3）IP 地址的分类。

IP 地址的长度确定后，其中网络地址的长度将决定 Internet 中能包含多少个网络，主机地址的长度将决定每个网络能容纳多少台主机。由于各种网络的差异很大。有的网络拥有的主机多，而有的网络上的主机则很少，而且各网络的用途也不尽相同。所以，根据网络的规模大小，IP 地址一般分为 5 类：A 类、B 类、C 类、D 类和 E 类。其中 A、B 和 C 类地址是基本的 Internet 地址，是用户使用的地址，为主类地址。D 类和 E 类为次类地址。各类 IP 地址的表示如图 1-27 所示。

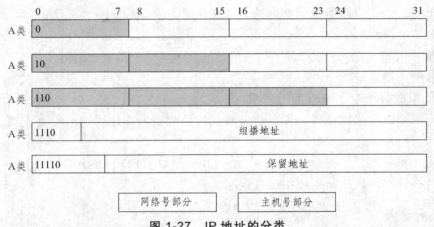

图 1-27　IP 地址的分类

A 类地址的前一个字节表示网络地址，且最前端一个二进制位固定是 "0"。因此其网络地址的实际长度为 7 位，主机地址的长度为 24 位，表示的地址范围是 1.0.0.0 ~ 126.255.255.255。A 类地址允许有 $2^7 - 2 = 126$ 个网络（网络地址的 0 和 127 保留用于特殊目的），每个网络有 $2^{24} - 2 = 16\ 777\ 214$ 个主机。A 类 IP 地址主要分配给具有大量主机而局域网络数量较少的大型网络。

B 类地址的前两个字节表示网络地址，且最前端的两个二进制位固定是 "10"。因此其网络地址的实际长度为 14 位，主机地址的长度为 16 位，表示的地址范围是 128.0.0.0 ~ 191.255.255.255。B 类地址允许有 $2^{14} = 16\ 384$ 个网络，每个网络有 $2^{16} - 2 = 65\ 534$ 个主机。

27

B 类 IP 地址适用于中等规模的网络，一般用于一些国际性大公司和政府机构等。

C 类地址的前 3 个字节表示网络地址，且最前端的 3 个二进制位是"110"。因此其网络地址的实际长度为 21 位，主机地址的长度为 8 位，表示的地址范围是 192.0.0.0 ~ 223.255.255.255。C 类地址允许有 2^{21}=2 097 152 个网络，每个网络有 2^8 – 2=254 个主机。C 类 IP 地址结构适用于小型的网络，如一般的校园网、一些小公司和研究机构等。

D 类 IP 地址不标识网络，一般用于其他一些特殊用途，如供特殊协议向选定的节点发送信息时使用，它又被称作广播地址。它的地址范围是 224.0.0.0 ~ 239.255.255.255。

E 类 IP 地址尚未使用，暂时保留将来使用。它的地址范围是 240.0.0.0 ~ 247.255.255.255。

从 IP 地址的分类方法来看，A 类地址的网络数量最少，只有 126 个；B 类地址有 16 000 多个；C 类地址最多，总计达 200 多万个。值得一提的是，5 类地址是完全平级的，它们之间不存在任何从属关系。

3）Internet 上的几个特殊 IP 地址

除了上面五种类型的 IP 地址外，还有以下几种特殊类型的 IP 地址。

（1）多点广播地址。

凡 IP 地址中的第一个字节以"1110"开始的地址都叫多点广播地址。因此，第一个字节大于 223 小于 240 的任何一个 IP 地址都是多点广播地址。

（2）"0"地址。

网络地址的每一位全为"0"的 IP 地址，叫"0"地址。网络地址全为"0"的网络被称为本地子网，当主机跟本地子网内的另一主机进行通信时，可使用"0"地址。

（3）全"0"地址。

IP 地址中的每一个字节都为"0"的地址（"0.0.0.0"）对应于当前主机。

（4）有限广播地址。

IP 地址中的每一个字节都为"1"的 IP 地址（"255.255.255.255"）叫做当前子网的广播地址。当不知道网络地址时，可以通过有限广播地址向本地子网的所有主机进行广播。

（5）环回地址。

IP 地址一般不能以十进制数"127"作为开头。以"127"开头的地址，如 127.0.0.1，通常用于网络软件测试以及本地主机进程间的通信。

3. 划分子网

1）子　网

上述分类地址存在一些不合理之处，具体体现在以下几个方面：

（1）IP 地址空间利用率低。如采用 A 类地址的网络可连接 1600 万个以上的主机，而每个 B 类地址网络可连接的主机数也达到 65 000 个以上，可是实际上有些网络连接的主机数目远远达不到这样大的数值，如 10BASE-T 以太网的工作站数最大只有 1024 个。一个单位的剩余地址，无法供其他单位使用。IP 地址的浪费，导致有限地址空间资源过早耗尽。

（2）如果一个网络上安装过多主机，会因拥塞而影响网络性能。

（3）如果一个单位的物理网络太多，给每个物理网络分配一个网络号，会使路由表太大，并在查询路由时耗费更多的时间。同时，也使路由器之间定期交换的路由信息大量增加，从而使路由器和整个因特网的性能下降。

为了解决分类地址存在的不合理性，人们提出了"划分子网"概念。

子网是指一个组织中相连的网络设备的逻辑分组。一般来说，子网可表示为某地理位置内（某大楼或相同局域网中）的所有计算机。将网络划分成一个个逻辑段（即子网），可以更好地管理网络。同时，也可以提高网络性能，增强网络安全性。另外，将一个组织内的网络划分成各个子网，只需要通过单个共享网络地址，即可将这些子网连接到因特网上，从而减缓了因特网 IP 地址的耗尽问题。用路由器来连接 IP 子网，并可最小化每个子网必须接收的通信量。

IP 地址的 32 个二进制位所表示的网络数目是有限的，因为每一个网络都需要一个唯一的网络地址来标识。在制定编码方案时，人们常常会遇到网络数目不够用的情况，解决这题的有效手段是采用子网寻址技术。所谓"子网"，就是把一个有类（A、B 和 C 类）的网络地址，再划分成若干个小的网段，这些网段称为子网。划分子网的方法是：将表示主机地址的二进制数中划分出一定的位数用来作为本网的各个子网，剩余的部分作为相应子网的主机地址。划分多少位二进制给子网，主要根据实际所需的子网数目而定。这样在划分了子网以后，地址实际上就由三部分组成：网络地址、子网地址和主机地址。

划分子网是解决 IP 地址空间不足的一个有效措施。把较大的网络划分成小的网段，并路由器、网关等网络互联设备连接，这样既可以方便网络的管理，又能够有效地减轻网络拥挤，提高网络的性能。

2）子网掩码

为了进行子网划分，就必须引入子网掩码的概念。子网掩码是一个 32 位二进制的值，用于屏蔽 IP 地址的一部分以区别网络地址和主机地址，并说明该 IP 地址是在局域网上还是在远程网上。子网掩码的表示形式和 IP 地址的表示类似，也是用圆点"."分隔开的 4 段共 32 位二进制数。为了便于记忆，通常用十进制数来表示。如图 1-28 所示。

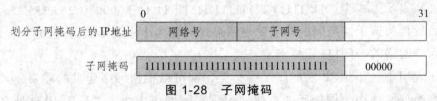

图 1-28　子网掩码

用子网掩码判断 IP 地址的网络地址与主机地址的方法是用 IP 地址与相应的子网掩码进行"AND"运算，这样可以区分出网络地址部分和主机地址部分。二进制"AND"运算规则如表 1-4 所示。

表 1-4　二进制"AND"运算规则

组合类型	结果
0 "AND" 0	0
0 "AND" 1	0
1 "AND" 0	0
1 "AND" 1	1

例如：IP 地址：　　　　　11000000.10101000.00000010.00001100　　　192.168.2.12

　　　　子网掩码：　　　　11111111.11111111.11111111.00000000　　　255.255.255.0

　　　　AND　　　　　　　11000000.10101000.00000010.00000000　　　192.168.2.0

这是一个 C 类 IP 地址和子网掩码，该 IP 地址的网络地址为 192.168.2.0，主机地址为12。上述子网掩码的使用，实际上是把一个 C 类地址作为一个独立的网络，前 24 位为网络地址，后 8 位为主机地址，一个 C 类地址可以容纳的主机数为 $2^8-2=254$ 个（全 0 和全1 除外）。

3）子网掩码的确定

由于表示子网地址和主机地址的二进制位数分别决定了子网的数目和每个子网中的主机个数，因此我们在确定子网掩码前，首先必须弄清楚实际要使用的子网数和主机数目。下面我们来看一个例子。

某一物流公司申请了一个 C 类网络，假设其 IP 地址为 192.168.a.b，该企业由 10 个子公司构成，每个子公司都需要自己独立的子网络。确定该网络的子网掩码一般分为以下几个步骤。

（1）确定是哪一类 IP 地址可供使用。

该网络的 IP 地址为 "192.168.a.b"，说明是 C 类 IP 地址，网络地址为 "192.168.a"，主机地址为 "b"。

（2）根据现在所需的子网数以及将来可能扩充到的子网数，用一些二进制位来定义子网地址。

比如现在有 10 个子公司，需要 10 个子网，将来可能扩建到 14 个。则我们将第四个字节的前 4 位确定为子网地址（$2^4-2=14$）。前 4 位都置为 "1"，即第四个字节为 "11110000"。

（3）把对应初始网络的各个二进制位都置为 "1"，即前 3 个字节都置为 "1"，则子网掩码的二进制表示形式为 "11111111.11111111.11111111.11110000"（255.255.255.240）。

（4）最后再将该子网掩码的二进制表示形式转化为十进制形式为 "255.255.255.240"，这个数即为该网络的子网掩码。

在实际应用中，不论 IP 地址属于哪一类，都可以根据网络建设的需要，人为定义其实际的子网掩码。使用子网掩码能很快地识别实际网络中两个主机的 IP 地址是否属于同一网络。

如主机 A 与主机 B 要交换信息。其 IP 地址和子网掩码是：

主机 A：IP 地址为 192.168.1.10

子网掩码为 255.255.255.0

路由器地址为 192.168.1.1

主机 B：IP 地址为 192.168.2.11

子网掩码为 255.255.255.0

路由器地址为 192.168.2.1

路由器从端口 192.168.1.1 接收到主机 A 发往主机 B 的 IP 数据报文后的处理过程如下：

（1）首先用端口 192.168,1.1 与子网掩码 255.255.255.0 进行逻辑"与"，得到端口网段地址为 192.168.1.0。

（2）将目的地址 192.168.2.11 与子网掩码 255.255.255.0 进行逻辑"与"，得到 192.168.2.0。

（3）将结果 192.168.2.0 与端口网段地址 192.168.1.0 比较。如果相同，则认为是本网段的，不予转发；如果不相同，则将该 IP 报文转发到端口 192.168.2.1 所对应的网段。

4）A 类、B 类、C 类 IP 地址的标准子网掩码

由子网掩码的定义可以看出，A 类地址、B 类地址和 C 类地址的标准子网掩码如表 1-5 所示。

表 1-5 IP 地址的标准子网掩码

地址类型	二进制子网掩码表示	十进制子网掩码表示
A 类	11111111 00000000 00000000 00000000	255.0.0.0
B 类	11111111 11111111 00000000 00000000	255.255.0.0
C 类	11111111 11111111 11111111 00000000	255.255.255.0

5）子网划分的方法

要将一个单位所属物理网络划分为若干子网,可用主机号的若干比特作为子网号字段，主机号字段则相应减少若干比特。这样两层的 IP 地址在一个单位内部就变成 3 层 IP 地址：{<网络号>,（子网号），<主机号>}，如图 1-29 所示。

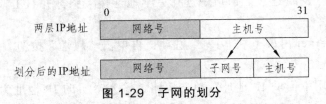

图 1-29 子网的划分

子网的对应二进制数、十进制数和可用子网数如表 1-6 所示。

表 1-6 子网的对应二进制数、十进制数和可用子网数

加入到子网的位数	二进制数	十进制数	可用子网数
1	10000000	128	2
2	11000000	192	4
3	11100000	224	8
4	11110000	240	16
5	11111000	248	32
6	11111100	252	64

加入到子网的位数	二进制数	十进制数	可用子网数
7	11111110	254	128
8	11111111	255	256
9	11111111 10000000	255.128	512
10	11111111 11000000	255.192	1024
11	11111111 11100000	255.224	2048
12	11111111 11110000	255.240	4096
13	11111111 11111000	255.248	8192
14	11111111 11111100	255.252	16384
15	11111111 11111110	255.254	32768
16	11111111 11111111	255.255	65536

由于划分子网，只是将 IP 地址的主机号字段进行再划分，而不改变 IP 地址的网络号，因此，从外部发往本单位某个主机的 IP 数据报，仍根据 IP 数据报的目的网络号找到连接在本单位网络上的路由器，此路由器再根据目的网络号和子网号找到目的子网，最后由目的子网将 IP 数据报送往目的主机。

6）配置主机的 IP 地址和子网掩码

IP 地址和子网掩码的配置可按如下步骤进行操作（以 Windows XP 为例）：

（1）在桌面上右击"网上邻居"图标，然后在弹出的快捷菜单中选择"属性"命令。

（2）在弹出的"网络连接"窗口中选择"本地连接"图标并右击，在弹出的快捷菜单中选择"属性"命令。

（3）选择"Internet 协议（TCP/IP）"选项，再单击"属性"按钮，弹出图 1-30 所示的对话框。

（4）选择"使用下面的 IP 地址"单选按钮，输入本机的 IP 地址为 192.168.6.188，输入本网段的子网掩码为 255.255.255.0，如图 1-30 所示。

图 1-30　配置 IP 地址和子网掩码

4. IP 地址的发展趋势

随着全球互联网的快速增长，接入互联网的网络和主机数目随之快速膨胀，32 位的 IPv4 地址空间即将耗尽。为了满足应用对 IP 地址空间的需求，于 20 世纪 90 年代初开发出 128 位的 IPv6 地址格式，IPv6 兼容 IPv4 地址格式以及所有的网络应用，并作为下一代地址互联网的标准协议。

下面对 IPv4、IPv6 进行一些简单的比较。

（1）IPv4 是当前互联网络中广泛采用的地址格式。缺点是：地址不够，分布不均匀，整个中国的地址还不及美国一个大学的地址多；不安全，不能进行保密传送；地址分配效率低，只有 0.22% ~ 0.33%；不适合无线用、多媒体传送，只适合数据传送。

（2）IPv6 格式有以下几个优点：

有更大的地址空间。地址长度为 128 位，几乎可以不受限制地提供地址。按保守方法估算 IPv6 实际可分配的地址，可以使整个地球的每平方米面积上可分配 1000 多个地址。

更小的路由表。IPv6 的地址分配一开始就遵循聚类（Aggregation）原则，这使得路由器能在路由表中用一条记录（Entry）表示一片子网，大大减小了路由器中路由表的长度，提高了路由器转发数据包的速度。

增强的组播（Multicast）支持以及对流的支持（Flow-control）。这使得网络上的多媒体应用有了长足发展的机会，为服务质量（QoS）控制提供了良好的网络平台。

加入了对自动配置（Auto-configuration）的支持。这是对 DHCP 协议的改进和扩展，使得网络（尤其是局域网）的管理更加方便和快捷。

更高的安全性。在 IPv6 网络中用户可以对网络层的数据进行加密并对 IP 报文进行校验，极大地增强了网络安全。

缺点是：地址分配效率特别低，只有 0.01% ~ 0.03%。

1.4.5 协议应用

1. ICMP

Internet 控制报文协议 ICMP（Internet Control Message Protocol）是网络层的一个重要协议。ICMP 协议用来在网络设备间传递各种差错和控制信息，它对于收集各种网络信息、诊断和排除各种网络故障具有至关重要的作用。使用基于 ICMP 的应用时，需要对 ICMP 的工作原理非常熟悉。

ICMP 用来传递差错、控制、查询等信息。

ICMP 是 TCP/IP 协议簇的核心协议之一，它用于在 IP 网络设备之间发送控制报文，传递差错、控制、查询等信息。

1）ICMP 重定向

ICMP Redirect 重定向消息用于支持路由功能。如图 1-31 所示，主机 PCA 希望发送报文到服务器 A，于是根据配置的默认网关地址向网关 RTB 发送报文。网关 RTB 收到报文后，检查报文信息，发现报文应该转发到与源主机在同一网段的另一个网关设备 RTA，因为此转发路径是更优的路径。所以 RTB 会向主机发送一个 Redirect 消息，通知主机 PCA 直接向另一个网关 RTA 发送该报文。主机收到 Redirect 消息后，向 RTA 发送报文，RTA 会将报文转发给服务器 A。

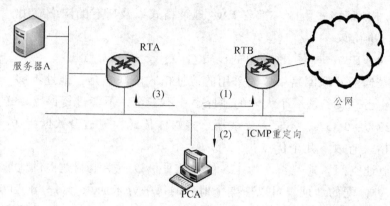

图 1-31　ICMP 重定向

2）ICMP 差错检测

ICMP Echo Request 和 ICMP Echo Reply 分别用来查询和响应某些信息进行差错检测。ICMP Echo 消息常用于诊断源和目的之间的网络连通性，还可以提供其他信息，如报文往返时间等。

3）ICMP 错误报告

ICMP 定义了各种错误消息，用于诊断网络连接性问题。根据这些错误消息，源设备可以判断出数据传输失败的原因。比如，如果网络中发生了环路，导致报文在网络中循环，最终 TTL 超时，这种情况下网络设备会发送 TTL 超时消息给发送端设备。又比如如果目的不可达，则中间的网络设备会发送目的不可达消息给发送端设备。目的不可达的情况有多种，如果是网络设备无法找到目的网络，则发送目的网络不可达消息，如果网络设备无法找到目的网络中的目的主机，则发送目的主机不可达消息。

4）ICMP 数据包格式（见图 1-32）

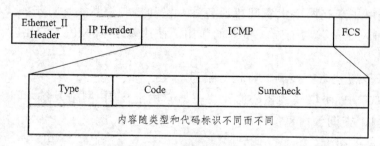

图 1-32　ICMP 数据包格式

ICMP 消息封装在 IP 报文中。ICMP 消息的格式取决于 Type 和 Code 字段，其中 Type 字段为消息类型，Code 字段包含该消息类型的具体参数。后面的校验和字段用于检查消息是否完整。消息中包含 32 比特的可变参数，这个字段一般不使用，通常设置为 0。在 ICMP

Redirect 消息中，这个字段用来指定网关 IP 地址，主机根据这个地址将报文重定向到指定网关。在 Echo 请求消息中，这个字段包含标识符和序号，源端根据这两个参数将收到的回复消息与本端发送的 Echo 请求消息进行关联。尤其是当源端向目的端发送了多个 Echo 请求消息时，需要根据标识符和序号将 Echo 请求和回复进行一一对应。

ICMP 定义了多种消息类型，用于不同的场景，如表 1-7 所示。有些消息不需要 Code 字段来描述具体类型参数，仅用 Type 字段表示消息类型，比如，ICMPEcho 回复消息的 Type 字段设置为 0。有些 ICMP 消息使用 Type 字段定义消息大类，用 Code 字段表示消息的具体类型，比如，类型为 3 的消息表示目的不可达，不同的 Code 值表示不可达的原因，包括目的网络不可达（Code=0）、目的主机不可达（Code=1）、协议不可达（Code=2）、目的 TCP/UDP 端口不可达（Code=3）等。

表 1-7　ICMP 常用类型描述

类型	编码	描述
0	0	Echo Reply
3	0	网络不可达
3	1	主机不可达
3	2	协议不可达
3	3	端口不可达
5	0	重定向
6	0	Echo Request

5）ICMP 的典型应用——Ping

ICMP 的一个典型应用是 Ping。Ping 是检测网络连通性的常用工具，同时也能够收集其他相关信息。用户可以在 Ping 命令中指定不同参数，如 ICMP 报文长度、发送的 ICMP 报文个数、等待回复响应的超时时间等，设备根据配置的参数来构造并发送 ICMP 报文，进行 Ping 测试（见图 1-33）。Ping 常用的配置参数说明如下：

```
PC>ping 192.168.1.2

Ping 192.168.1.2: 32 data bytes, Press Ctrl_C to break
From 192.168.1.2: bytes=32 seq=1 ttl=128 time=31 ms
From 192.168.1.2: bytes=32 seq=2 ttl=128 time=16 ms
From 192.168.1.2: bytes=32 seq=3 ttl=128 time=16 ms
From 192.168.1.2: bytes=32 seq=4 ttl=128 time=16 ms
From 192.168.1.2: bytes=32 seq=5 ttl=128 time=31 ms

--- 192.168.1.2 ping statistics ---
  5 packet(s) transmitted
  5 packet(s) received
  0.00% packet loss
  round-trip min/avg/max = 16/22/31 ms
```

图 1-33　Ping 示例

-a source-ip-address：指定发送 ICMP ECHO-REQUEST 报文的源 IP 地址。如果不指定源 IP 地址，将采用出接口的 IP 地址作为 ICMP ECHO-REQUEST 报文发送的源地址。

-c count：指定发送 ICMP ECHO-REQUEST 报文次数。缺省情况下发送 5 个 ICMP ECHO-REQUEST 报文。

-h ttl-value：指定 TTL 的值。缺省值是 255。

-t timeout：指定发送完 ICMP ECHO-REQUEST 后，等待 ICMP ECHO-REPLY 的超时时间。

Ping 命令的输出信息中包括目的地址、ICMP 报文长度、序号、TTL 值、以及往返时间。序号是包含在 Echo 回复消息（Type=0）中的可变参数字段，TTL 和往返时间包含在消息的 IP 头中。

6）ICMP 的典型应用——Tracert

ICMP 的另一个典型应用是 Tracert。Tracert 基于报文头中的 TTL 值来逐跳跟踪报文的转发路径。为了跟踪到达某特定目的地址的路径，源端首先将报文的 TTL 值设置为 1。该报文到达第一个节点后，TTL 超时，于是该节点向源端发送 TTL 超时消息，消息中携带时间戳。然后源端将报文的 TTL 值设置为 2，报文到达第二个节点后超时，该节点同样返回 TTL 超时消息，以此类推，直到报文到达目的地。这样，源端根据返回的报文中的信息可以跟踪到报文经过的每一个节点，并根据时间戳信息计算往返时间。Tracert 是检测网络丢包及时延的有效手段，同时可以帮助管理员发现网络中的路由环路。

Tracert 常用的配置参数说明如下：

-a source-ip-addressL：指定 tracert 报文的源地址。

-ffirst-tt：指定初始 TTL。缺省值是 1。

-m max-tt：指定最大 TTL。缺省值是 30。

-name：使能显示每一跳的主机名。

-p port：指定目的主机的 UDP 端口号。

Tracert 示例如图 1-34 所示。源端（RTA）向目的端（主机 B）发送一个 UDP 报文，TTL 值为 1，目的 UDP 端口号是大于 30 000 的一个数，因为在大多数情况下，大于 30 000 的 UDP 端口号是任何一个应用程序都不可能使用的端口号。

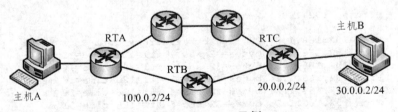

图 1-34　Tracert 示例

第一跳（RTB）收到源端发出的 UDP 报文后，判断出报文的目的 IP 地址不是本机 IP 地址，将 TTL 值减 1 后，判断出 TTL 值等于 0，则丢弃报文并向源端发送一个 ICMP 超时（Time Exceeded）报文（该报文中含有第一跳的 IP 地址 10.0.0.2），这样源端就得到了 RTB 的地址。源端收到 RTB 的 ICMP 超时报文后，再次向目的端发送一个 UDP 报文，TTL 值为 2。

第二跳（RTC）收到源端发出的 UDP 报文后，回应一个 ICMP 超时报文，这样源端就得到了 RTC 的地址（20.0.0.2）。

以上过程不断进行，直到目的端收到源端发送的 UDP 报文后，判断出目的 IP 地址是本机 IP 地址，则处理此报文。根据报文中的目的 UDP 端口号寻找占用此端口号的上层协议，因目的端没有应用程序使用该 UDP 端口号，则向源端返回一个 ICMP 端口不可达（Destination Unreachable）报文。

源端收到 ICMP 端口不可达报文后，判断出 UDP 报文已经到达目的端，则停止 Tracert 程序，从而得到数据报文从源端到目的端所经历的路径（10.0.0.2, 20.0.0.2, 30.0.0.2）.

2. ARP

网络设备有数据要发送给另一台网络设备时，必须要知道对方的网络层地址（即 IP 地址）。IP 地址由网络层来提供，但是仅有 IP 地址是不够的，IP 数据报文必须封装成帧才能通过数据链路进行发送。数据帧必须要包含目的 MAC 地址，因此发送端还必须获取到目的 MAC 地址。通过目的 IP 地址而获取目的 MAC 地址的过程是由 ARP（Address Resolution Protocol）协议来实现的。

一台网络设备要发送数据给另一太网络设备时，必须要知道对方的 IP 地址。但是，仅有 IP 地址是不够的，因为 IP 数据报文必须封装成帧才能通过数据链路进行发送，而数据帧必须要包含目的 MAC 地址，因此发送端还必须获取到目的 MAC 地址。每一个网络设备在数据封装前都需要获取下一跳的 MAC 地址。IP 地址由网络层来提供，MAC 地址通过 ARP 协议来获取。ARP 协议是 TCP/IP 协议簇中的重要组成部分，ARP 能够通过目的 IP 地址发现目标设备的 MAC 地址，从而实现数据链路层的可达性。

1）ARP 数据包格式（见图 1-35）

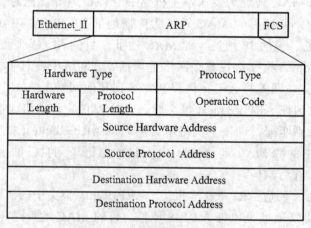

图 1-35　ARP 数据包格式

网络设备通过 ARP 报文来发现目的 MAC 地址。ARP 报文中包含以下字段

（1）Hardware Type 表示硬件地址类型，一般为以太网；

（2）Protocol Type 表示三层协议地址类型，一般为 IP；

（3）Hardware Length 和 Protocol Length 为 MAC 地址和 IP 地址的长度，单位是字节；

（4）Operation Code 指定了 ARP 报文的类型，包括 ARP request 和 ARP reply；

（5）Source Hardware Address 指的是发送 ARP 报文的设备 MAC 地址；

（6）Source Protocol Address 指的是发送 ARP 报文的设备 IP 地址；

（7）Destination Hardware Address 指的是接收者 MAC 地址，在 ARP request 报文中，该字段值为 0；

（8）Destination Protocol Address 指的是指接收者的 IP 地址。

2）ARP 工作过程

局域网中主机 A 发送一个数据包给主机 B 之前，首先要获取主机 B 的 MAC 地址。

通过 ARP 协议，网络设备可以建立目标 IP 地址和 MAC 地址之间的映射。网络设备通过网络层获取到目的 IP 地址之后，还要判断目的 MAC 地址是否已知。

网络设备一般都有一个 ARP 缓存（ARP Cache），ARP 缓存用来存放 IP 地址和 MAC 地址的关联信息。在发送数据前，设备会先查找 ARP 缓存表。如果缓存表中存在对方设备的 MAC 地址，则直接采用该 MAC 地址来封装帧，然后将帧发送出去。如果缓存表中不存在相应信息，则通过发送 ARP request 报文来获得它。学习到的 IP 地址和 MAC 地址的映射关系会被放入 ARP 缓存表中存放一段时间。在有效期内，设备可以直接从这个表中查找目的 MAC 地址来进行数据封装，而无需进行 ARP 查询。过了这段有效期，ARP 表项会被自动删除。

如果目标设备位于其他网络，则源设备会在 ARP 缓存表中查找网关的 MAC 地址，然后将数据发送给网关，网关再把数据转发给目的设备。

例如局域网中主机 A 和主机 B 通信，主机 A 的 ARP 缓存表中不存在主机 B 的 MAC 地址，所以主机 A 会发送 ARP request 来获取目的 MAC 地址。ARP request 报文封装在以太帧里，帧头中的源 MAC 地址为发送端主机 A 的 MAC 地址。此时，由于主机 A 不知道主机 B 的 MAC 地址，所以目的 MAC 地址为广播地址 FF-FF-FF-FF-FF-FF。ARP request 报文中包含源 IP 地址、目的 IP 地址、源 MAC 地址、目的 MAC 地址，其中目的 MAC 地址的值为 0。ARP Request 报文会在整个网络上传播，该网络中所有主机包括网关都会接收到此 ARP request 报文。网关将会阻止该报文发送到其他网络上。

所有的主机接收到该 ARP Request 报文后，会检查它的目的协议地址字段与自身的 IP 地址是否匹配。如果不匹配，则该主机将不会响应该 ARP Request 报文。如果匹配，则该主机会将 ARP 报文中的源 MAC 地址和源 IP 地址信息记录到自己的 ARP 缓存表中，然后通过 ARP Reply 报文进行响应。

主机 B 会向主机 A 回应 ARP Reply 报文。ARP Reply 报文中的源协议地址是主机 B 自己的 IP 地址，目标协议地址是主机 A 的 IP 地址，目的 MAC 地址是主机 A 的 MAC 地址，源 MAC 地址是自己的 MAC 地址，同时 Operation Code 被设置为 reply。ARP Reply 报文通过单播传送。

主机 A 收到 ARP Reply 以后，会检查 ARP 报文中目的 MAC 地址是否与自己的 MAC 匹配。如果匹配，ARP 报文中的源 MAC 地址和源 IP 地址会被记录到主机 A 的 ARP 缓存表中。ARP 表项的老化超时时间缺省为 1200 s。

在上述例子的组网中，主机 A 需要与主机 B 通信时，目的 IP 地址与本机的 IP 地址位于不同网络，但是由于主机 A 未配置网关，所以它将会以广播形式发送 ARP Request 报文，请求主机 B 的 MAC 地址。但是，广播报文无法被路由器转发，所以主机 B 无法收到主机 A 的 ARP 请求报文，当然也就无法应答。在路由器上启用代理 ARP 功能，就可以解决这个问题。启用代理 ARP 后，路由器收到这样的请求，会查找路由表，如果存在主机 B 的路由表项，路由器将会使用自己的 GO/O/O 接口的 MAC 地址来回应该 ARP request。主机 A 收到 ARP reply 后，将以路由器的 GO/O/O 接口 MAC 地址作为目的 MAC 地址进行数据转发。

主机被分配了 IP 地址或者 IP 地址发生变更后，必须立刻检测其所分配的 IP 地址在网络上是否是唯一的，以避免地址冲突。主机通过发送 ARP request 报文来进行地址冲突检测。

主机 A 将 ARP Request 广播报文中的目的 IP 地址字段设置为自己的 IP 地址，该网络中所有主机包括网关都会接收到此报文。当目的 IP 地址已经被某一个主机或网关使用时，该主机或网关就会回应 ARP reply 报文。通过这种方式，主机 A 就能探测到 IP 地址冲突了。

任务 1.5   认识和管理网络设备

网络中有很多种设备，本节主要介绍最为常见的网络适配器、中继器、集线器、网桥、交换机、路由器等设备。

1.5.1   网络适配器

网络适配器（Network Interface Card，NIC）也叫网卡，是 OSI 参考模型中数据链路层的设备，如图 1-36 所示。

图 1-36   网络适配器连接示意图

网卡是局域网的接入设备，是单机与网络间架设的桥梁。它主要完成以下功能：

（1）读入由其他网络设备（Router、Switch、Hub 或其他 NIC）传输过来的数据包，经过拆包，将其变成客户机或服务器可以识别的数据，通过主板上的总线将数据传输到所需的设备中（CPU、RAM 或 Hard Driver）。

（2）将 PC 设备（CPU、RAM 或 Hard Driver）发送的数据打包后输送至其他网络设备中。

目前，市面上常见的网卡种类繁多。按带宽分为 10 Mb/s 网卡、100 Mb/s 网卡、10/100/

100 Mb/s 自适应网卡和 1000 Mb/s 网卡。按总线类型分为 PCI 网卡、ISA 网卡、EISA 网卡及其他总线网卡，现在网卡大多数已经集成在计算机的主板上，接口以 RJ-45 为主。

1.5.2　中继器

由于信号在传输过程中存在损耗，在线路上传输的信号功率会逐渐衰减，衰减到一定程度时将造成信号失真，因此会导致接收错误。中继器就是为解决这一问题而设计的。

中继器是互联网中最简单的网间连接器，主要完成物理层的功能，负责在两个节点的物理层上按位传递信息，对衰减的信号进行放大，保持与原数据相同。中继器工作在 OSI 参考模型的物理层，其连接结构图如图 1-37 所示。

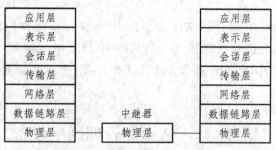

图 1-37　中继器的连接结构图

随着网络技术的发展，目前中继器的功能已组合到集线器、交换机等设备中，不再作为单独的设备在市场上出售，但中继器的功能与名称仍然存在。

1.5.3　集线器

集线器（Hub）是中继器的一种扩展形式，区别在于集线器提供多端口服务，也称为多口中继器。集线器在 OSI 参考模型中的位置如图 1-38 所示。

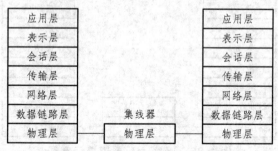

图 1-38　集线器的连接结构图

集线器产品较多，局域网集线器通常分为 5 种不同的类型，它对局域网交换机技术的发展影响较大。

1. 简单中继局域网段集线器

在硬件平台中，第一类集线器是一种简单中继局域网段集线器，例如叠加式以太网集线器或令牌环网多站访问部件。

2. 多网段集线器

多网段集线器是从第一类集线器直接派生而来的，采用集线器背板，这种集线器带有多个中继局域网段。多网段集线器通常是有多个接口卡槽位的机箱系统，一些非模块化叠加式集线器也支持多个中继局域网段。多网段集线器的主要技术优点是可以将用户的信息流量分载，需要独立的网桥或路由器。

3. 端口交换式集线器

端口交换式集线器是在多网段集线器基础上将用户端口和背板网段之间的连接过程自动化，并通过增加端口交换矩阵来实现。端口交换矩阵提供一种自动工具，用于将用户端口连接到集线器背板上的任何中继网段上。这一技术的关键是"矩阵"，一个矩阵交换机是一种电缆交换机，它不能自动操作，而要求用户介入。端口交换式集线器不能代替网桥或路由器，因为它不提供不同局域网段之间的连接性。其主要优点是实现移动、增加和修改的自动化。

4. 网络互联集线器

端口交换式集线器注重端口交换，而网络互联集线器在背板的多个网段之间实际上提供一些类型的集成连接。这可以通过一台综合网桥、路由器或局域网交换机来完成。目前，这类集线器通常都采用机箱形式。

5. 交换式集线器

集线器和交换机之间的界限已变得越来越模糊。交换式集线器有一个核心交换式背板，采用一个纯粹的交换系统代替传统的共享介质中继网段。

1.5.4 网 桥

在局域网中，网桥是最为常用的网间连接器，它工作在 OSI 参考模型的数据链路层，实现局域网的连接，由于网桥涉及高层协议的转换，因此可实现同一类型网络（即连接协议一致，且使用相同的网络操作系统）的互联。

网桥的功能是在局域网之间存储、转发帧并实现数据链路层上的协议转换。网桥通过数据链路层的 LLC 子层选择子网路径，把一个网络传来的信息帧发送到另一个网络上去，并对帧作校验。网桥的连接结构图如图 1-39 所示。

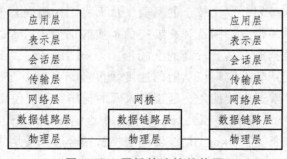

图 1-39　网桥的连接结构图

网桥与中继器比较，具有以下特点。

（1）可以实现同一类型局域网的互联。

（2）智能进行帧的转发。

网桥在收到一个帧后，先读取该帧的寻址信息，若这一帧的目的地址是在发送该帧的同一网段内，网桥就不会进行转发，从而有效地提高了网络的性能。由于网桥的这种过滤能力，当一个网络段的某一工作站发生故障时，不会影响到网桥所连接的另一网段上的用户，起到了隔离错误的作用。

1.5.5 交换机

交换机是一个具有简单、低价、高性能和高端口密集特点的交换产品，采用了一种体现了桥接技术的复杂交换技术。交换机按每一数据包中的 MAC 地址相对简单地决策信息转发。

交换机工作在 ISO/OSI 参考模型的数据链路层，如图 1-40 所示，它通过 MAC 地址（也叫网络物理地址）工作，网络的 MAC 地址在每一个网络设备出厂时已固定的网络唯一标识，大部分局域网技术（如以太网、令牌环网、FDDI 等）都规定 MAC 地址在数据包的前端，所以交换机可迅速识别数据包从哪里来，又到哪里去。

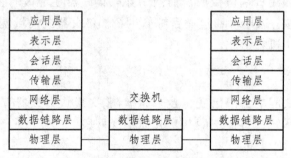

图 1-40　交换机的连接结构图

传统的局域网技术是基于共享访问方式的，如 Ethernet、Token Ring、FDDI 等。在这种传统网络中常常会遇到带宽不足或带宽瓶颈问题，特别是在使用最广泛的 Ethernet 中，由于介质访问控制采用载波监听多路访问/冲突检测方式（CSMA/CD），随着网络节点的增加，等待时间成指数增加，这时情况会急剧恶化。在局域网交换技术产生以前，通常采用网桥或路由器进行网段的划分与隔离，这虽在某种程度上改善了带宽问题，但这样一方面会增加设备的投资和维护费用，另一方面效果并不很明显且缺乏灵活性。

交换机将大型的网络划分成比较小的网段，从而将工作组同其他工作组在本地的流量上隔离开来，提高了总体带宽。网桥和交换机的本质区别是：后者通常具有两个以上的端口，支持多个独立的数据流，具有较高的吞吐量。另外，同传输设备集为一体的交换机，其包处理速度比网桥利用软件实现该功能的速度快很多。

交换机还可以与集线器连接使用，延长以太网的传输距离。使用 UTP（100Base-TX），可使连接距离长达 320 m；使用多模光纤，可使无中继连接距离长达 2 km；使用单模光纤则可使无中继连接距离长达 20 km。集线器同交换机结合起来使用带来的好处是使每个用户的成本降低了，同时又增加了每个以太网的交换机端口用户。

1.5.6　路由器

路由器是一种典型的网络层设备，在 OSI 参考模型中被称为中介系统，完成网络层中继任务。路由器负责在两个网络之间转发报文，并选择最佳路由线路。

1. 路由器的连接结构

随着网络系统的扩大，特别是连成大规模广域网时，网桥在路由选择、系统容错及网络管理等方面已远远不能满足实际需要。因此要用新的网间连接器——路由器来实现以上需求。路由器工作在 OSI 参考模型的网络层，通常它只能连接相同协议的网络。路由器的连接结构图如图 1-41 所示。

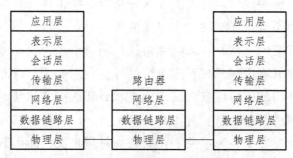

图 1-41　路由器的连接结构图

路由器分本地路由器和远程路由器：本地路由器用来连接网络传输介质，如光缆、同轴电缆、双绞线；远程路由器用来连接远程传输介质，并要求配置相应的设备，如电话线要配调制解调器，无线路由器则要配置无线接收机、发射机。

路由器比网桥更为复杂，但更具灵活性，有更强的网络互联能力。它利用网际协议将整个网络分成几个逻辑子网；而网桥只是把几个物理网络连接起来，提供给用户的还是一个逻辑网络。路由器用于将信息包从一个子网转发到另一个子网，实现网络层的协议转换。

2. 路由器的作用

路由器用于连接多个逻辑上分开的网络，所谓逻辑网络是指一个单独的网络或者一个子网。当数据从一个子网传输到另一个子网时，可通过路由器来完成。路由器具有判断网络地址和选择路径的功能，它能在多网络互联环境中建立灵活的连接，可用完全不同的数据分组和介质访问方法连接各种子网。路由器只接受源站或其他路由器的信息，而不关心各子网使用的硬件设备，但要求运行与网络层协议相一致的软件。

路由器的主要工作是为经过路由器的每个数据帧寻找一条最佳传输路径，并将数据有效地传送到目的站点。由此可见，选择最佳路径的策略即路由算法是路由器的关键所在。

路由器中保存着各种传输路径相关数据的路由表，供路由选择时使用。路由表中保存着子网的标志信息、网上路由器的个数和下一跳路由器的名字等内容。路由表可以由系统管理员固定设置好的，由系统动态修改，或者由路由器自动调整，也可以由主机控制，由此可知路由表的分类如下：

（1）静态路由表。由系统管理员事先设置好的固定的路由表称为静态（Static）路由表，一般是在系统安装时根据网络的配置情况预先设定的，它不会随网络结构的改变而改变。

（2）动态路由表。根据网络系统的运行情况而自动调整的路由表称为动态路由表。路由器根据路由选择协议（Routing Protocol）提供的功能，自动学习和记忆网络运行情况，在需要时自动计算数据传输的最佳路径。

3. 路由器的功能

路由器的功能包括以下几个方面：

（1）在网络间截获发送到远程网段的报文，起转发作用。

（2）选择最佳路由引导通信。为了实现这一功能，路由器要按照某路由通信协议查找路由表。路由表中列出了整个互联网络中包含的各个节点，以及节点间的路径情况和相关的传输费用。如果到特定的节点有一条以上路径，则基于预先确定的准则选择最优（最经济）的路径。由于各种网络段和其相互连接情况可能发生变化，因此路由情况的信息需要及时更新，可根据所使用的路由信息协议进行定时更新或按变化情况来更新。网络中的每个路由器按照这一规则动态地更新它所拥有的路由表，以便保持有效的路由信息。

（3）在转发报文的过程中，为了便于在网络间传送报文，路由器要按照预定的规则把大的数据包分解成适当大小的数据包，到达目的地后再把分解的数据包包装成原有形式。多协议的路由器可以连接使用不同通信协议的网络段，作为不同通信协议网络段通信连接的平台。

（4）路由器的主要任务是把通信引导到目的网络，然后到达特定的节点地址，后一项功能是通过网络地址分解完成的。例如，把网络地址部分的分配指定成网络、子网和区域的一组节点，其余的用来指明子网中的特别站。分层寻址允许路由器对有很多节点的网络存储寻址信息。

1.5.7　网　关

网关（Gateway）是连接两个协议差别很大的计算机网络时使用的设备。它可以将具有不同体系结构的计算机网络连接在一起。在 OSI 参考模型中，网关属于高层（应用层）的设备，工作在 OSI 参考模型的第七层。网关使不同的体系结构和环境之间的通信成为可能。它把数据重新进行包装并且进行转换。

1. 网关的连接结构

网关的实现非常复杂，工作效率也很难提高，一般只提供有限的几种协议的转换功能。常见的网关设备都是用在网络中心的大型计算机系统之间的连接上，为普通用户访问更多类型的大型计算机系统提供帮助。网关的连接结构如图 1-42 所示。

当然，有些网关可以通过软件来实现协议转换操作，并能起到与硬件类似的作用，但它是以损耗机器的运行时间来实现的。

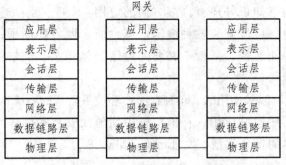

图 1-42 网关的连接结构图

2. 网关的连接方式

网关的连接方式有两种：一种是无连接的网关，一种是面向连接的网关。

网关可连接异种通信协议、异种格式化数据结构、异种语言、异种体系结构。

任务 1.6 网络设备配置仿真环境的认知

1.6.1 仿真环境概述

网络设备的仿真环境对学习理解网络技术有着重要的作用，例如进行交换机和路由器的配置学习时，如果没有仿真环境，使用真实环境将大大增加学习成本、学习时间等。

1.6.2 虚拟机简介

一般意义的虚拟机就是通过虚拟机软件，在一台物理计算机上模拟出一台或多台虚拟的计算机，这些虚拟机完全就像真正的计算机那样进行工作，例如可以安装操作系统、安装应用程序、访问网络资源等。对使用者而言，它只是运行在物理计算机上的一个应用程序，但是对于在虚拟机中运行的应用程序，就像是在真正的计算机中进行工作。因此，在虚拟机中运行软件时，也会出现系统崩溃，但是，崩溃的只是虚拟机上的操作系统，而不是物理计算机上的操作系统，并且，使用虚拟机的快照功能，可以很快恢复虚拟机到系统崩溃之前的状态。

目前流行的虚拟机软件有 VMware 和 Virtual PC，它们都能在 Windows 系统上虚拟出多个计算机，用于安装 Linux、OS/2、FreeBSD 等其他操作系统。

VMware 有 Workstation、GSX server 等多种版本，其中 Windows 版的 Workstation 应用最广，本文即以它为基础进行各种实训。

VmWare 主要特点：

支持 Max OS X 客户机的硬件虚拟化；

支持在 32 位操作系统上模拟 64 位客户机；

支持 Intel Nehalem 虚拟化增强技术（EPT 和 VPID）；

通过 OpenGL 支持 3D 加速；

虚拟机除了学习网络知识外还有许多方面的应用：

（1）制作演示环境，可以安装各种演示环境，便于做各种例子；

（2）保证主机的快速运行，减少不必要的垃圾安装程序，偶尔使用的程序，或者测试用的程序在虚拟机上运行；

（3）每次重新安装不经常使用的、单独在一个环境下运行的系统；

（4）想测试一下不熟悉的应用，在虚拟机中能随便安装和彻底删除；

（5）体验不同版本的操作系统，如 Linux、Mac 等。

1. VmWare 软件的安装

虚拟机软件的安装方法与一般的软件安装方法相同,包括设置虚拟机软件的安装目录、设置快捷程序所在的位置及是否关闭自动运行的项目等。安装后，第一次运行时，有接受许可协议的要求。

2. 虚拟机网络

虚拟机网卡选择有四种：Bridged（桥接）、NAT（网络地址转换）、Host Only（主机）及 Custom（自定义）。

1）桥接模式

如果真实主机在一个以太网中，这种方法是将虚拟机接入网络最简单的方法。虚拟机就像一个新增加的与真实主机有着同等物理地位的一台电脑，桥接模式可以享受所有可用的服务，包括文件服务、打印服务等，并且在此模式下获得最简易的从真实主机获取资源（见图 1-43）。

2）host only 模式

Host-only 模式用来建立隔离的虚拟机环境，在这种模式下，虚拟机与真实主机通过虚拟私有网络进行连接，只有同为 Host-only 模式下的且在一个虚拟交换机的连接下才可以互相访问，外界无法访问。Host-only 模式只能使用私有 IP, IP、Gateway、DNS 都由 VMnet 1 来分配（见图 1-44）。

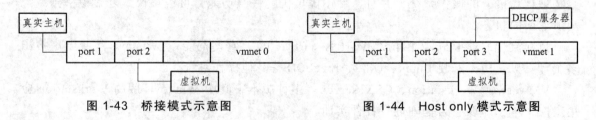

图 1-43　桥接模式示意图　　　　图 1-44　Host only 模式示意图

3）NAT 模式

NAT（Network Address Translation）模式可以理解成为是方便地使虚拟机连接到公网，代价是桥接模式下的其他功能都不能享用。凡是选用 NAT 结构的虚拟机，均由 VMnet 8 提供 IP、Gateway、DNS（见图 1-45）。

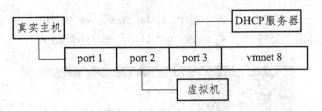

图 1-45　NAT 模式示意图

4）自定义模式

用户可以根据需要自行设计网卡模式为桥接或 Host-only，但 NAT 模式只能使用 VMnet8。

如图 1-46 所示列出了 VmWare 虚拟的各种网卡的模式，其中 VMnet0、VMnet1、VMnet8 分别为桥接、Host-only 和 NAT 模式，其他均为自定义模式。

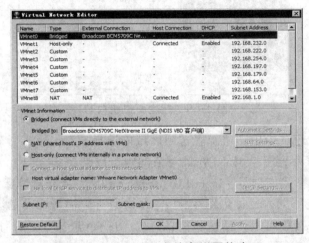

图 1-46　VmWare 中的虚拟网络窗口

3．创建虚拟机

1）建立新的虚拟机

（1）虚拟机程序启动后（见图 1-47）。

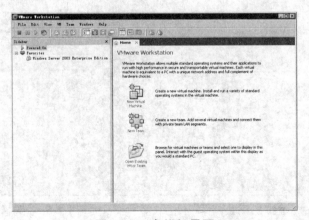

图 1-47　虚拟机界面

（2）单击"File"→"New"→"Virtual Machine"命令，进入创建虚拟机向导，或者直接按"Crtl+N"快捷键同样进入创建虚拟机向导（见图 1-48）。

图 1-48　新建虚拟机向导

（3）在弹出的欢迎页中虚拟机配置选项区域内选择"Typical"单选按钮并按"Next"，弹出安装介质对话框（见图 1-49），在该对话框中可以选择用光盘、光盘镜像或只是生成虚拟机空的硬盘，这里我们选择"Install Disc image file"，从光盘镜像安装。单击"Next>"按钮，进入简易安装信息窗口（见图 1-50），在这里可以输入产品的系列号、管理用户密码等信息，后面的安装中可以使用这些信息，也可以直接按"Next"按钮，在安装时再输入这些信息。

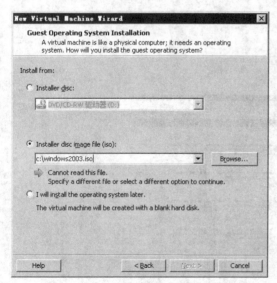

图 1-49　虚拟机配置

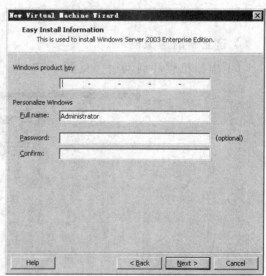

图 1-50　选择操作系统

（4）下一步进入虚拟机命名窗口，如图 1-51 所示，在此窗口中，为虚拟机起名并指定虚拟机所在的文件夹。按"Next"按钮，进入虚拟硬盘配置窗口如图 1-52 所示，在这里设置虚拟机硬盘大小，单位为 GB，虚拟机硬盘可以用一个文件，也可以分成 2 G 一个的若干文件，根据物理机中存放虚拟机文件夹的硬盘文件格式决定。如果物理机硬盘为 NTFS 格式，可以指定一个大于 2 G 的文件。

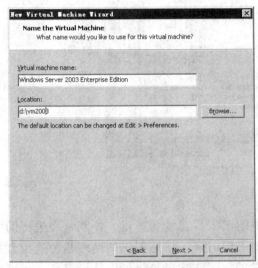

图 1-51　虚拟机命名

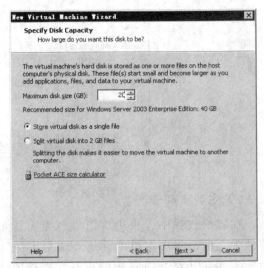

图 1-52　虚拟机硬盘设置

（5）按"Next"按钮，完成虚拟机设置。在继续之前，需要修改配置的参数，按下"Customize hardware"修改硬件参数，如图 1-53 所示，主要修改：

网络连接方式，在图 1-54 中，选择网卡"Network Adapter"，在窗口右边选择桥接（Bridged：Connected directly to the physical network）；

删除软驱（Floppy）、USB 控制器（USB Controller）、声卡（Sound Card）等设备，方法为，选择要删除的设备，如软驱（Floppy）后，按"Remove"按钮即可。

图 1-53　虚拟机设置汇总窗口

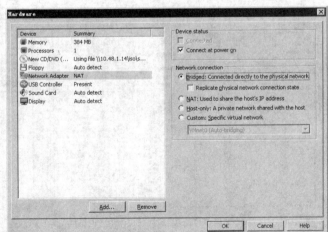

图 1-54　虚拟机的基本信息

完成的虚拟机配置如图 1-55 所示。

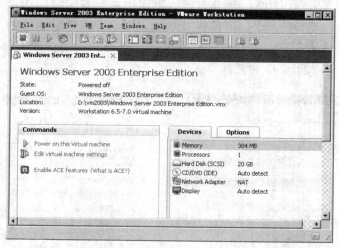

图 1-55　完成的虚拟机窗口

2）安装双网卡

在教学过程中，采用虚拟机是为了最大限度的模拟真实的计算机，特别是在进行网络实训中，应该将虚拟机的网络环境尽可能真实的表现出来。在虚拟机的网络几种连接方式中，Bridged（桥接）是比较符合实训环境的要求的，因此在虚拟机的网络设置中，尽可能采用 Bridged（桥接）方式。

部分实训环境需要双网卡，在物理机中，要实现双网卡只能再安装一个真实的网卡，在虚拟机中则较为简单，只需添加一块网卡即可。编辑虚拟机设置，单击"Add..."按钮（见图 1-56），选择"Network Adapter"，单击"Next"按钮，选择"Bridged：Connected directly to the physical network"，无需勾选 "Replicate physical network connection state"（见图 1-57）。这样就建立了一个具有双网卡的虚拟机网络环境，由于两块网卡都采用了桥接（Bridged）的方式，完全可以真实完成双网卡的功能。

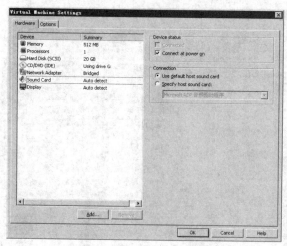

图 1-56　添加网卡对话框图

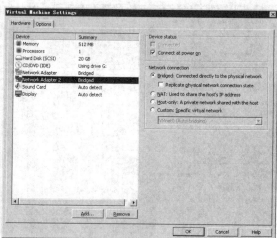

图 1-57　双网卡安装完毕窗口

3）安装操作系统

在虚拟机中安装操作系统和在真实的计算机中安装没有什么区别，但在虚拟机中安装操作系统，可以直接使用保存在主机上的安装光盘镜像（或者软盘镜像）作为虚拟机的光驱（或者软驱）。

打开前面创建的 Windows 2003 虚拟机配置文件，在"虚拟机设置"的"硬件"选项卡中，选择 CD-ROM 项，如图 1-58 所示，在 Connection 选项区域内选中"Use ISO image"单选按钮，然后浏览选择 Windows 2003 安装光盘镜像文件（ISO 格式）。如果使用安装光盘，则选择"Use physical drive"并选择安装光盘所在光驱。

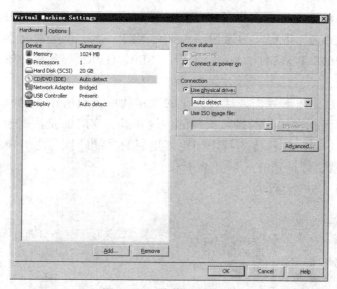

图 1-58 装载光驱窗口

选择光驱完成后，然后单击工具栏上的播放按钮，打开虚拟机的电源，用鼠标在虚拟机工作窗口中单击一下，进入虚拟机。在光标进入虚拟机以后，如果想从虚拟机窗口中切换回主机，需要按下 Ctrl+Alt 组合键。

4）安装 VMware Tools

在虚拟机中安装完操作系统之后，接下来需要安装 VMware Tools。VMware Tools 相当于 VMware 虚拟机的主板芯片组驱动和显卡驱动、鼠标驱动，在安装 VMware Tools 后，可以极大提高虚拟机的性能，并且可以让虚拟机分辨率以任意大小进行设置，还可以使用鼠标直接从虚拟机窗口中切换到主机中。

（1）从 VM 菜单下选择安装 VMware Tools。

（2）按照提示安装，最后重新启动虚拟机即可。

4. 使用虚拟机

虚拟机在使用中，除了在物理机上通过窗口方式或全屏方式访问外，还可以通过远程桌面（参看第 6 章第 1.6 节远程桌面）来访问。远程桌面访问可以让使用虚拟机的感觉更像一台真实的计算机。

1.6.3　华为企业网络仿真平台

华为企业网络仿真平台平台 eNSP 是一款由华为提供的免费的可扩展的图形化网络仿真工具平台，它将完美呈现真实设备实景，支持大型网络模拟，可以让使用者在没有真实设备的情况下进行实验测试，学习网络技术。它有以下三大特点：

eNSP 主要对企业路由器、交换机进行硬件模拟，可完美呈现真实设备实景。其支持大型网络模拟，具备高仿真度、可对接真实设备、分布式部署等特点。它不仅可以实现控制台和仿真环境分离，在仿真环境中运行产品仿真大包，最大程度地模拟真实设备环境；而且可以通过网卡实现与真实网络设备的对接；另外，还能够同时支持单机环境和多机环境，并且在多机环境下支持更多设备组成更加复杂的大型网络，同时可以调整在不同服务器上运行的模拟器数量。运行华为通用路由平台 VRP 系统，支持对交换机各种特性的模拟和仿真，包括 STP/RSTP/MSTP、Mux VLAN、SEP、GVRP 等各种协议；其对路由器的支持则更加完善。

eNSP 采用人性化图形界面，通过简单的操作就可实现拓扑搭建和设备配置；使用专业抓包分析工具，可真实还原网络数据包的传输实景，实时捕获数据包；此外，随着真实产品的更新升级，eNSP 软件将支持增加更多更新的功能特性与之对应。最关键的一点是eNSP 软件完全免费，面向所有人群开放下载。

其主界面如图 1-59 所示。

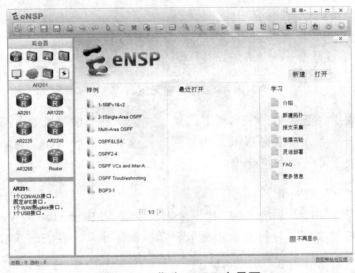

图 1-59　华为 eNSP 主界面

由于其操作较为简单且为可视化操作，这里不做详细说明，使用过程中如有问题请参阅帮助文档。

下面对几个常用的功能进行介绍。

1. 保存拓扑图

点击界面左上角磁盘图标，可以保存当前绘制的拓扑图，如图 1-60 所示。

图 1-60　保存当前拓扑图

2. 保存和导出配置文件

（1）在设备配置界面用户视图下，执行 save 命令，提示是否覆盖原来配置时，选择"Y"，

（2）在拓扑图的设备图标上，右键选择执行"导出设备配置"，选择保存位置，保存配置文件，如图 1-61 所示。

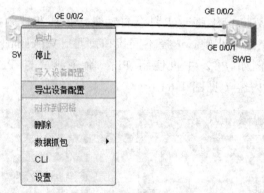

图 1-61　导出设备配置文件

（3）使用时，在拓扑图中选取要导入配置文件的设备图标，右键选取"导入设备配置"，选择相应的配置文件，导入配置，如图 1-62 所示。注意导入配置时，设备应该处于关闭状态下。

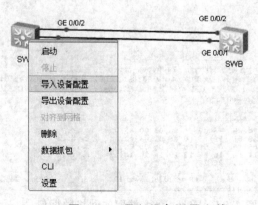

图 1-62　导入设备配置文件

3. 数据包的截取和分析方法

选中设备并右击，在显示的菜单中单击"数据抓包"选项后，会显示设备上可用于抓包的接口列表，如图 1-63 所示。从列表中选择需要被监控的接口。

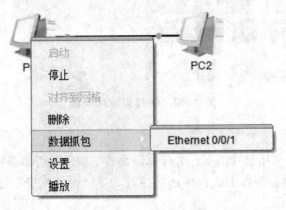

图 1-63　设备数据抓包菜单

接口选择完成后，Wireshark 抓包工具会自动激活，捕获选中接口所收发的所有报文。如需监控更多接口，重复上述步骤，选择不同接口即可，Wireshark 将会为每个接口激活不同实例来捕获数据包。例如 PC2 主机使用 Ping 命令测试与 PC1 的连通性，自动调起 Wireshark 并产生如下的内容（见图 1-64）：

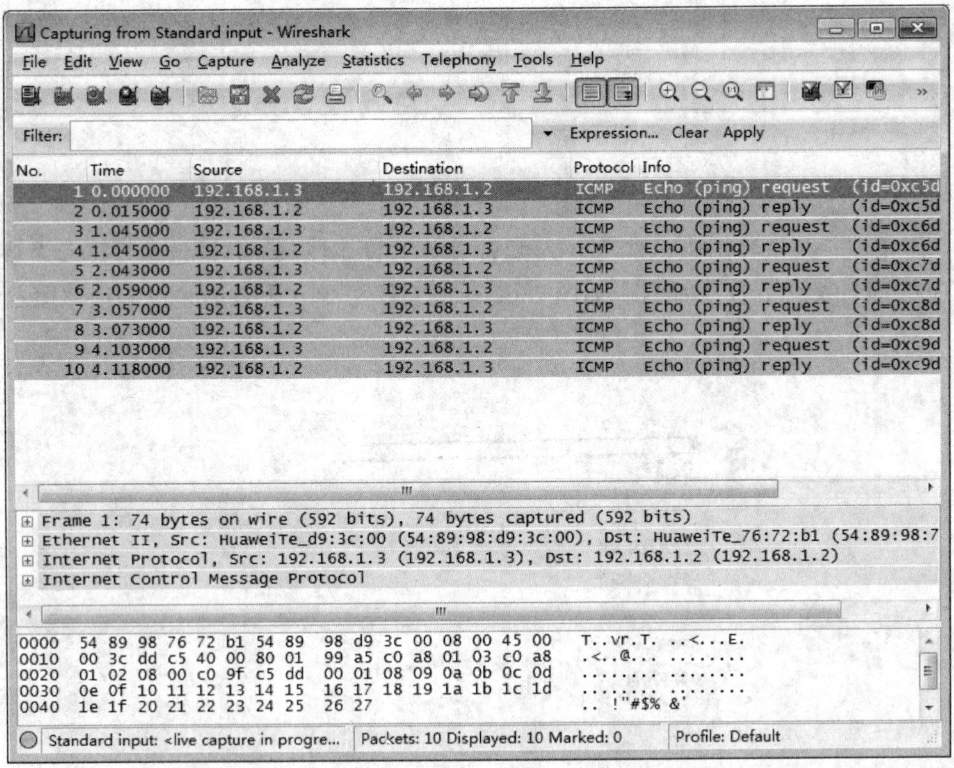

图 1-64　Wireshark 截取的网络数据包

Wireshark 程序包含许多针对所捕获报文的管理功能。其中一个比较常见的功能是过滤功能，可用来显示某种特定报文或协议的抓包结果。在菜单栏下面的"Filter"文本框里输入过滤条件，就可以使用该功能。最简单的的过滤方法是在文本框中先输入协议名称（小写字母），再按回车键。在本示例中，Wireshark 抓取了 ICMP 与 ARP 两种协议的报文。在"Filter"文本框中输入 icmp 或 arp 再按回车键后，在回显中就将只显示 ICMP 或 ARP 报文的捕获结果。

Wireshark 界面包含三个面板，分别显示的是数据包列表、每个数据包的内容明细以及数据包对应的 16 进制的数据格式。报文内容明细对于理解协议报文格式十分重要，同时也显示了基于 OSI 参考模型的各层协议的详细信息。

思考与练习

1. TCP 头部中的确认标识位有什么作用？
2. TCP 头部中有哪些标识位参与 TCP 三次握手？
3. Ping 使用到的是哪两类 ICMP 消息？
4. 当网络设备收到 TTL 值为 0 的 IP 报文时，会如何操作？
5. 网络设备在什么情况下会发送 ARP request？
6. 网络设备什么时候会产生免费 ARP？
7. 网络设备如何确定以太网数据帧的上层协议？
8. 终端设备接收到数据帧时，会如何处理？

任务 2.1　以太网技术

2.1.1　局域网介质访问控制方法

介质访问控制（Medium Access Control，MAC）是构建一个局域网首先要考虑的问题，也是局域网二要素中最重要的一环。它通过建立一个仲裁机制，实现对信道的分配，以避免各站点在争用信道时发生冲突。介质访问控制方法是局域网的关键技术之一，对网络特性起着十分重要的作用。

介质访问控制所采用的方法，就是介质访问控制方法。本节将以局域网领域的权威组织电气电子工程师协会（Institute of Electrical and Electronic Engineer，IEEE）制定的 IEEE802 标准为线索，为大家讲解三种不同的介质访问控制方法。

2.1.2　IEEE802 模型

IEEE802 委员会于 1980 年 2 月成立，专门从事局域网标准化工作，并制定了 IEEE802 标准。按 IEEE802 标准，局域网的体系结构由物理层、介质访问控制子层（Media Access Control，MAC）和逻辑链路控制子层（Logical Link Control，LLC）组成。前面我们讲过 OSI（Open System Interconnection）参考模型，两种模型的对应关系如图 2-1 所示。

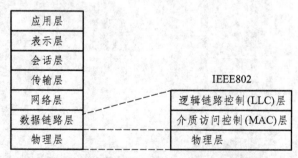

图 2-1　IEEE802 局域网参考模型与 OSI 参考模型的对应关系

当局域网内部传输数据时，任意两个节点间都有唯一路由，即网络层的功能可由数据链路层完成，所以在局域网体系结构中只涉及 OSI 体系结构中物理层和数据链路层的功能。由于局域网的种类繁多，其媒体接入控制的方法也各不相同，为了使局域网中的数据链路层不至于太复杂，IEEE802委员会又将OSI模型的数据链路层划分为两层，即介质访问控制子层MAC和逻辑链路子层LLC，故局域网的体系结构共有三层，每一层功能如下。

物理层：提供编码、解码、时钟提取与同步、发送、接收和载波检测等，为数据链路层提供服务。

介质访问控制子层MAC：实现帧的寻址和识别，数据帧的校验以及支持LLC层完成介质访问控制。

逻辑链路控制子层LLC：数据帧的组装与拆卸，帧的收发，差错控制，数据流控制和发送。

IEEE802委员会又分成如下三个分会。

传输介质分会：研究局域网物理层协议。

信号访问控制分会：研究数据链路层协议。

高层接口分会：研究从网络层到应用层的有关协议。

IEEE802委员会制定了一系列局域网的标准，具体如下。

802.1（A）：综述和体系结构。

802.1（B）：寻址、网络管理、网间互联及高层接口。

802.2：逻辑链路控制LLC，用于实现高层协议与MAC子层的接口。

802.3：带冲突检测的载波监听多路访问（CSMA/CD）方法和物理层规范。

802.4：令牌总线访问方法和物理层规范。

802.5：令牌环访问方法和物理层规范。

802.6：城域网访问方法和物理层规范。

802.7：IEEE为宽带LAN推荐的实用技术。

802.8：光纤技术。

802.9：介质访问控制子层（MAC）与物理层（PHY）上的集成服务接口。

802.10：互操作LAN安全标准。

802.11：无线局域网介质访问控制子层与物理层规范。

802.12：需要优先权的访问方法及物理层和重发器（Repeater）描述。

802.13：100Base-X以太网。

802.14：交互式电视网（包括CableModem）。

802.15：无线个人网络WPAN（蓝牙技术）。

802.16：宽带无线网络。

802.3z：千兆以太网。

802.3ab：1000Base-T（铜质千兆以太网）。

802.3ac：虚拟局域网中的标签交换。

802.3ad：链路集成。

802.3ae：10千兆以太网。

如图2-2所示是IEEE802标准之间的关系。

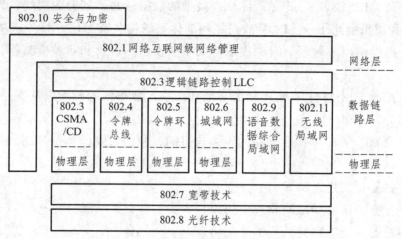

图 2-2　IEEE802 标准间的关系

2.1.3　冲突域（CSMA/CD）

局域网中常用的 IEEE802 介质访问控制方法有三种。

带有冲突检测的载波监听多路访问控制（CSMA/CD）技术——IEEE802.3 标准。

令牌总线访问控制（Token-Bus）技术——IEEE802.4 标准。

令牌环访问控制（Token-Ring）技术——IEEE802.5 标准。

根据 IEEE802.3 标准构建的局域网又称为以太网。1983 年，IEEE802.3 委员会以 Ethernet2.0 为基础，正式制定并颁布了 IEEE802.3 以太网标准。CSMA/CD（Carrier Sense Multiple Access/Collision Detection），是"带有冲突检测的载波监听多路访问"的缩写，它是目前局域网使用最广泛的一种介质访问控制方法，是 IEEE802.3 标准的核心协议，也是以太网所采用的协议。

CSMA/CD 介质访问控制方法可实现对共享信道的分配，是一种解决争用信道冲突的分布式控制策略。以太网是一种共享式局域网，它没有中央控制器去通知每台计算机怎样按顺序使用共享电缆，而是所有连接在以太网中的计算机都使用 CSMA/CD 技术来对信道进行分配。

那么，CSMA/CD 技术是怎样实现信道分配的呢？这就要我们对它进行深入了解。CSMA/CD 技术的发展可分为三个阶段，即多路访问（MA）、载波监听多路访问（CSMA）和带有冲突检测的载波监听多路访问（CSMA/CD）。

1. 多路访问（Multiple Access，MA）

多路访问（MA）又叫多址访问，是 CSMA/CD 技术的前身，也是局域网中常提到的 ALOHA 协议。这个阶段的技术核心可用四个字来概括：想发就发。

早期的以太网没有中央控制器去通知每台计算机怎样按顺序使用共享电缆，这就要求网络上的计算机按照一定的介质访问控制方法去实现数据传输，ALOHA 技术应运而生。"ALOHA"是夏威夷方言"你好"的意思，是美国夏威夷大学于 20 世纪 70 年代最早采用争用信道协议，故而得名。ALOHA 网的介质访问控制方法很简单，几乎是不加控制，任何用户站点有数据帧就可以发送，如果发现冲突，则冲突的站点都分别重发。因此，当用户站点较多时，ALOHA 协议很容易出现冲突，信道利用率很低。

为了改进这种技术，在 ALOHA 的基础上加入了载波监听（Carrier Sense）来提高信道利用率。

2. 载波监听多路访问（Carrier Sense Multiple Access，CSMA）

载波监听多路访问（Carrier Sense Multiple Access，CSMA），是在多路访问（MA）的基础上加入了载波监听技术，提高了信道利用率。这个阶段的技术核心可用四个字来概括：先听再发。

为了避免冲突，提高信道利用率，工作站在每次发送前，都要先监听总线是否空闲。如发现总线空闲，则发送信息；如发现总线已被占用，便推迟本次的发送。那么，如何确定推迟的时间呢？常用的有三种算法：0-坚持 CSMA、3-坚持 CSMA 和 P-坚持 CSMA。

0-坚持 CSMA（又叫不坚持 CSMA），发送信息前先监听总线，若信道空闲，则发送；若信道已被占用，则等待一段随机时间重复上述步骤。

3-坚持 CSMA，若信道空闲，则发送；若信道已被占用，继续监听，直到空闲为止。

P-坚持 CSMA，是一种折中的算法。如果信道空闲，为了减少冲突，以 P（$0 < P < 1$）的概率发送，以（$1 - P$）的概率延迟一个时间单位；如果信道是忙碌的，则继续监听直到空闲，重复第一步。在此算法中要注意 P 值的大小（P 值过小，信道利用率会大大降低，过大则冲突难以避免）。

三种算法的比较如下：

0-坚持 CSMA：不能及时发现信道空闲，所以发送数据的概率低，但发生冲突碰撞的机会也少。

3-坚持 CSMA：能及时发现信道空闲，所以发送数据的概率高，但发生冲突碰撞的机会也多。

P-坚持 CSMA：可以根据信道的实际情况来灵活掌握 P 的值，发送数据的概率和产生冲突的机会介于前两者之间。

CSMA 协议较 ALOHA 协议而言，提高了信道利用率。然而由于信号在信道上传输有传播时延，所以采用 CSMA 协议并不能完全消除冲突。为了解决这一问题，又在 CSMA 协议的基础上加入了冲突检测（Collision Detection）。

3. 带有冲突检测的载波监听多路访问（Carrier Sense Multiple Access/Collision Detection，CSMA/CD）

带有冲突检测的载波监听多路访问（CSMA/CD），是在 CSMA 的基础上加入了冲突检测技术，可以有效地避免冲突的出现。这个阶段的技术核心可用四个字来概括：边发边听。

信号在信道的传输过程中存在传播延迟，这就导致在不同地点检测到同一信号的出现或消失的时刻是不同的。因此在使用 CSMA 算法发出载波，监听到的总线是空闲时，信道未必是空闲的，只不过其他站点发送的信号还没有传播到此。这时，如果正在监听的站点发送数据，必然和信道中已有的信号发生冲突，造成传输失败。

冲突检测可以较好地解决这一问题。当站点监听到信道空闲时，发送数据，发送的同时继续监听信道，一旦检测到冲突，就立即停止发送，并向总线发一串阻塞信号，通知总线上的各站点冲突已发生，这样就可以有效地避免冲突的发生。

CSMA/CD 的工作流程如图 2-3 所示。

（1）准备发送站点监听信道。

（2）信道空闲进入第 4 步，开始发送数据，并监听冲突信号。

（3）信道忙，就返回到第 1 步。

（4）传输数据并监听信道，如果无冲突就完成传输，检测到冲突则进入第 5 步，成功发送数据。

（5）发送阻塞信号，然后按退避算法等待，再返回第 1 步，准备重新发送。

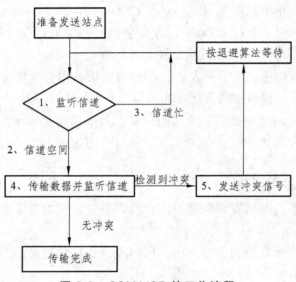

图 2-3　CSMA/CD 的工作流程

任务 2.2　交换机技术基础

在网际互联设备中，网络交换机是其中必不可少的一个组件。不仅要了解交换机和多层交换的原理，还要自己能独立完成交换机的基本配置，组建一个层次分明的局域网。

2.2.1　交换机基础

交换机是所有计算机网络（包括 IP 网络）的核心。它们可以是将网络终端连接到网络、将一个数据单元发送到下一目的地的简单设备，也可像路由器一样为数据单元选择路由和网络传输点。交换机提供了出色的大容量和高速度，可用于连接网络，方便传输低带宽和高带宽数据。交换机在统一网络上提供了多种高级服务和应用，节省了组建和维护多个网络的成本。

1. 交换机概述

1993 年，局域网交换设备出现。1994 年，国内掀起了交换网络技术的热潮。1999 年，交换机的销售量已经大于集线器。也就是说，作为一种高效率的联网设备，交换机已经替代了传统集线器在联网设备申的霸主地位。而且，随着网络应用的不断发展和对网络速需求的不断提高，交换机必将最终全部取代集线器，从而成为唯一的以太网集线设备。交换机（Switch）大多数是工作在 OSI 7 层模型中第 2 层（数据链路层）的设备，它的作用是对封装数据包进行转发，并减少冲突域，隔离广播风暴。随着第三层交换技术的出现，少数交换机已经工作在 OSI7 层模型中的第 3 层（网络层），实现了 IP/IPX 路由。

所谓交换网络，是指由交换机而不是由集线器作为集线设备而组建的网络。所谓小型交换网络，是指拥有几台、十几台或几十台计算机，只需使用少量交换机即可连接局域网络。小型交换网络中的计算机大都位于同一座建筑物内，因此，使用普通的双绞线就能完成彼此之间的连接。这一规模的网络非常多见，如计算机教室网络、小型行政机关网络、小型事业或企业网络，等等。由于网络的数据传输任务较轻，所以使用一般的交换机或交换机+集线器的方式，就基本能够满足对端口数量和数据吞吐量的需要。

2. 交换机与集线器的区别

交换器和集线器都遵循 IEEE 802.3 或 IEEE 802.3u，其介质存取方式均为 CSMA/CD，但是它们之间也有着根本的区别。集线器为共享方式，即同一网段的计算机共享固有的带宽，传输通过碰撞检测进行，同一网段计算机越多，传输碰撞也越多，传输速率会变慢。这个过程可以详细描述如下：

当 A 计算机欲向 B 计算机发送数据时，首先要对线路进行侦听，以检查线路上是否有其他数据在传输，如果没有，则立即发送数据包。如果数据包在传输过程中，同时 C 计算机也在与 D 计算机进行通信，那么，两个数据包肯定会在线路中相遇，此时，发送失败，A 和 C 将过一段时间的延迟后，再次侦听发送。如果仍发生冲突，则再等待一段时间，然后再重新发送。重复、重复、再重复，直至所有数据传送完毕。由此可见，在同一时刻网络中只能有两台计算机进行通信，否则将由于冲突而导致通信失败。而且，当网络中的计算机数量越多时，发生冲突的机会越多，网络的效率也就会越低。这就像是一条特殊的路，不管这条路有多宽，但每次只限一辆车通行，其他的车只好在路口苦苦地等。因此，假设网络带宽为 100 Mb/s，当网络中有 N 台计算机同时通信时，那么每台计算机实际享有的带宽其实只有 100 Mb/s 的 N 分之一，即 100/N。实际的数据传输能力更低，因为两台或多台工作端同时试图传输的尝试所造成的冲突，会导致网络出现拥塞信号，阻止了其他工作站在此期间内的数据传输。如果更多的用户通过集线器添加到网络，网络性能将会大幅度持续下降，因为潜在的冲突和混乱实在是太多了。

交换机则采用一种与集线器完全不同的、独特的传输方式。无论是网卡还是交换机端口，都具有独一无二的 MAC 地址，因此，MAC 地址便可用作识别其身份的号码，而交换机上的每个端口都能够在其地址表中记忆若干个 MAC 地址，从而建立一张端口号与 MAC 相对应的地址表。当交换机控制电路从某一端口收到一个 Ethernet 包后，将立即在其内存中的地址表（端口号-MAC 地址）进行查找，以确认该目的 MAC 的网卡连接在哪一个端口上，然后将该包转发至该端口。如果在地址表中没有找到该 MAC 地址，也就是说，这个目的 MAC 地址是首次出现，则将其广播到所有端口。拥有该 MAC 地址的网卡在接收到该广播包后，将立即做出应答，从而使交换机将其端口号-MAC 地址对照表添加到地址表中。也就是说，当交换机从某一端口收到一个包时（广播包除外），地址表执行两个动作，一是检查该包的源 MAC 地址是否已在地址表中，如果没有，则将该 MAC 地址加到地址表中，这样以后就知道该 MAC 地址在哪一个端口；二是检查该包的目的 MAC 地址是否已在地址表中，如果该 MAC 地址已在地址表中，则将该包发送到对应的端口即可，而不必像 Hub 那样将该包发送到所有端口，只需将该包发送到对应的端口，从而使不相关的端口可以并行通信，从而提供了比 Hub 更高的传输速率。如果该 MAC 地址不在地址表中，则将该包发送到所有其他端口（源端口除外），相当于该包是一个广播包。

在交换机刚刚打开电源时，其地址表是一片空白。交换机根据 Ethernet 包中的源 MAC 地址来更新地址表。当一台计算机打开电源后，安装在该系统中的网卡会定期发出空闲包或信号，交换机即可据此得知它的存在及其 MAC 地址，这就是所谓的自动地址学习。由于交换机能够自动根据收到的 Ethernet 包中的源 MAC 地址更新地址表的内容，所以 Switch 使用的时间越长，学到的 MAC 地址就越多，未知的 MAC 地址就越少，因而广播的包就越少（如果目的 MAC 地址未知，则将该包作为广播包处理），速度就越快。

那么，交换机是否会永久性地记住所有的端口号-MAC 地址关系呢？不会的。由于交换机中的内存毕竟有限，因此，能够记忆的 MAC 地址数量也是有限的。既然不能无休止地记忆所有的 MAC 地址，那么就必须赋予其相应的忘却机制，从而吐故纳新。事实上，工程师为交换机设定了一个自动老化时间（Auto-aging），若某 MAC 地址在一定时间内（默认为 300 s）不再出现，那么，交换机将自动把该 MAC 地址从地址表中清除。当下一次该 MAC 地址重新出现时，将会被当作新地址处理。

由此可见，交换机与集线器的最大差别在于交换机能够记忆用户（即 MAC 地址）连接的端口，因此，除广播包和未知 MAC 地址的数据包外，无须广播即可将该数据包直接转发至目的端口。由于不必广播，所以，不同端口间的转发可以并行操作。这就像是在各端口间建立起了一座立交桥，不同流向的数据各行其道，每个端口均能够独享固定带宽，传输速率几乎不受计算机数量增加的影响。而 Hub 则不同，不管该包是广播包也好，非广播包也好，Hub 都按广播包处理，从而使用户只能串行操作，共享通信带宽。

另外，由于交换机具有全双工功能，即在接收数据的同时也能够发送数据，因此，其潜在带宽为标称带宽的两倍（20 Mb/s 或 200 Mb/s），即使同时与两个端口的用户进行通信，其传输速率仍能保持原有带宽（10 Mb/s 或 100 Mb/s），不过，由于 Switch 比集线器多出 Core Bus 和 Switch Engining 两大部分，所以相同接口、相同带宽的交换机比集线器要贵出很多。

3. 交换机端口转发过程

交换机中有一个 MAC 地址表，里面存放了 MAC 地址与交换机端口的映射关系。MAC 地址表也称为 CAM（Content Addressable Memory）表。如图 2-4 所示，交换机对帧的转发操作行为一共有三种：泛洪（Flooding），转发（Forwarding），丢弃（Discarding）。

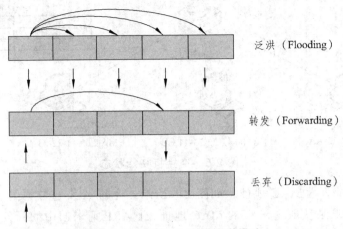

图 2-4　交换机对帧的转发模式

（1）泛洪：交换机把从某一端口进来的帧通过所有其他的端口转发出去（注意，"所有其他的端口"是指除了这个帧进入交换机的那个端口以外的所有端口）。

（2）转发：交换机把从某一端口进来的帧通过另一个端口转发出去（注意，"另一个端口"不能是这个帧进入交换机的那个端口）。

（3）丢弃：交换机把从某一端口进来的帧直接丢弃。

交换机的基本工作原理可以概括地描述如下：

（1）如果进入交换机的是一个单播帧，则交换机会去 MAC 地址表中查找这个帧的目的 MAC 地址。

如果查不到这个 MAC 地址，则交换机执行泛洪操作。

如果查到了这个 MAC 地址，则比较这个 MAC 地址在 MAC 地址表中对应的端口是不是这个帧进入交换机的那个端口。如果不是，则交换机执行转发操作；如果是，则交换机执行丢弃操作。

（2）如果进入交换机的是一个广播帧，则交换机不会去查 MAC 地址表，而是直接执行泛洪操作。

（3）如果进入交换机的是一个组播帧，则交换机的处理行为比较复杂，超出了这里的学习范围，所以略去不讲。

另外，交换机还具有学习能力。当一个帧进入交换机后，交换机会检查这个帧的源 MAC 地址，并将该源 MAC 地址与这个帧进入交换机的那个端口进行映射，然后将这个映射关系存放进 MAC 地址表。

举例说明交换机端口转发过程：

（1）在初始状态下，交换机 MAC 地址表为空。初始状态下，交换机并不知道所连接主机的 MAC 地址，所以 MAC 地址表为空。如图 2-5 所示，SWA 为初始状态，在收到主机 A 发送的数据帧之前，MAC 地址表中没有任何表项。

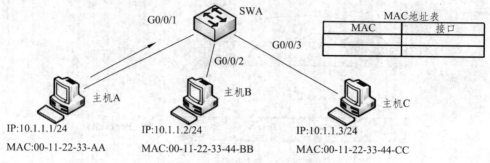

图 2-5　交换机初始状态

（2）转发过程学习 MAC 地址，如图 2-6 所示。主机 A 发送数据给主机 C 时，一般会首先发送 ARP 请求来获取主机 C 的 MAC 地址，此 ARP 请求帧中的目的 MAC 地址是广播地址，源 MAC 地址是自己的 MAC 地址。SWA 收到该帧后，会将源 MAC 地址和接收端口的映射关系添加到 MAC 地址表中。缺省情况下，交换机学习到的 MAC 地址表项的老化时间为 300 s。如果在老化时间内再次收到主机 A 发送的数据帧，SWA 中保存的主机 A 的 MAC 地址和 GO/O/1 的映射的老化时间会被刷新。此后，如果交换机收到目标 MAC 地址为 00-11-22-33-44-AA 的数据帧时，都将通过 GO/O/1 端口转发。

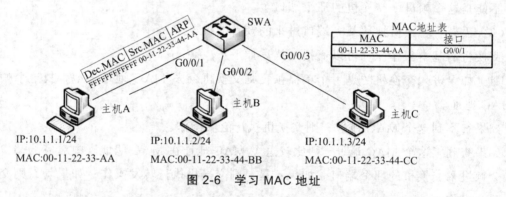

图 2-6　学习 MAC 地址

（3）数据帧的转发。当数据帧的目的 MAC 地址不在 MAC 表中，或者目的 MAC 地址为广播地址时，交换机会泛洪该帧。例如主机 A 发送的数据帧的目的 MAC 地址为广播地址，所以交换机会将此数据帧通过 G0/0/2 和 G0/0/3 端口广播到主机 B 和主机 C，如图 2-7 所示。

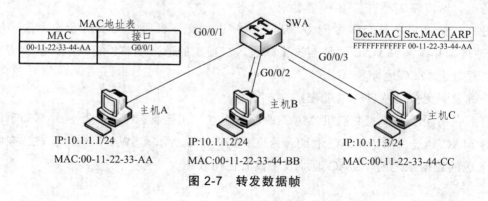

图 2-7　转发数据帧

64

（4）目标主机收到信息后的回复。主机 B 和主机 C 接收到此数据帧后，都会查看该 ARP 数据帧。但是主机 B 不会回复该帧，主机 C 会处理该帧并发送 ARP 回应，此回复数据帧的目的 MAC 地址为主机 A 的 MAC 地址，源 MAC 地址为主机 C 的 MAC 地址。SWA 收到回复数据帧时，会将该帧的源 MAC 地址和接口的映射关系添加到 MAC 地址表中。如果此映射关系在 MAC 地址表已经存在，则会被刷新。然后 SWA 查询 MAC 地址表，根据帧的目的 MAC 地址找到对应的转发端口后，从 GO/O/1 转发此数据帧，如图 2-8 所示。

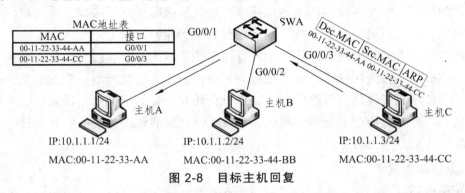

图 2-8　目标主机回复

4. 交换模式

交换机实际上在 OSI 参考模型的第 2 层操作，交换机按每一个包中的 MAC 地址简单地决策信息转发，而这种转发决策一般不考虑包中隐藏的更深的其他信息，也就是说，交换机是将目的 MAC 地址作为向何处交换数据的判断准则。如果我们把集线器看成是一条内置的以太网总线的话，交换机可以被视为多条总线——交换矩阵互联。具体地说，交换机把每一个端口都挂在一条带宽很高（至少比端口带宽高出一个数量级）的背板总线（Core Bus）上，背板总线与一个交换引擎（Switch Enginging）相连。不同端口间的数据包经背板总线进入交换引擎，采用全双工技术通过直通转发、准直通转发和存储转发 3 种模式进行交换。

1）直通转发模式

直通转发模式（Cut Through）提供非常短的转发反应时间（或称迟延时间）。交换机的延迟时间（Forwarding latency）是指帧的一个比特被一个端口（入站端口）收到和帧的第一个比特由另外一个端口发出两个事件之间的时间间隔。直通式交换机将检查进入端口的数据帧的目的地址，然后搜索已有的地址表，当端口数据包标明的目的地址找到时，交换机将立即在输出和输入两个端口间建立直通连接，并迅速传输数据。通常，交换机在接收到数据包的前 6 个字节时，就已经知道目的地址，从而可以决定向哪个端口转发这个数据包。也就是说，当转发帧的开始部分正在发送时，这个帧的数据部分仍在接收之中。在帧从一个冲突域被转发到另一个冲突域的过程中，直通转发模式提供了非常短的反应时间。但它也存在着以下 3 个方面的问题：即转发残帧、转发错误帧和容易拥塞。

因为直通式交换在完成转发决策之后会立即将帧转发，因此如果一个残帧在直通式交换端口被接收到，它也会被转发到另外一个或多个端口。所谓残帧，是指由冲突而造成的帧，其长度均小于 512 位（64 B）。有些残帧可能因为太短而不能包含完整的目的地址，这些超短的残帧不会被转发。但是，如果残帧的长度足以容纳完整的目的地址，而且这个目的地址在另一个端口上，它也会被转发。

基于相同的原因，直通式交换也会转发有 CRC 错误、格式错误和其他错误的帧。转发有效帧也会造成转发残帧一样的问题，但从一个网段向另一个网段转发有错误的帧就可能造成更大的问题。一个网段会因为电缆故障、中继器故障或网络接口故障出现问题。如果转发错误帧，那么直通交换就是将错误传播到其他相连的网段上。

由此可见，直通转发技术的优点是转发速率快、减少延时和提高整体吞吐率，而缺点则是交换机在没有完全接收并检查数据包的正确性之前就已经开始了数据转发。这样，在当网络非常忙碌或当硬件出现故障时，交换机会转发所有的残帧和错误帧，从而导致网络效率的低下，并有可能产生拥塞。那么，有没有什么好的解决方案呢？有，这就是存储转发模式。

2）存储转发模式

存储转发模式（SAF，Store&Forward）是指交换机首先在缓冲区中存储整个接收到的封装数据包，然后使用 CRC 检测法检查该数据包是否正确，如果正确，交换机便从地址表中寻找目的端口地址，得到地址后，立即建立两个端口的连接并开始传输数据。如果不正确，表明该数据中包含一个或一个以上的错误，则予以丢弃。除了检查 CRC 外，存储转发交换机还检查整个数据帧。当发现超短帧或超长帧等错误时，也会将其进行过滤处理。

由此可见，与直通转发模式相比，存储转发模式最大的优点是没有残帧或错误帧的转发，减少了潜在的不必要的数据转发，提高了网络的传输效率。但其缺点也是明显的，即转发延迟时间要比直通式长得多。原因很简单，在帧被发出之前，整个帧必须都被保存在缓存中，这当然要花费时间。另外，存储转发式交换机通常也需要更大量的内存空间来保存帧。内存空间越大，处理拥塞的能力就越强，当然价格也就越高。

3）准直通转发模式

准直通转发模式是对直通转发模式的一种简单改进，只转发长度至少为 512 bit（64 B）的帧。既然所有残帧的长度都不小于 512 bit 的长度，那么，该种转发模式自然也就避免了残帧的转发。

为了实现该功能，准直通转发交换机使用了一种特殊的缓存。这种缓存是一种先进先出的 FIFO，字节从一端进入然后再以同样的顺序从另一端出来。当帧被接收时，它被保存在 FIFO 中。如果帧以小于 512 bit 的长度结束，那么 FIFO 中的内容（残帧）就会被丢弃。

因此，该模式不存在普通直通转发交换机存在的残帧转发问题，是一个非常好的解决方案，也是目前大多数交换机使用的直通转发方式。包在转发之前将被缓存，从而确保碰撞碎片不通过网络传播，能够在很大程度上提高网络传输效率。

4）智能交换模式

智能交换模式，是指交换机能够根据所监控网络中错误包传输的数量，自动智能地改变转发模式。如果堆栈发觉每秒错误少于 20 个，将自动采用直通式转发模式；如果堆栈发觉每秒错误大于 20 个或更多，将自动采用存储转发模式，直到返回的错误数量为 0 时止，再切换回直通式转发模式。

5. 交换机的分类

根据不同的标准，可以对交换机进行不同的分类。

1）根据交换机的结构分类

按结构分类，交换机可分为两种不同的结构，即插拔式机箱交换机（也称背板式交换机）和固定配置交换机。固定式相对来说便宜一些，但它只能提供有限的高速端口。而机箱式交换机虽然在价格上要贵很多，但也同时具备更大的可扩充性。而且，机箱式交换机大都有很强的容错能力，并且具备可热插拔的双电源，有些还支持交换模块的冗余备份。因此，在选择交换机时，应按照需要和经费综合考虑选择机箱式或固定式。一般来说，中心交换机应考虑其扩充性和排错性，适合采用机箱式交换机，而部门交换机或工作组交换机则可采用固定式交换机。

2）根据交换机工作的协议层分类

根据工作的协议层分类，交换机可分第 2 层交换机、第 3 层交换机和第 4 层交换机。第 2 层交换机依赖于链路层中的信息（如 MAC 地址）完成不同端口数据间的线速交换；第 3 层交换机具有路由功能，将 IP 地址信息用于网络路径选择，并实现不同网段间数据的线速交换；第 4 层交换机则使用传输层包含在每一个 IP 包包头的服务进程/协议（例如 HTTP 用于传输 Web，FTP 用于文件传输、Telnet 用于终端通信、SSL 用于安全通信等）进行交换和传输处理，实现带宽分配、故障诊断和对 TCP/IP 应用程序数据流进行访问控制的功能。

此外，根据使用的网络技术可以分为以太网交换机、令牌环交换机、FDDI 交换机、ATM 交换机、快速以太网交换机等。根据交换机应用领域来划分，可分为台式交换机、工作组交换机、主干交换机、企业交换机、分段交换机、端口交换机、网络交换机等。

6. 交换机的参数与选购

局域网交换机是组成网络系统的核心设备。对用户而言，局域网交换机最主要的指标是转发方式、端口的配置、数据交换能力、包交换速度等因素。下面就对交换机的重要技术参数进行介绍。

1）转发方式

转发方式分为直通式转发（或准直通式转发）和存储式转发，由于不同的转发方式适应于不同的网络环境，因此，应当根据自己的需要做出相应的选择。低端交换机通常只拥有一种转发模式，或是存储转发模式，或是直通模式，高端产品一般有两种转发模式，并具有智能转换功能，可根据通信状况自动切换转发模式。

2）延 时

交换机延时（Latency）也称延迟时间，是指从交换机接收到数据包到开始向目的端口复制数据包之间的时间间隔，不同的转发技术和数据包大小均会影响延时。延时越小，数据的传输速率越快，网络的效率也就越高。特别是对于多媒体网络而言，较大的数据延迟，往往导致多媒体的短暂中断。由于采用存储转发技术的交换机必须要等待完整的数据包接收完毕后才开始转发数据包，所以，它的延时与所接收数据包的大小有关。数据包越大，则延时越大；反之，数据包越小，则延时越小。

3）转发速率

转发速率是交换机一个非常重要的参数，它从根本上决定了交换机的转发速率。目前，最流行的交换机称之为线速交换。所谓线速交换，是指交换速度达到传输线上的数据传输速度，能够最大限度消除交换瓶颈的交换机。实现线速交换的核心是 ASIC 技术，用硬件实现协议解析和包转发，而不是传统的软件处理方式（通过 CPU）。线速交换有如下优点：设计简单、高可靠性、低功耗、高性能、多功能，ASIC 技术使得这一切的实现成本更低。线速交换的实现还依赖于分布式处理技术，使得多个端口的数据流能同时进行处理。所以它一般是 CPU、RISC、ASIC 并用的并行处理体系。

4）管理功能

交换机的管理功能（Management）是指交换机如何控制用户访问交换机，以及用户对交换机的可视程度如何。几乎所有的交换机都是可网管的，几乎所有的厂商都随机提供一份本公司开发的交换机管理软件，几乎所有的交换机都能为第三方管理软件所管理。通常情况下，交换机均能够满足 SNMP MIB I/ MIB II 统计管理功能。而复杂一些的交换机还具有通过内置 RMON 组（mini-RMON）支持 RMON 主动监视功能，甚至还允许外接 RMON 特定网络的 MIB，收集关于整个网段的统计数据。RMON MIB 中的数据由一个安装于集线设备中的 RMON 探测器设备收集。RMON 被分为 10 组，其中最常用的有 4 组，即统计组、记录组、告警组和事件组，称为基本组。

5）MAC 地址数

不同交换机每个端口所能够支持的 MAC 数量不同。有些交换机的每个端口只支持一个 MAC 地址，称之为单 MAC 交换机。单 MAC 交换机主要用于连接最终用户（即计算机或服务器）、网络共享资源（如磁盘阵列、网络打印机等）或路由器，不能用于连接集线器或含有多个网络设备的网段。有些交换机的每个端口则可捆绑多个 MAC 地址，称之为多MAC 交换机。在该类交换的每个端口，都有足够存储体记忆多个硬件地址，这样交换机能够"记忆"该端口所连接的站点情况，因此，适用于作为网络主干并连接集线器。由于缓存容量的大小限制了这个交换机所能够提供的交换地址容量，所以，当该端口所容纳的计算机数量超过了地址容量时，目的站的 MAC 地址将很可能并没有保存在该交换机端口的MAC 地址表中，那么，该帧即将以广播方式发向交换机的每个端口。当这种情况频频发生时，将在很大程度上影响网络中数据的传输效率。

6）扩展树

当一个交换机有两个或两个以上的端口与其他交换机相连接时，由于会产生冗余回路，从而产生"拓扑环"（Topology Loops）问题。即当某个网段的数据包通过某台交换机传输到另一个网段,而返回的数据包通过另一台交换机返回源地址的现象。一般情况,交换机采用扩展树(Spanning Tree,也称生成树)协议算法让网络中的每一个桥接设备相互知道,以自动防止拓扑环现象的发生。交换机通过将检测到的"拓扑环"中的某个端口断开,达到消除"拓扑环"的目的,维持网络中的拓扑树的完整性。在网络设计中,"拓扑环"常被推荐用于关键数据链路的冗余备份链路选择。所以,带有扩展树协议支持的交换机可以用于连接网络中关键资源的交换冗余。

7)背板带宽

由于所有端口间的通信都需要通过背板完成,所有背板能够提供的带宽就成为端口间并发通信时的瓶颈。带宽越大,能够给各通信端口提供的可用带宽越大,数据交换速度越快,带宽越小,则能够给各通信端口提供的可用带宽越小,数据交换速度也就越慢。因此,在端口带宽、延迟时间相同的情况下,背板带宽越大,交换机的传输速率则越快。

8)端　口

从端口的带宽来看,目前主要包括 10 Mb/s、100 Mb/s 和 1 000 Mb/s 3 种。这 3 类不同带宽的端口,往往以不同形式和数量进行搭配,以满足不同类型网络的需要。最常见的搭配形式包括 10/100 Mb/s 自适应、10/100/1 000 Mb/s 自适应、1 000 Mb/s 自适应 3 种。

从端口所支持的传输介质而言,一般分为双绞线和光纤。由于双绞线的传输距离有限,仅为 100 m,因此,如果局域网络的跨度较大时,必须使用光纤连接,所以,在为大中型网络选购交换机时,应当考虑选择具有光纤端口或可插光纤模块的交换机。

9)堆叠方式

堆叠系统的连接方式有 3 种:菊花链连接、交叉阵列连接和全网状连接。

菊花链连接顾名思义,就是将交换机一个一个地串接起来。可以想象,在这种连接方式中,第 1 个交换机要与第 3 个通信需要经过第 2 个,这显然要降低属于不同交换机的计算机用户间的通信速度,加大了网络的负载。可以说,这不能叫堆叠,而只是级联。

交叉阵列连接比菊花链连接有所改进,任何两个设备间的通信最多经过一个中间站。但同时也可以明显地看到这种方式对系统性能造成的局限性,因为任意一台设备在同一时间只能与一台交换机通信,即使在最佳状态下,也只能有一半的设备同时进行通信。

全网状连接是这几种连接形式中效率最高的一种。任何一台设备都可以同时与其他所连接设备进行通信。

从上面的分析知道,堆叠系统的带宽决不能简单地将各台交换机的带宽相加,不同的连接方式决定了其不同的带宽。所以,在选择交换机时,如果要为以后的堆叠做准备,就要着重考虑所要购买的交换机在堆叠时采用的连接方式。

10)外形尺寸

有桌面型的交换机和机架式交换机两种类型。桌面型的交换机价格较低,移动方便,功能有限。机架式交换机价格较高,功能强大,便于集中管理。

2.2.2　多层交换技术

OSI 参考模型将数据通信分为 7 层:物理层、数据链路层、网络层、传输层、会话层、表示层、应用层。每一层都有专门的功能和专门的协议使同一层次上的两台设备能够交换数据。

1. 第 2 层交换

在第 2 层对帧进行转发的设备需要包含下列功能。

（1）通过传入帧的源地址了解相应的 MAC 地址。

（2）通过一个 MAC 地址表建立和保留相关的网桥和交换机端口。

（3）向所有的端口以泛洪的方式进行广播和组播（除了接受该帧的端口以外）。

（4）向所有的端口以泛洪的方式发送目标位置未知的帧（除了接受该帧的端口以外）。

（5）网桥和交换机能够通过生成树协议相互通信用来消除桥连接中的循环。

（6）一个第 2 层的交换机必须执行和透明桥一样的功能。一个交换机具有很多端口并且可以执行基于硬件的桥接，负责对帧进行转发的专门硬件设备称为专用集成电路（ASIC）。这种硬件使交换具有了极大的可扩展性，并具有良好的速度性能、低延迟、低成本和高端口密度。

第 2 层的帧可以在同种介质类型的第 1 层两个接口之间进行交换，而不需要对帧进行修改，这些接口可以是两个以太网连接或者是一个快速以太网连接。然而，如果这两个接口是不同的介质类型，例如以太网和令牌网或者以太网的光纤分布数据接口（FDDD），那么当从第 1 层的接口发出帧时，第 2 层交换机必须首先对帧的内容进行转换。

第 2 层交换机主要用于工作组连接和网络分段。可以在交换机中包含同一工作组中的用户和服务器之间的流量。另外，通过交换机可以减少一个网络分段经过的站点数，从而使冲突域的规模最小化。

第 2 层交换的一个缺点是它不能进行有效的扩展。交换机必须向所有的端口以广播的方式进行帧的转发，从而使大型的交换成为大的广播域。另外，当交换机的拓扑结构发生改变时，可能将需要很长的时间来进行生成树协议的更新。并且生成树协议还有可能阻塞特定的交换机端口，从而阻塞数据的传输。仅仅依靠第 2 层的交换是不能提供有效的、可扩展的网络设计的。

2. 第 3 层路由选择

第 3 层路由选择中涉及的设备完成下列功能：

（1）在网络间基于第 3 层的地址转发分组。

（2）为一个分组决定一条通过网络传向下一个路由器的可选路径。

（3）所转发的分组包含一个由目的地网络、下一站路由器地址和路由器本身的边界接口所组成的查询信息表。

（4）在同种可能中选择一条最优的路径。

（5）路由器相互之间通过路由选择协议进行交互。

很自然地，路由器不能转发广播分组，并只向带有组播客户端的网段转发组播分组。这种行为提供了对广播的控制，并提供了通过普通的第 3 层地址对网络进行区域划分的方法。

因为第 3 层（网络层）的地址唯一表示一台 OSI 参考模型中的网络层设备，所以一个带有路由器的网络是可能拥有逻辑地址的。数据帧在实际传送时使用的是设备的第 2 层（数据链路层）的地址。因此，必须存在一些方法来对设备的数据链路层的 MAC 地址与网络层的 IP 地址进行关联。通过这种分配使路由器能够具有支持分配给物理网络的逻辑网络层地址的功能。

另外，一台路由器在做出路由选择之前必须先检查每个分组的第 3 层报头。在路由器接口中可以通过源、目的地址、协议或者其他的第 3 层属性来实现该层的安全和控制，以便在限制或转发该分组之间做出选择。

第 3 层路由选择一般基于微处理器的引擎来完成，从而需要一定的 CPU 周期以检查每一个分组的网络层报头。而针对第 3 层网络的优化路径的路由选择表也是一个动态值组成的大表，它需要一定的查表延迟。尽管可以把路由器放置在网络中的任何位置上，路由器也可能会以为对分组的检查和处理带来的延迟而成为瓶颈。

3. 第 3 层交换

3 层交换是相对于传统交换概念而提出的。第 2 层交换是快速、有效的交换，但第 2 层交换也暴露出弱点：对广播风暴、异种网络互联、安全性控制等不能有效地解决。而 3 层交换技术是在网络模型中的第 3 层实现了数据包的高速转发。简单地说，3 层交换技术就是 2 层交换技术+3 层转发技术。它打破了局域网中网段划分之后，网段中子网必须依赖路由器进行管理的局面，解决了传统路由器低速、复杂所造成的网络瓶颈问题。

第 3 层交换中所涉及的设备需要执行下列的功能：

（1）在第 3 层中对分组进行转发，就像使用路由器可以完成的工作一样。

（2）通过专门的硬件设备、专用集成电路（ASIC）对分组进行交换以达到高速度和低延迟。

（3）使用第 3 层的地址信息以保证分组具有安全控制和服务质量保证（QoS）的转发。

3 层交换技术的特点如下：

1）线速路由

和传统的路由器相比，第 3 层交换机的路由速度一般要快 10 倍或数 10 倍，能实现高速路由转发。传统路由器采用软件来维护路由表，而第 3 层交换机采用 ASIC 硬件来维护路由表，因而能实现线速的路由。

2）路由功能

比较传统的路由器，第 3 层交换机不仅路由速度快，而且配置简单。在最简单的情况下（即第 3 层交换机默认启动自动发现功能时），一旦交换机接进网络，只要设置完 VLAN，并为每个 VLAN 设置一个路由接口，第 3 层交换机就会自动把子网内部的数据流限定在子网之内，并通过路由实现子网之间的数据包交换。管理员也可以通过人工配置路由的方式设置基于端口的 VLAN，给每个 VLAN 配上 IP 地址和子网掩码，就产生了一个路由接口。

3）路由协议支持

第三层交换机可以通过自动发现功能来处理本地 IP 包的转发及学习邻近路由器的地址，同时也可以通过动态路由协议 RIP1、RIP2、OSPF 来计算路由路径。

4）自动发现功能

有些第 3 层交换机具有自动发现功能，该功能可以减少配置的复杂性。第 3 层交换机可以通过监视数据流来学习路由信息，通过对端口入站数据包的分析，第 3 层交换机能自动发现和产生一个广播域、VLAN、IP 子网和更新它们的成员。自动发现功能在不改变任何配置的情况下，提高网络的性能。第 3 层交换机启动后就自动具有 IP 包的路由功能，它检查所有的入站数据包来学习子网和工作站的地址，它自动地发送路由信息给邻近的路由器和 3 层交换机，转发数据包。一旦第 3 层交换机连接到网络，它就开始监听网上的数据包，并根据学习到的内容建立并不断更新路由表。交换机在自动发现过程中，不需要额外的管理配置，也不会发送探测包来增加网络的负担。用户可以先用自动发现功能来获得简单高效的网络性能，然后根据需要来添加其他的路由、VLAN 等功能。

5）过滤服务功能

过滤服务功能用来设定界限，以限制不同的 VLAN 成员之间和使用单个 MAC 地址和组 MAC 地址的不同协议之间进行帧的转发。交换机在不做任何配置的情况下，就具有过滤服务和扩展过滤服务功能。

6）VLAN 间路由

在交换机上很方便地划分第 2 层和第 2 层的 VLAN，并可配置 VLAN 间的路由器。第 3 层交换的目标是，只要在源地址和目的地址之间有一条更为直接的第二层通路，就没有必要经过路由器转发数据包。第 3 层交换使用第 3 层路由协议确定传送路径，此路径可以只用一次，也可以存储起来，供以后使用。之后数据包通过一条虚电路绕过路由器快速发送。当然，3 层交换技术并不是网络交换机与路由器的简单叠加，而是二者的有机结合，形成一个集成的、完整的解决方案。

4. 多层交换

多层交换中使用的设备执行下列的功能。

（1）在包含了第 2 层、第 3 层、第 4 层交换的硬件中进行分组转发。

（2）以有线传输的速度转发分组。

（3）传统的第 3 层路由选择功能是通过快速转发（CEF）提供的。在这里将维持每个目的网络的路由信息数据库，并分布给用于交换的专用集成电路（ASIC）以获得高的转发性能。

比较常见的应用还是 3 层交换。

2.2.3　交换机配置

运行在 Cisco 互联网络操作系统（IOS，Internetwork Operating System）或华为通用路

由平台（VRP，Versatile Routing Platform）上的交换机，其配置可以采用基于菜单驱动和基于命令行接口（CLI，Command-Line Interface）两种方式，但由于基于菜单驱动方式只能提供有限的功能，所以交换机配置大部分采用命令行方式。本节所给出的配置命令是基于 VRP 命令行方式的华为交换机，基于的 IOS 命令请参阅厂商命令配置参考资料。

1. 配置交换机的方式

1）通过控制台访问

初始状态下，访问交换机需要使用控制台（Console）端口。可进行网络管理的交换机上一般都有一个 Console 端口，它是专门用于对交换机进行配置和管理的。通过 Console 端口连接并配置交换机，是配置和管理交换机必须经过的步骤。虽然除此之外还有其他若干种配置和管理交换机的方式（如 Web 方式、Telnet 方式等），但是，这些方式必须通过 Console 端口进行基本配置后才能进行。因为其他方式往往需要借助于 IP 地址、域名或设备名称才可以实现，而新购买的交换机显然不可能内置这些参数，所以通过 Console 端口连接并配置交换机是最常用、最基本也是网络管理员必须掌握的管理和配置方式。

不同类型的交换机 Console 端口所处的位置并不相同，通常模块化交换机大多位于前面板，而固定配置交换机则大多位于后面板。在该端口的上方或侧方都会有类似 CONSOLE 字样的标识。通常情况下，在交换机的包装箱中都会随机赠送一条 Console 线和相应的 DB-9 或 DB-25 适配器。无论交换机采用 DB-9 或 DB-25 串行接口，还是采用 RJ-45 接口，都需要通过专门的 Console 线连接至配置用计算机（通常称作终端）的串行口上。

物理连接好后打开计算机和交换机电源，通过运行 Windows 操作系统中的"超级终端"（Hyper Terminal）组件进行软件配置。如果在"附件"中没有发现该组件，可通过"添加/删除程序"的方式添加该 Windows 组件。

2）远程配置方式

交换机除了可以通过 Console 端口与计算机直接连接外，还可以通过交换机的普通端口进行连接。这时通过普通端口对交换机进行管理时，就不再使用超级终端了，而大多数是以 Telnet 或 Web 浏览器的方式实现与被管理交换机的通信。因为在前面的本地配置方式中已为交换机配置好了 IP 地址，我们可通过 IP 地址与交换机进行通信，不过要注意，只有网管型的交换机才具有这种管理功能。

（1）Telnet 方式。

Telnet 协议是一种远程访问协议，可以用它登录到远程计算机、网络设备或专用 TCP/IP 网络。Windows 95/98 及其以后的 Windows 系统、UNIX/Linux 等系统中都内置有 Telnet 客户端程序，我们就可以用它来实现与远程交换机的通信。

在使用 Telnet 连接至交换机前，应当确认已经做好以下准备工作：

① 在用于管理的计算机中安装有 TCP，IP 协议，并配置好了 IP 地址信息。

② 在被管理的交换机上已经配置好 IP 地址信息。如果尚未配置 IP 地址信息，则必须通过 Console 端口进行设置。

③ 在被管理的交换机上建立了具有管理权限的用户账户。如果没有建立新的账户，则

Cisco 交换机默认的管理员账户为 Admin。

④ 在计算机上运行 Telnet 客户端程序（这个程序在 Windows 系统中与 UNIX、Linux 系统中都有，而且用法基本是兼容的，特别是在 Windows 2000 系统及以后的系统中的 Telnet 程序），并登录至远程交换机。

第 1 步：单击"开始"按钮选择"运行"菜单项，然后在对话框中按照"telnet192.168. 100.254"格式输入登录（见图 2-9）。如果为交换机配置了名称，则也可以直接在 Telnet 命令后面空一个空格后输入交换机的名称。

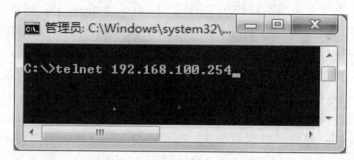

图 2-9　用 Telnet 登录交换机

Telnet 命令的一般格式如下：telnet [Hostname/port]，但在前面已经为交换机配置了 IP 地址，所以在这里更多的是指交换机的 IP 地址。格式后面的 port 一般是不需要输入的，它是用来设定 Telnet 通信所用的端口的，一般来说 Telnet 通信端口在 TCP / IP 中规定为 23 号端口，最好不改动。

第 2 步：输入好后，单击"确定"按钮，或按回车键，建立与远程交换机的连接，系统提示输入密码，即可登录到交换机。

（2）Web 浏览器的方式。

当利用 Console 端口为交换机设置好 IP 地址信息并启用 HTTP 服务后，即可通过 Web 浏览器访问交换机，并可通过 Web 浏览器修改交换机的各种参数并对交换机进行管理。事实上，通过 Web 界面，可以对交换机的许多重要参数进行修改和设置，并可实时查看交换机的运行状态。不过在利用 Web 浏览器访问交换机之前，应当确认已经做好以下准备工作。

在用于管理的计算机中安装了 TCP/IP，且在计算机和被管理的交换机上都已经配置好了 IP 地址信息。

用于管理的计算机中安装有支持 Java 的 Web 浏览器，如 Internet Explorer 4.0 及以上版本、Netscape 4.0 及以上版本。

在被管理的交换机上建立了拥有管理权限的用户账户和密码。

被管理的交换机支持 HTTP 服务，并且已经启用了该服务。否则，应通过 Console 端口启用 HTTP 服务。

通过 Web 浏览器的方式进行配置（以 H3C 交换机为例）的方法如下：

第 1 步：把计算机连接在交换机的一个普通端口上，在计算机上运行 Web 浏览器。在浏览器的"地址"栏中键入被管理交换机的 IP 地址（如 192.168.200.254）。单击回车键，打开如图 2-10 所示的对话框。

图 2-10　网页登录方式

第 2 步：分别输入"用户名""密码"和"验证码"，正确后将显示交换管理的 Web 界面。通过 Web 界面中的提示，一步步查看交换机的各种参数和运行状态，可根据需要对交换机的某些参数做必要的修改。

2. 交换机的配置视图

进入交换机控制台后，需要在各种配置视图间切换，主要有以下几种配置视图：

1）用户视图

用户从终端成功登录至设备即进入用户视图，在屏幕上显示：

<HUAWEI>

在用户视图下，用户可以完成查看运行状态和统计信息等功能。

2）系统视图

在用户视图下，输入命令 system-view 后回车，进入系统视图：

<HUAWEI> system-view

Enter system view，return user view with Ctrl+Z.

[HUAWEI]

在系统视图下，用户可以配置系统参数以及通过该视图进入其他的功能配置视图。

3）接口视图

使用 interface 命令并指定接口类型及接口编号可以进入相应的接口视图。

[HUAWEI] interface gigabitethernet X/Y/Z

[HUAWEI-GigabitEthernetX/Y/Z]

说明：X/Y/Z 为需要配置的接口的编号，分别对应"槽位号/子卡号/接口序号"。

上述举例中 GigabitEthernet 接口仅为示意。

配置接口参数的视图称为接口视图。在该视图下可以配置接口相关的物理属性、链路层特性及 IP 地址等重要参数。

4）路由协议视图

在系统视图下，使用路由协议进程运行命令可以进入到相应的路由协议视图。

```
[HUAWEI] isis
[HUAWEI-isis-1]
```
路由协议的大部分参数是在相应的路由协议视图下进行配置的。例如 IS-IS 协议视图、OSPF 协议视图、RIP 协议视图。

任务 2.3　交换机端口技术

随着网络技术的不断发展，需要网络互联处理的事务越来越多，为了适应网络需求，以太网技术也完成了一代又一代的技术更新。为了兼容不同的网络标准，端口技术变得尤为重要，它是解决网络互联互通的重要技术之一。端口技术主要包含了端口自协商、网线智能识别、流量控制、端口聚合以及端口镜像等技术，它们很好地解决了各种以太网标准互联互通中存在的问题。

从以太网的发展历史我们知道目前主要有三种以太网标准：标准以太网、快速以太网和千兆以太网。它们分别有不同的端口速率和工作模式等，那么如果它们共同组网时，是如何协同工作的呢？接下来带着疑问来看看这个问题如何得到完善的解决。

2.3.1　端口速率

1. 标准以太网

标准以太网是最早的一种交换以太网，突现了真正的端口带宽独享，其端口速率为固定 10 M，它包括电端口和光端口两种。

2. 快速以太网

快速以太网是标准以太网的升级，为了兼容标准以太网技术，它实现了端口速率的自适应，其支持的端口速率有 10 M、100 M 和自适应三种方式。它也包括电端口和光端口两种。

3. 千兆以太网

同样千兆以太网为了兼容标准以太网技术和快速以太网技术，也实现了端口速率的自适应，其支持的端口速率有 10 M、100 M、1000 M 和自适应方式。它也包括电端口和光端口两种。

4. 端口速率自协商

从几种以太网标准可以知道它们都支持多种端口速率，那么在实际使用中，它们究竟使用何种速率与对端进行通信呢？

目前大部分以太网交换机都支持端口速率的手工配置和自适应。缺省情况下，所有端口都是自适应工作模式，通过相互交换自协商报文进行速率匹配。其匹配结果如表 2-1 所示：

表 2-1　端口速率协商结果一览表

	标准以太网（auto）	快速以太网（auto）	千兆以太网（auto）
标准以太网（auto）	10 M	10 M	10 M
快速以太网（auto）	10 M	100 M	100 M
千兆以太网（auto）	10 M	100 M	1000 M

当链路两端一端为自协商，另一端为固定速率时，建议修改两端的端口速率，保持端口速率一致。

假设链路两端都是具有自协商功能的设备，当自协商设备和非自协商设备协同工作时，它们又是如何处理的呢？链路对端是 10BASE-T 设备时，自协商设备是通过 10BASE-T 设备每隔 16 ms 发出的普通连接脉冲（Normal Link Pulse，简称 NLP）信号来识别对端设备的。链路对端是 100BASE-T 设备时，自协商设备是通过信号电平、时序及编码来识别对端设备的。所以识别 10 M 或 100 M 不通过自协商也可以完成。

如果两端都以固定速率模式工作，而工作速率不一致时，很容易出现通信故障，这种现象应该尽量避免。

2.3.2　端口工作模式

由于以太网技术发展的历史原因，出现了半双工和全双工两种端口工作模式。为了网络设备的兼容，目前新的交换机端口既支持全双工工作模式，也支持半双工工作模式。

如果链路端口工作在自协商模式，和端口速率协商一样，它们也是通过交换自协商报文来协商端口工作模式的。实际上端口模式和端口速率的自协商报文是同一个协商报文。在协商报文中分别有 5 位二进制位来指示端口速率和端口模式，即分别指示 10BASE-T 半双工、10BASE-T 全双工、100BASE-T 半双工、100BASE-T 全双工和 100BASE-T4。千兆以太网的自协商依靠其他机制完成。

如果链路对端设备不支持自协商功能，自协商设备缺省的假设是链路工作在半双工模式下。所以，强制 10 M 全双工工作模式的设备和自协商的设备协商的结果是：自协商设备工作在 10 M 半双工工作模式，而对端工作在 10 M 全双工工作模式，这样虽然可以通信，但会产生大量的冲突，降低网络效率。所以在网络建设中应尽力避免。

另外所有自协商功能目前都只在双绞线介质上工作，对于光纤介质，目前还没有自协商机制，所以对于光端口的速率和工作模式以及流量控制都只能手工配置。

2.3.3　端口类型

不同的网络设备根据不同的需求具有不同的网络接口，目前以太网接口有 MDI（Medium Dependent Interface）和 MDI-X 两种类型。MDI 称为介质相关接口，MDI-X 称为介质非相关接口（Mll）。我们常见的以太网交换机所提供的端口都属于 MDI-X 接口，而路由器和 PC 提供的属于 MDI 接口。上述两种接口具有不同的引脚分布图。如图 2-11 和表 2-2 所示：

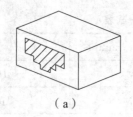
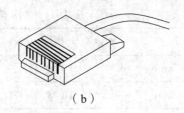

（a）   （b）

图 2-11　端口 & 连接器引脚

表 2-2　MDI&MDI-X 接口（100BASE-TX）引脚对照表

引脚	信号	
	MDI	MDI-X （MII）
1	BI_DA+（发）	BI_DB+（收）
2	BI_DA-（发）	BI_DB-（收）
3	BI_DB+（收）	BI_DA+（发）
4	Not used	Not used
5	Not used	Not used
6	BI_DB-（收）	BI_DA-（发）
7	Not used	Not used
8	Not used	Not used

当 MDI 接口和 MDI-X 接口连接时，需要采用直连网线（Normal Cable），而同一类型的接口（如 MDI 和 MDI）连接时，需要采用交叉网线（Cross Cable），这给我们在网络设备进行连接时带来了很多的麻烦。比如两台交换机的普通端口或者是两台主机相连都需要采用交叉网线，而交换机与主机相连需要直连网线。H3C 系列以太网交换机为了简化用户操作，通过新一代的物理层芯片和变压器技术实现了 MDI 和 MDI-X 接口智能识别和转换的功能。不论使用直连网线还是交叉网线都可以与同接口类型或不同接口类型的以太网设备互通，有效降低了用户的工作量。

2.3.4　端口流量控制

由于标准以太网、快速以太网和千兆以太网混合组网，在某些网络接口不可避免的会出现流量过大的现象而产生端口阻塞。为了减轻和避免端口阻塞的产生，防止在网络阻塞的情况下丢帧，标准协议专门规定了解决这一问题的流量控制技术。

在半双工的工作方式下，通过背压式流控（Backpressure）技术实现了流量控制，当网络设备检测到即将发生阻塞时，模拟产生一冲突信号，使得对端设备端口保持繁忙，而暂停发送数据或降低数据发送速率。

在全双工的工作模式下，IEEE802.3x 标准规定了一个 PAUSE 数据帧，当网络设备不能及时处理来自对端设备的数据时，就以一保留的组播地址发送 PAUSE 帧，对端收到该数据帧，就会暂停或停止发送数据。从而达到流量控制的目的。

对端设备是否支持流量控制或支持何种流量控制，都是通过自协商报文来进行协商的。在自协商报文中有专门的标志位指示流量控制方式。

2.3.5 端口聚合

1. 端口聚合需求应用

以太网技术经历从 10 M 标准以太网到 100 M 快速以太网，再到现在的 1000 M 及万兆以太网，提供的网络带宽越来越大，但是仍然不能满足某些特定场合的需求，特别是随着集群服务的发展，对此提出了更高要求。以太网带宽有限，而集群服务器面向的是成百上千的访问用户，如果仍然采用 100 M 网络接口提供连接，必然成为用户访问服务器的瓶颈。由此产生了多网络接口卡的连接方式，一台服务器同时通过多个网络接口提供数据传输，提高用户访问速率。这就涉及用户究竟占用哪一网络接口的问题。同时为了更好地利用网络接口，我们也希望在没有其他网络用户时，唯一用户可以占用尽可能大的网络带宽。这些就是端口聚合技术解决的问题。

同样在大型局域网中，为了有效转发和交换所有网络接入层的用户数据流量，核心层设备之间或者是核心层和汇聚层设备之间，都需要提高链路带宽。这也是端口聚合技术广泛应用所在。

在解决上述问题的同时，端口聚合还有其他的优点。如采用端口聚合远远比采用更高带宽的网络接口卡实现起来更加容易，成本更加低廉。

从上述需求可以看出端口聚合主要应用于以下场合：

交换机与交换机之间的连接：汇聚层交换机到核心层交换机或核心层交换机之间。

交换机与服务器之间的连接：集群服务器采用多网卡与交换机连接提供集中访问。

交换机与路由器之间的连接：交换机和路由器采用端口聚合可以解决广域网和局域网连接瓶颈。

服务器与路由器之间的连接：集群服务器采用多网卡与路由器连接提供集中访问。特别是在服务器采用端口聚合时，需要专有的驱动程序配合完成。

2. 端口聚合的配置

一般以太网交换机都提供两种方式的端口聚合，一种是根据数据帧的源 MAC 地址进行数据帧的分发。另一种方式是根据数据帧的源 MAC 地址和目的 MAC 地址进行数据帧的分发。在实现端口负载分担时，两种方式对数据帧分发有较大差别。前一种对数据流的分类较粗，对实现负载分担不利；而后者分类细致，有利于链路的负荷均摊，根据不同的应用场合选择合适的聚合方式，更有利于发挥产品的特性。

不同的交换机支持的聚合组数量和大小都有所不同。具体请参考相关产品操作手册。另外，所有参加聚合的端口还必须满足另一条件，即所有端口都必须工作在全双工模式下，且工作速率相同才能进行聚合。并且聚合功能需要在链路两端同时配置方能生效。

2.3.6　端口镜像

在网络维护和故障排除的过程中，首先会根据已有的网络现象进行故障分析和判断，但是如果掌握的故障信息不够或者是网络需要进行一定的监控优化时，该怎么办呢？为了进一步获取网络运行情况，常常还采用的一种手段就是监控数据包。但有时候又苦于没有办法处理来自四面八方的数据。以太网交换机提供的端口镜像功能可以实现数据监控。镜像分为两种：一种是端口镜像；另一种是流镜像。端口镜像是指将某些指定端口（出或入方向）的数据流量映射到监控端口，以便集中使用数据捕获软件进行数据分析。流镜像是指按照一定的数据流分类规则对数据进行分流，然后将属于指定流的所有数据映射到监控端口，以便进行数据分析。

2.3.7　端口技术应用配置举例

下面以华为系列交换机为主，介绍命令配置的方法。

1. 配置端口协商功能

早期的以太网的工作模式都是 10 M 半双工的。随着技术的发展，出现了全双工模式，接着又出现了百兆和千兆以太网。采用不同工作模式的设备无法直接相互通信；自协商技术的出现解决了不同以太网工作模式之间的兼容性问题。自协商的内容主要包括双工模式和运行速率。一旦协商通过，链路两端的设备就具有相同的工作参数。

negotiation auto 命令用来设置以太网端口的自协商功能。端口是否应该使能自协商模式，要考虑对接双方设备的端口是否都支持自动协商。如果对端设备的以太网端口不支持自协商模式，则需要在本端端口上先使用 undo negotiation auto 命令配置为非自协商模式。之后，修改本端端口的速率和双工模式保持与对端一致，确保通信正常。

2. 配置端口速率

speed 命令用来设置端口的工作速率。配置端口的速率和双工模式之前需要先配置端口为非自协商模式。

例如：

[SWA-GigatbitEthernet0/0/1]speed1000
设置交换机 SWA 端口 1 速率为 1000 M。

3. 端口工作模式

可以手工配置也可以自动协商来决定端口究竟工作在何种模式。配置命令为：
duplex（full| half）
Full：表示端口工作在全双工模式；
Half：表示端口工作在半双工模式。
duplex 命令用来设置以太网端口的双工模式。GE 电口工作速率为 1000 Mbit/s 时，只支持全双工模式，不需要与链路对端的端口共同协商双工模式。
例如：

[SWA-GigatbitEthernet0/0/1] duplexfull

配置交换机 SWA 的 1 端口为全双工。

4. 接口类型配置，配置命令参见如下格式

[SWA-GigatbitEthernet0/0/1]mdi {normal I across l auto）

Normal：表示端口为 MDI-X 接口：

Across：表示端口为 MDI 接口；

Auto：表示端口工作在自协商模式。

5. 开启/关闭流量控制功能

端口在缺省情况下禁用了流量控制功能，如果需要开启/关闭流量控制功能，需要执行下面的配置命令：

flow-control [negotiation]

例：

[SWA-GigatbitEthernet0/0/1] flow-control

[SWA-GigatbitEthernet0/0/1] undo flow-control

6. 端口（链路）聚合

[SWA]interface Eth-Trunk 1 //创建了一个 Eth-Trunk 口，并且进入该 Eth-Trunk 口视图。

[SWA-Eth-Trunk1]interface g0/0/1

[SWA-GigabitEthernet0/0/1]eth-trunk 1

[SWA-GigabitEthernet0/0/1]int g0/0/2

[SWA-GigabitEthernet0/0/2]eth-trunk 1

配置 Eth-Trunk 口和成员口，需要注意以下规则：

（1）只能删除不包含任何成员口的 Eth-Trunk 口。

（2）把接口加入 Eth-Trunk 口时，二层 Eth-Trunk 口的成员口必须是二层接口，三层 Eth-Trunk 口的成员口必须是三层接口。

（3）一个 Eth-Trunk 口最多可以加入 8 个成员口。

（4）加入 Eth-Trunk 口的接口必须是 hybrid 接口（默认的接口类型）。

（5）一个 Eth-Trunk 口不能充当其他 Eth-Trunk 口的成员口。

（6）一个以太接口只能加入一个 Eth-Trunk 口。如果把一个以太接口加入另一个 Eth-Trunk 口，必须先把该以太接口从当前所属的 Eth-Trunk 口中删除。

（7）一个 Eth-Trunk 口的成员口类型必须相同。例如，一个快速以太口（FE 口）和一个千兆以太口（GE 口）不能加入同一个 Eth-Trunk。

（8）位于不同接口板（LPU）上的以太口可以加入同一个 Eth-Trunk 口。如果一个对端接口直接和本端 Eth-Trunk 口的一个成员口相连，该对端接口也必须加入一个 Eth-Trunk 口。否则两端无法通信。

（9）如果成员口的速率不同，速率较低的接口可能会拥塞，报文可能会被丢弃。

（10）接口加入 Eth-Trunk 口后，Eth-Trunk 口学习 MAC 地址，成员口不再学习。

验证配置：

[SWA]display interface Eth-Trunk 1

Eth-Trunk1 current state：UP

Line protocol current state：UP

Description：

Switch Port，PVID：　　1，Hash arithmetic：According to SIP-XOR-DIP，Maximal BW：4294967.29G，Current BW：4294967.29G，The Maximum Frame Length is 9216

IP Sending Frames' Format is PKTFMT_ETHNT_2，Hardware address is 4c1f-cc0a-8c99

Current system time：2016-09-14 12：15：58-08：00

　　Input bandwidth utilization　：　　0%

　　Output bandwidth utilization：　　0%

PortName　　　　　　　　　　　Status　　　Weight

GigabitEthernet0/0/1　　　　　　UP　　　　　1

GigabitEthernet0/0/2　　　　　　UP　　　　　1

The Number of Ports in Trunk：2

The Number of UP Ports in Trunk：2

7. 镜　　像

在系统视图下配置端口镜像。先配置观察端口

[SWA]observe-port 1 interface GigabitEthernet 0/0/24

然后再进入需要镜像的端口

[SWA]interface GigabitEthernet 0/0/23

再配置镜像端口模式

[SWA-GigabitEthernet0/0/23]port-mirroring to observe-port 1 both

配置完成之后用 display current 查看下配置

......

interface GigabitEthernet0/0/1

undo negotiation auto

port-mirroring to observe-port 1 inbound

port-mirroring to observe-port 1 outbound

#

interface GigabitEthernet0/0/2

#

interface GigabitEthernet0/0/3

......

8. 验证配置

display interface[interface-type[interface-number [.subnumber]]]命令用来查看端口当前运行状态和统计信息。

例如：

[SWA]display interface GigabitEthernet0/0/1

GigabitEthernet0/0/1 current state：DOWN

Line protocol current state：DOWN

Description：

Switch Port，PVID：　　1，TPID：8100（Hex），The Maximum Frame Length is 9216

IP Sending Frames' Format is PKTFMT_ETHNT_2，Hardware address is 4c1f-cc19-23fc

Last physical up time ：-

Last physical down time：2016-09-19 08：06：27 UTC-08：00

Current system time：2016-09-19 09：02：16-08：00

Hardware address is 4c1f-cc19-23fc

　　Last 300 seconds input rate 0 bytes/sec，0 packets/sec

　　Last 300 seconds output rate 0 bytes/sec，0 packets/sec

　　Input：0 bytes，0 packets

　　Output：0 bytes，0 packets

　　Input：

　　　Unicast：0 packets，Multicast：0 packets

　　　Broadcast：0 packets

　　Output：

　　　Unicast：0 packets，Multicast：0 packets

　　　Broadcast：0 packets

　　Input bandwidth utilization ：　0%

　　Output bandwidth utilization：　0%

显示 GigabitEthernet0/0/1 端口的信息，其中，current state 表示端口的物理状态，如果为 UP，表示端口处于打开状态；Line protocol current state 表示端口的链路协议状态，如果为 UP，表示端口的链路协议处于正常的启动状态。另外还有一些统计信息。

display interface 显示所有端口信息；

display current-configuration 显示配置信息，包括用户的配置信息及交换机启动后自动配置的信息。

任务 2.4　VLAN 原理及 VLAN 配置

2.4.1　VLAN 的原理

随着网络中计算机的数量越来越多，传统的以太网络开始面临冲突严重、广播泛滥以及安全性无法保障等各种问题。

VLAN（Virtual Local Area Network）即虚拟局域网，是将一个物理的局域网在逻辑上划分成多个广播域的技术，如图 2-12 所示。通过在交换机上配置 VLAN，可以实现在同一个 VLAN 内的用户可以进行二层互访，而不同 VLAN 间的用户被二层隔离。这样既能够隔离广播域，又能够提升网络的安全性。

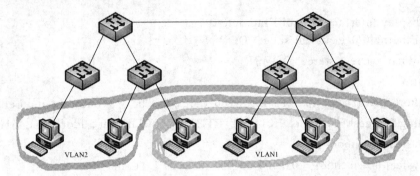

图 2-12　VLAN 概念

1. VLAN 隔离广播域

VLAN 技术可以将一个物理局域网在逻辑上划分成多个广播域，也就是多个 VLAN。VLAN 技术部署在数据链路层，用于隔离二层流量。同一个 VLAN 内的主机共享同一个广播域，它们之间可以直接进行二层通信。

而 VLAN 间的主机属于不同的广播域，不能直接实现二层互通。这样，广播报文就被限制在各个相应的 VLAN 内，同时也提高了网络安全性。例如：

本例中，原本属于同一广播域的主机被划分到了两个 VLAN 中，即 VLAN1 和 VLAN2。VLAN 内部的主机可以直接在二层互相通信，VLAN1 和 VLAN2 之间的主机无法直接实现二层通信。

2. VLAN 帧格式

在现有的交换网络环境中，以太网的帧有两种格式：没有加上 VLAN 标记的标准以太网帧（Untagged Frame）以及有 VLAN 标记的以太网帧（Tagged Frame）。

如图 2-13 所示，通过 Tag 标记，可以区分不同 VLAN，VLAN 帧格式中的 Tag 标记中的各子项的含义如下：

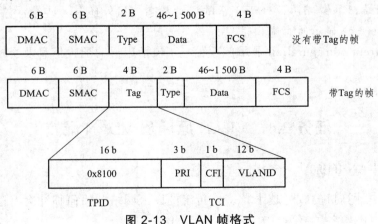

图 2-13　VLAN 帧格式

TPID：Tag Protocol Identifier，2字节，固定取值，Ox8100，是IEEE定义的新类型，表明这是一个携带802.1Q标签的帧。如果不支持802.1Q的设备收到这样的帧，会将其丢弃。

TCI：Tag Control Information，2字节。帧的控制信息，详细说明如下：

① Priority：3比特，表示帧的优先级，取值范围为0~7，值越大优先级越高。当交换机阻塞时，优先发送优先级高的数据帧。

② CFI：Canonical Format Indicator，1比特。CFI表示MAC地址是否是经典格式。CFI为0说明是经典格式，CFI为1表示为非经典格式。用于区分以太网帧、FDDI（Fiber Distributed Digital Interface）帧和令牌环网帧。在以太网中，CFI的值为0。

③ VLAN Identifier：VLAN ID，12比特，在X7系列交换机中，可配置的VLAN ID取值范围为0~4095，但是0和4095在协议中规定为保留的VLAN ID，不能给用户使用。

3. PVID

PVID即Port VLAN ID，代表端口的缺省VLAN。交换机从对端设备收到的帧有可能是Untagged的数据帧，但所有以太网帧在交换机中都是以Tagged的形式来被处理和转发的，因此交换机必须给端口收到的Untagged数据帧添加上Tag。为了实现此目的，必须为交换机配置端口的缺省VLAN。当该端口收到Untagged数据帧时，交换机将给它加上该缺省VLAN的VLAN Tag。大多数交换机在缺省情况下，每个端口的PVID是1。

4. 链路类型

VLAN链路分为两种类型：Access链路和Trunk链路。用户主机和交换机之间的链路为接入链路，交换机与交换机之间的链路为干道链路。

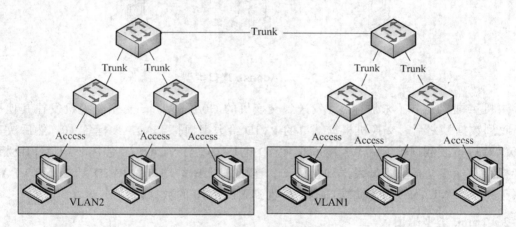

图2-14 链路类型

接入链路（Access Link）：连接用户主机和交换机的链路称为接入链路。如2-14所示，图中主机和交换机之间的链路都是接入链路。

干道链路（Trunk Link）：连接交换机和交换机的链路称为干道链路，干道链路上通过的帧一般为带Tag的VLAN帧。

5. 端口类型

1) Access 类型端口

Access 端口在收到数据后会添加 VLAN Tag，VLAN ID 和端口的 PVID 相同。

Access 端口在转发数据前会移除 VLAN Tag。

Access 端口是交换机上用来连接用户主机的端口，它只能连接接入链路，并且只能允许唯一的 VLAN ID 通过本端口。

Access 端口收发数据帧的规则如下：

如果该端口收到对端设备发送的帧是 untagged（不带 VLAN 标签），交换机将强制加上该端口的 PVID。如果该端口收到对端设备发送的帧是 tagged（带 VLAN 标签），交换机会检查该标签内的 VLAN ID。当 VLAN ID 与该端口的 PVID 相同时，接收该报文。当 VLAN ID 与该端口的 PVID 不同时，丢弃该报文。

Access 端口发送数据帧时，总是先剥离帧的 Tag，然后再发送。

Access 端口发往对端设备的以太网帧永远是不带标签的帧。例如：交换机的 G0/0/1，G0/0/2，G0/0/3 端口分别连接三台主机，都配置为 Access 端口，如图 2-15 所示。

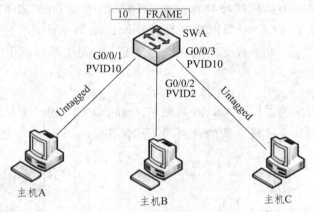

图 2-15　Access 端口类型

主机 A 把数据帧（未加标签）发送到交换机的 G0/0/1 端口，再由交换机发往其他目的地。收到数据帧之后，交换机根据端口的 PVID 给数据帧打上 VLAN 标签 10，然后决定从 G0/0/3 端口转发数据帧。G0/0/3 端口的 PVID 也是 10，与 VLAN 标签中的 VLAN ID 相同，交换机移除标签，把数据帧发送到主机 C。连接主机 B 的端口的 PVID 是 2，与 VLAN10 不属于同一个 VLAN，因此此端口不会接收到 VLAN10 的数据帧。

2) Trunk 类型端口

当 Trunk 端口收到帧时，如果该帧不包含 Tag，将打上端口的 PVID；如果该帧包含 Tag，则不改变。

当 Trunk 端口发送帧时，该帧的 VLAN ID 在 Trunk 的允许发送列表中：若与端口的 PVID 相同时，则剥离 Tag 发送；若与端口的 PVID 不同时，则直接发送；若该帧的 VLAN ID 不在 Trunk 的允许发送列表中，则丢弃。

Trunk 端口是交换机上用来和其他交换机连接的端口，它只能连接干道链路。Trunk 端口允许多个 VLAN 的帧（带 Tag 标记）通过。

Trunk 端口收发数据帧的规则如下：

当接收到对端设备发送的不带 Tag 的数据帧时，会添加该端口的 PVID，如果 PVID 在允许通过的 VLAN ID 列表中，则接收该报文，否则丢弃该报文。当接收到对端设备发送的带 Tag 的数据帧时，检查 VLAN ID 是否在允许通过的 VLAN ID 列表中。如果 VLAN ID 在接口允许通过的 VLAN ID 列表中，则接收该报文。否则丢弃该报文。

端口发送数据帧时，当 VLAN ID 与端口的 PVID 相同，且是该端口允许通过的 VLAN ID 时，去掉 Tag，发送该报文。当 VLAN ID 与端口的 PVID 不同，且是该端口允许通过的 VLAN ID 时，保持原有 Tag，发送该报文。

在本示例中（见图 2-16），SWA 和 SWB 连接主机的端口为 Access 端口。SWA 和 SWB 互联的端口为 Trunk 端口，PVID 都为 1，此 Trunk 链路允许所有 VLAN 的流量通过。当 SWA 转发 VLAN1 的数据帧时会剥离 VLAN 标签，然后发送到 Trunk 链路上。而在转发 VLAN20 的数据帧时，不剥离 VLAN 标签直接转发到 Trunk 链路上。

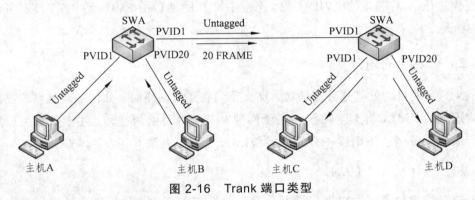

图 2-16　Trank 端口类型

3）Hybrid 类型端口

Hybrid 端口可以以 Tagged 或 Untagged 方式加入 VLAN。

Hybrid 端口是交换机上既可以连接用户主机，又可以连接其他交换机的端口。Hybrid 端口既可以连接接入链路又可以连接干道链路。Hybrid 端口允许多个 VLAN 的帧通过，并可以在出端口方向将某些 VLAN 帧的 Tag 剥掉。华为设备默认的端口类型是 Hybrid。

Hybrid 端口收发数据帧的规则如下：

当接收到对端设备发送的不带 Tag 的数据帧时，会添加该端口的 PVID，如果 PVID 在允许通过的 VLAN ID 列表中，则接收该报文，否则丢弃该报文。当接收到对端设备发送的带 Tag 的数据帧时，检查 VLAN ID 是否在允许通过的 VLAN ID 列表中。如果 VLAN ID 在接口允许通过的 VLAN ID 列表中，则接收该报文，否则丢弃该报文。

Hybrid 端口发送数据帧时，将检查该接口是否允许该 VLAN 数据帧通过。如果允许通过，则可以通过命令配置发送时是否携带 Tag。配置 port hybrid tagged vlan vlan-id 命令后，接口发送该 VLAN-ID 的数据帧时，不剥离帧中的 VLAN Tag，直接发送。该命令一般配置在连接交换机的端口上。

例如：要求主机 A 和主机 B 都能访问服务器，但是它们之间不能互相访问，如图 2-17 所示。

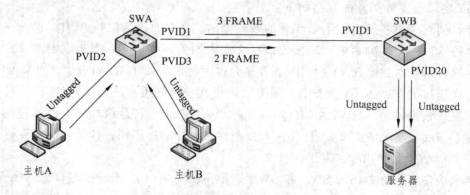

图 2-17　Hybrid 端口类型

此时交换机连接主机和服务器的端口，以及交换机互联的端口都配置为 Hybrid 类型。交换机连接主机 A 的端口的 PVID 是 2，连接主机 B 的端口的 PVID 是 3，连接服务器的端口的 PVID 是 20。

2.4.2　VLAN 的划分

VLAN 的主要目的就是划分广播域，那么我们在建设网络时，如何确定这些广播域呢？是根据物理端口，MAC 地址，协议还是子网呢？其实到目前为止，上述参数都可以用来作为划分广播域的依据。下面逐一介绍几种 VLAN 的划分方法。

1. 基于端口划分 VLAN

基于端口的虚拟局域网根据局域网交换机的端口定义虚拟局域网成员。可以把同一个交换机的不同端口划分为不同的虚拟子网，如图 2-18 所示。

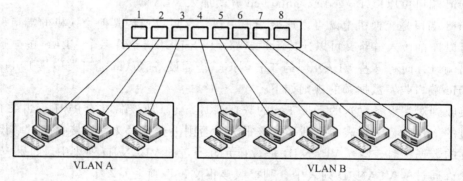

图 2-18　基于端口的虚拟局域网

基于端口的 VLAN 的划分是最简单、最有效、最常用的 VLAN 划分方法。该方法只需网络管理员针对网络设备的交换端口进行重新分配组合在不同的逻辑网段中即可，不用考虑该端口所连接的设备是什么。

2. 基于 MAC 地址划分 VLAN

若根据网卡的 MAC 地址进行组网，所得到的 VLAN 就称为基于 MAC 地址的 VLAN，如图 2-19 所示。

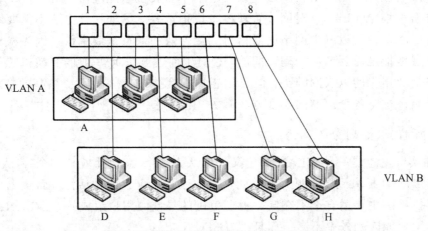

图 2-19　基于 MAC 地址的虚拟局域网

MAC 地址是指网卡的标识符，每一块网卡的 MAC 地址都是唯一的。基于 MAC 地址的 VLAN 划分其实就是基于工作站、服务器的 VLAN 的组合。在网络规模较小时，该方案是一个不错的选择，但随着网络规模的扩大，网络设备、用户的增加，管理的难度也会成倍的增加。

3. 基于 IP 地址划分 VLAN

若根据计算机的 IP 地址进行分组，所得到的 VLAN 即为基于 IP 地址的 VLAN，如图 2-20 所示。在基于 IP 地址的虚拟局域网中，新站点在入网时无需进行太多配置，交换机则根据各站点网络地址自动将其划分成不同的虚拟局域网。在 3 种虚拟局域网的实现技术中，基于 IP 地址的虚拟局域网智能化程度最高，实现起来也最复杂。

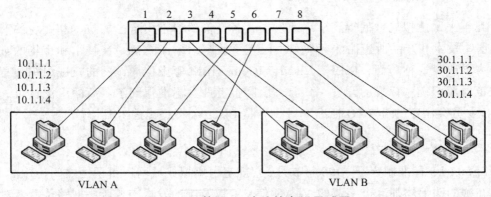

图 2-20　基于 IP 地址的虚拟局域网

4. 基于网络层协议划分 VLAN

VLAN 按网络层协议来划分，可分为 IP、IPX、DECnet、AppleTalk、Banyan 等 VLAN

网络。这种按网络层协议来组成的 VLAN，可使广播域跨越多个 VLAN 交换机。对于希望针对具体应用和服务来组织用户的网络管理员来说是非常具有吸引力的。而且，用户可以在网络内部自由移动，但其 VLAN 成员身份仍然保留不变。

这种方法的优点是用户的物理位置改变了，不需要重新配置所属的 VLAN，而且可以根据协议类型来划分 VLAN，对网络管理者来说很重要。另外，此方法不需要附加的帧标签来识别 VLAN，便可以减少网络的通信量。此方法的缺点是效率低，因为检查每一个数据包的网络层地址是需要消耗处理时间的（相对于前述方法），一般的交换机芯片都可以自动检查网络上数据包的以太网帧头，但要让芯片能检查 IP 帧头，需要更高的技术，同时也更费时。当然，这与各个厂商的实现方法有关。

5. 根据 IP 组播划分 VLAN

IP 组播实际上也是一种 VLAN 的定义，即认为一个 IP 组播就是一个 VLAN。这种划分的方法将 VLAN 扩大到了广域网，因此这种方法具有更大的灵活性，而且也很容易通过路由器进行扩展。主要适合于不在同一地理范围的局域网用户组成一个 VLAN，但不适合于局域网，主要原因是效率不高，而且配置相对复杂。

6. 按策略划分 VLAN

基于策略组成的 VLAN 能实现多种分配方法，包括 VLAN 交换机端口、MAC 地址、IP 地址、网络层协议等自由组合。网络管理人员可根据自己的管理模式和本单位的需求来决定选择哪种类型的 VLAN。

7. 按用户定义、非用户授权划分 VLAN

基于用户定义、非用户授权来划分 VLAN，是指为了适应特别的 VLAN 网络，根据具体的网络用户的特别要求来定义和设计 VLAN，而且可以让非 VLAN 群体用户访问 VLAN，但是需要提供用户密码，在得到 VLAN 管理的认证后才可以加入一个 VLAN。

2.4.3 虚拟局域网的标准和协议

近几年来，虚拟局域网得到了飞速发展，各厂商纷纷推出自己的技术和相应的产品。然而，这些技术和产品所遵循的标准和协议互不兼容，妨碍了 VLAN 技术和市场的进一步发展。为了改变这种局面，IEEE、Cisco、3Com、IBM 等虚拟局域网的权威组织一直致力于对虚拟局域网统一标准的开发。日前，国际上有两大标准得到了厂商的广泛认可，一个是 IEEE 委员会制定的 802.1Q 标准，另一个是 Cisco 公司提出的 ISL 协议。

1. IEEE 802.1Q 标准

IEEE802.1Q 标准制定于 1996 年 3 月，它规定了虚拟局域网逻辑子网之间传输的 MAC 数据帧在帧的头部增加 4 个字节的 VLAN 信息，以及帧的发送与校验、回路检测、对服务质量参数的支持以及对网管系统的支持等方面的标准。

802.1Q 标准包括三个方面的内容：VLAN 的体系结构、MAC 数据帧的改进标准以及对未来的展望。新的标准进一步完善了 VLAN 的体系结构，统一了帧标签方式中不同厂商的标签格式，并制定了 VLAN 标准在未来一段时间内的发展方向。IEEE802.1Q 标准提供了对 VLAN 明确的定义及其在交换式网络中的应用。IEEE802.1Q 标准得到了业界的广泛认可，推动了 VLAN 的迅速发展。

2. ISL 协议

VLAN 的标准最初是由 Cisco 公司提出的，ISL（Interior-Switch Link，交换机间链路）是 Cisco 公司制定的一个虚拟局域网方面的重要协议。它规定了交换机与交换机之间、交换机与路由器之间以及交换机与服务器之间传递多个 VLAN 信息及 VLAN 数据流的标准。但 ISL 协议是 Cisco 公司的专有标准，因此仅支持 Cisco 的设备。

ISL 协议对 IEEE 802.1Q 进行了很好的补充，使得交换机之间的数据传送具有更高的效率。ISL 协议多用于互联多个交换机，把 VLAN 信息作为通信量在交换机间传送。在全双工或半双工模式下，在快速以太网链路上，ISL 可以提供 VLAN 的能力，同时仍保持全线速的性能。

对于较大型的企业局域网，在追求网络通信"安全第一"的今天，在局域网中进行 VLAN 划分显得越来越重要。因为 VLAN 可以有效地抑制传统局域网广播风暴所带来的负面影响，满足了当今企业局域网既要求互联互通，又要求限制机密部分网络访问的当代网络应用需求。

2.4.4   VLAN 配置

1. VLAN 配置

在交换机上划分 VLAN 时，需要首先创建 VLAN。在交换机上执行 vlan<vlan-id>命令，创建 VLAN。

例：

[Huawei]vlan 10

[Huawei-vlan10]

[Huawei-vlan10]quit

[Huawei]vlan batch 2 to 3

Info：This operation may take a few seconds. Please wait for a moment...done.

[Huawei]

如本例所示，执行 vlan 10 命令后，就创建了 VLAN 10，并进入了 VLAN 10 视图。VLAN ID 的取值范围是 1 ~ 4 094。如果需要创建多个 VLAN，可以在交换机上执行 vlan batch{vlan-id1 to vlan-id2}命令，以创建多个连续的 VLAN。也可以执行 vlanbatch{vlan-id1 vlan-id2}命令，创建多个不连续的 VLAN，VLAN 号之间需要有空格。

2. VLAN 配置验证

创建 VLAN 后，可以执行 display vlan 命令验证配置结果。如果不指定任何参数，则该命令将显示所有 VLAN 的简要信息。

执行 display vlan[vlan-id[verbose]]命令，可以查看指定 VLAN 的详细信息，包括 VLAN

ID、类型、描述、VLAN 的状态、VLAN 中的端口以及 VLAN 中端口的模式等。

执行 display vlan vlan-id statistics 命令，可以查看指定 VLAN 中的流量统计信息。

执行 display vlan summary 命令，可以查看系统中所有 VLAN 的汇总信息。

例：

```
[Huawei]display vlan
The total number of vlans is：4
--------------------------------------------------------------------------------
U: Up;          D: Down;           TG: Tagged;          UT: Untagged;
MP：Vlan-mapPing;            ST：Vlan-stacking;
#：ProtocolTransparent-vlan;    *：Management-vlan;
--------------------------------------------------------------------------------
VID   Type     Ports
--------------------------------------------------------------------------------
1     common   UT：GE0/0/1（U）    GE0/0/2（D）    GE0/0/3（D）    GE0/0/4（D）
                    GE0/0/5（D）    GE0/0/6（D）    GE0/0/7（D）    GE0/0/8（D）
                    GE0/0/9（D）    GE0/0/10（D）   GE0/0/11（D）   GE0/0/12（D）
      ……
      ……
```

3. 配置 Access 端口

配置端口类型的命令是 port link-type <type>，type 可以配置为 Access，Trunk 或 Hybrid。需要注意的是，如果查看端口配置时没有发现端口类型信息，说明端口使用了默认的 hybrid 端口链路类型。当修改端口类型时，必须先恢复端口的默认 VLAN 配置，使端口属于缺省的 VLAN 1。目前大多数交换机，默认的端口类型是 hybrid。

例（见图 2-21）：

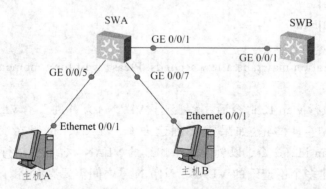

图 2-21　Access 端口配置举例

```
[SWA]interface g0/0/5
[SWA-GigabitEthernet0/0/5]port link-type access
[SWA-GigabitEthernet0/0/5]interface g0/0/7
```

92

[SWA-GigabitEthernet0/0/7]port link-type access

[SWA-GigabitEthernet0/0/7]

4. 添加端口到 VALN

可以使用两种方法把端口加入到 VLAN。

（1）第一种方法是进入到 VLAN 视图，执行 port <interface>命令，把端口加入 VLAN。

（2）第二种方法是进入到接口视图，执行 port default<vlan-id>命令，把端口加入 VLAN，vlan-id 是指端口要加入的 VLAN。注意只有 port link-type 为 access 类型，才可以用此命令。

例：

[SWA]vlan 2

[SWA-vlan2]port g0/0/7

[SWA-vlan2]quit

[SWA]interface g0/0/5

[SWA-GigabitEthernet0/0/5]port link-type access   //

[SWA-GigabitEthernet0/0/5]port default vlan 3   //access 类型接口加入到 vlan

[SWA-GigabitEthernet0/0/5]

5. 配置验证

执行 display vlan 命令，可以确认端口是否已经加入到 VLAN 中。

例：

[SWA]display vlan

The total number of vlans is：3

U：Up;   D：Down;   TG：Tagged;   UT：Untagged;

MP：Vlan-mapPing;   ST：Vlan-stacking;

#：ProtocolTransparent-vlan;   *：Management-vlan;

VID   Type   Ports

----

1   common   UT：GE0/0/1（U）   GE0/0/2（D）   GE0/0/3（D）   GE0/0/4（D）
               GE0/0/6（D）   GE0/0/8（D）   GE0/0/9（D）   GE0/0/10（D）
               GE0/0/11（D）   GE0/0/12（D）   GE0/0/13（D）   GE0/0/14（D）
               GE0/0/15（D）   GE0/0/16（D）   GE0/0/17（D）   GE0/0/18（D）
               GE0/0/19（D）   GE0/0/20（D）   GE0/0/21（D）   GE0/0/22（D）
               GE0/0/23（D）   GE0/0/24（D）

2   common   UT：GE0/0/7（U）

3   common   UT：GE0/0/5（U）

VID   Status   Property   MAC-LRN Statistics Description
----
1   enable   default   enable   disable   VLAN 0001
2   enable   default   enable   disable   VLAN 0002
3   enable   default   enable   disable   VLAN 0003

在本示例中，端口 GigabitEthernet0/0/5 和 GigabitEthernet0/0/7 分别加入了 VLAN 3 和 VLAN 2。UT 表明该端口发送数据帧时，会剥离 VLAN 标签，即此端口是一个 Access 端口或不带标签的 Hybrid 端口。U 或 D 分别表示链路当前是 up 状态或 Down 状态。

6. 配置 Trunk 端口

配置 Trunk 时，应先使用 port link-type trunk 命令修改端口的类型为 Trunk，然后再配置 Trunk 端口允许哪些 VLAN 的数据帧通过。

执行 porttrunk allow-pass vlan {{vlan-id1[to vlan-id2]}|all}命令，可以配置端口允许的 VLAN，all 表示允许所有 VLAN 的数据帧通过。

执行 port trunk pvid vlan vlan-id 命令，可以修改 Trunk 端口的 PVID。修改 Trunk 端口的 PVID 之后，需要注意：缺省 VLAN 不一定是端口允许通过的 VLAN。只有使用命令 port trunk allow-pass vlan{{vlan-id1 [tovlan-id2]}|all}允许缺省 VLAN 数据通过，才能转发缺省 VLAN 的数据帧。交换机的所有端口默认允许 VLAN1 的数据通过。

例：

[SWA-GigabitEthernet0/0/1]port link-type trunk

[SWA-GigabitEthernet0/0/1]port trunk allow-pass vlan 2 3

[SWA-GigabitEthernet0/0/1]port trunkpvid vlan 2   //trunk 类型端口设置 vlan

将 SWA 的 G0/0/1 端口配置为 Trunk 端口，该端口 PVID 默认为 1。配置 port trunk allow-pass vlan 2 3 命令之后，该 Trunk 允许 VLAN 2 和 VLAN 3 的数据流量通过。

7. Trunk 端口配置验证

执行 display vlan 命令可以查看修改后的配置。TG 表明该端口在转发对应 VLAN 的数据帧时，不会剥离标签，直接进行转发，该端口可以是 Trunk 端口或带标签的 Hybrid 端口。

例：

[SWA]display vlan

The total number of vlans is：4

U：Up；D：Down；TG：Tagged；UT：Untagged；MP：Vlan-mapPing；
ST：Vlan-stacking；#：Protocol Transparent-vlan；*：Management-vlan；

VID   Type   Ports

1   common UT：GE0/0/1（U）   ...

2   common UT：GE0/0/7（D）   TG：GE0/0/1（U）

3   common UT：GE0/0/5（U）   TG：GE0/0/1（U）

10   common

...

本示例中，GigabitEthernet0/0/1 在转发 VLAN 2 和 VLAN3 的流量时，不剥离标签，直接转发。

8. 配置 Hybird 端口

port link-type hybrid 命令的作用是将端口的类型配置为 Hybrid。一般情况下，交换机的端口类型默认设置为 Hybrid。因此，只有在把 Access 口或 Trunk 口配置成 Hybrid 时，才需要执行此命令。

port hybrid tagged vlan{{vlan-id1 [to vlan-id2]}|all}命令用来配置允许哪些 VLAN 的数据帧以 Tagged 方式通过该端口。

例（见图 2-22）：

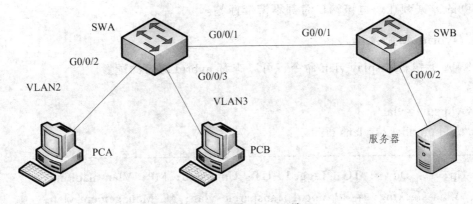

图 2-22　配置 Hybird 端口

[SWA-GigabitEthernet0/0/1]portlink-typehybrid

[SWA-GigabitEthernet0/0/1]port hybridtagged vlan 2 3 100

[SWA-GigabitEthernet0/0/2]porthybridpvid vlan 2

[SWA-GigabitEthernet0/0/2]porthybriduntagged vlan 2 100

[SWA-GigabitEthernet0/0/3]porthybridpvid vlan 3

[SWA-GigabitEthernet0/0/3]porthybrid untagged vlan 3 100

在本示例中，要求主机 A 和主机 B 都能访问服务器，但是它们之间不能互相访问。此时通过命令 port link-type hybrid 配置交换机连接主机和服务器的端口，以及交换机互联的端口都为 Hybrid 类型。通过命令 porthybrid pvid vlan 2 配置交换机连接主机 A 的端口的 PVID 是 2。类似地，连接主机 B 的端口的 PVID 是 3，连接服务器的端口的 PVID 是 100。

通过在 G0/0/1 端口下使用命令 port hybrid tagged vlan 2 3 100，配置 VLAN2、VLAN3

和 VLAN100 的数据帧在通过该端口时都携带标签。在 G0/0/2 端口下使用命令 port hybrid untagged vlan 2 100，配置 VLAN2 和 VLAN100 的数据帧在通过该端口时都不携带标签。

在 G0/0/3 端口下使用命令 port hybrid untagged vlan 3 100，配置 VLAN3 和 VLAN100 的数据帧在通过该端口时都不携带标签。

9. 配置 Hybrid，同上图

[SWB-GigabitEthernet0/0/1]port link-type hybrid

[SWB-GigabitEthernet0/0/1]port hybrid tagged vlan 2 3 100

[SWB-GigabitEthernet0/0/2]port hybrid pvid vlan 100

[SWB-GigabitEthernet0/0/2]port hybrid untagged vlan 2 3 100

在 SWB 上继续进行配置，在 G0/0/1 端口下使用命令 port link-typehybrid 配置端口类型为 Hybrid。

在 G0/0/1 端口下使用命令 port hybrid tagged vlan 2 3 100，配置 VLAN2、VLAN3 和 VLAN100 的数据帧在通过该端口时都携带标签。

在 G0/0/2 端口下使用命令 port hybrid untagged vlan 2 3 100，配置 VLAN2、VLAN3 和 VLAN100 的数据帧在通过该端口时都不携带标签。

10. Hybrid 配置验证

在 SWA 上执行 display vlan 命令，可以查看 hybrid 端口的配置。

例

[SWA]display vlan

The total number of vlans is：4

U：Up；D：Down；TG：Tagged；UT：Untagged；MP：Vlan-mapPing；

ST：Vlan-stacking；#：Protocol Transparent-vlan；*：Management-vlan；

VID	Type	Ports	
1	common	UT：GE0/0/1（U）	···
2	common	UT：GE0/0/2（U）	
		TG：GE0/0/1（U）	
3	common	UT：GE0/0/3（U）	
		TG：GE0/0/1（U）	
100	common	UT：GE0/0/2（U）	GE0/0/3（U）
		TG：GE0/0/1（U）	

在本示例中，GigabitEthernet 0/0/2 在发送 VLAN 2 和 VLAN 100 的数据帧时会剥离标签。GigabitEthernet 0/0/3 在发送 VLAN 3 和 VLAN 100 的数据帧时会剥离标签。

GigabitEthernet 0/0/1 允许 VLAN 2，VLAN 3 和 VLAN 100 的带标签的数据帧通过。此配置满足了多个 VLAN 可以访问特定 VLAN，而其他 VLAN 间不允许互相访问的需求。

任务 2.5　STP 及 RSTP 原理与配置

2.5.1　STP 的产生

为了提高网络可靠性，交换网络中通常会使用冗余链路，如图 2-23 所示。交换机之间通过多条链路互联时，虽然能够提升网络可靠性，但同时也会带来环路问题。冗余链路会给交换网络带来环路风险，并导致广播风暴以及 MAC 地址表不稳定等问题，进而会影响到用户的通信质量。

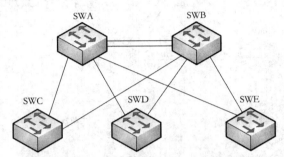

图 2-23　二层交换网络中的冗余链路

1. 环路带来的广播风波

根据交换机的转发原则，如果交换机从一个端口上接收到的是一个广播帧，或者是一个目的 MAC 地址未知的单播帧，则会将这个帧向除了源端口之外的所有其他端口转发。如果交换网络中有环路，则这个帧会被无限转发，此时便会形成广播风暴，网络中也会充斥着重复的数据帧。

例如，主机 A 向外发送了一个单播帧，假设此单播帧的目的 MAC 地址在网络中所有交换机的 MAC 地址表中都暂时不存在。

SWB 接收到此帧后，将其转发到 SWA 和 SWC，SWA 和 SWC 也会将此帧转发到除了接收此帧的其他所有端口，结果此帧又会被再次转发给 SWB，这种循环会一直持续，于是便产生了广播风暴，如图 2-24 所示。交换机性能会因此急速下降，并会导致业务中断。

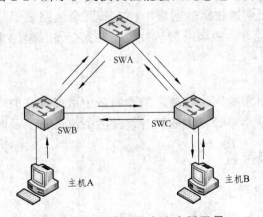

图 2-24　环路网络产生广播风暴

2. 环路造成的 MAC 地址表震荡

交换机是根据所接收到的数据帧的源地址和接收端口生成 MAC 地址表项的。主机 A 向外发送一个单播帧，假设此单播帧的目的 MAC 地址在网络中所有交换机的 MAC 地址表中都暂时不存在，SWB 收到此数据帧之后，在 MAC 地址表中生成一个 MAC 地址表项，00-11-22-33-44-AA，对应端口为 G0/0/3，并将其从 G0/0/1 和 G0/0/2 端口转发，如图 2-25 所示。此例仅以 SWB 从 G0/0/1 端口转发此帧为例进行说明。

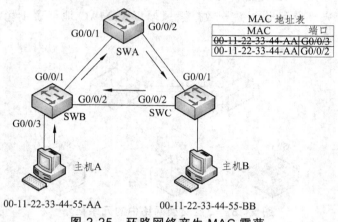

图 2-25 环路网络产生 MAC 震荡

SWA 接收到此帧后，由于 MAC 地址表中没有对应此帧目的 MAC 地址的表项，所以 SWA 会将此帧从 G0/0/2 转发出去。

SWC 接收到此帧后，由于 MAC 地址表中也没有对应此帧目的 MAC 地址的表项，所以 SWC 会将此帧从 G0/0/2 端口发送回 SWB，也会发给主机 B，SWB 从 G0/0/2 接口接收到此数据帧之后，会在 MAC 地址表中删除原有的相关表项，生成一个新的表项，00-11-22-33-44-AA，对应端口为 G0/0/2。此过程会不断重复，从而导致 MAC 地址表震荡。

3. 采用生成树协议 STP（Spanning Tree Protocol）解决上述问题

在以太网中，二层网络的环路会带来广播风暴、MAC 地址表震荡、重复数据帧等问题，为解决交换网络中的环路问题，提出了 STP（Spanning Tree Protocol）。

生成树协议 STP 能够通过阻断网络中存在的冗余链路来消除网络可能存在的路径环路，并且在当前活动路径发生故障时激活被阻断的冗余备份链路来恢复网络的连通性，保障业务的不间断服务。

STP 的主要作用：

（1）消除环路：通过阻断冗余链路来消除网络中可能存在的环路。

（2）链路备份：当活动路径发生故障时，激活备份链路，及时恢复网络的连通性。

2.5.2 STP 原理及配置

1. 生成树的基本原理

STP 通过构造一棵树来消除交换网络中的环路，如图 2-26 所示。

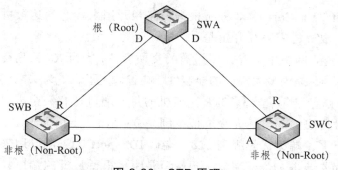

图 2-26　STP 原理

　　每个 STP 网络中，都会存在一个根桥，其他交换机为非根桥。根桥或者根交换机位于整个逻辑树的根部，是 STP 网络的逻辑中心，非根桥是根桥的下游设备。当现有根桥产生故障时，非根桥之间会交互信息并重新选举根桥，交互的这种信息被称为 BPDU。BPDU 中包含交换机在参加生成树计算时的各种参数信息，后面会有详细介绍。

　　STP 中定义了三种端口角色：指定端口（D），根端口（R）和预备端口（A）。指定端口是交换机向所联网段转发配置 BPDU 的端口，每个网段有且只能有一个指定端口。一般情况下，根桥的每个端口总是指定端口。根端口（R）是非根交换机去往根桥路径最优的端口。在一个运行 STP 协议的交换机上最多只有一个根端口，但根桥上没有根端口。如果一个端口既不是指定端口也不是根端口，则此端口为预备端口（A），预备端口将被阻塞。

　　1）根桥选举

　　STP 中根桥的选举依据的是桥 ID，STP 中的每个交换机都会有一个桥 ID（Bridge ID）。桥 ID 由 16 位的桥优先级（Bridge Priority）和 48 位的 MAC 地址构成。在 STP 网络中，桥优先级是可以配置的，取值范围是 0～65 535，默认值为 32 768。优先级最高的设备（桥 ID 最小）会被选举为根桥。如果优先级相同，则会比较 MAC 地址，MAC 地址越小则越优先。

　　交换机启动后就自动开始进行生成树收敛计算。默认情况下，所有交换机启动时都认为自己是根桥，其所有端口都为指定端口，这样 BPDU 报文就可以通过所有端口转发。对端交换机收到 BPDU 报文后，会比较 BPDU 中的根桥 ID 和自己的桥 ID：如果收到的 BPDU 报文中的桥 ID 优先级低，接收交换机会继续通告自己的配置 BPDU 报文给邻居交换机；如果收到的 BPDU 报文中的桥 ID 优先级高，则交换机会修改自己的 BPDU 报文的根桥 ID 字段，宣告新的根桥。

　　2）根端口选举

　　非根交换机在选举根端口时分别依据该端口的根路径开销、对端 BID（Bridge ID）、对端 PID（Port ID）和本端 PID。

　　交换机的每个端口都有一个端口开销（Port Cost）参数，此参数表示该端口发送数据时的开销值，即出端口的开销。STP 认为从一个端口接收数据是没有开销的。端口的开销和端口的带宽有关，带宽越高，开销越小。从一个非根桥到达根桥的路径可能有多条，每一条路径都有一个总的开销值，此开销值是该路径上所有出端口的端口开销总和，即根路径开销 RPC（Root Path Cost）。非根桥根据根路径开销来确定到达根桥的最短路径，并生成无环树状网络。根桥的根路径开销是 0。

一般情况下，企业网络中会存在多厂商的交换设备，华为 X7 系列交换机支持多种 STP 的路径开销计算标准，提供最大程度的兼容性。缺省情况下，华为 X7 系列交换机使用 IEEE 802.1t 标准来计算路径开销。运行 STP 交换机的每个端口都有一个端口 ID，端口 ID 由端口优先级和端口号构成。端口优先级取值范围是 0~240，步长为 16，即取值必须为 16 的整数倍。缺省情况下，端口优先级是 128。端口 ID（port ID）可以用来确定端口角色。

每个非根桥都要选举一个根端口。根端口是距离根桥最近的端口，这个最近的衡量标准是靠累计根路径开销来判定的，即累计根路径开销最小的端口就是根端口。端口收到一个 BPDU 报文后，抽取该 BPDU 报文中累计根路径开销字段的值，加上该端口本身的路径开销即为累计根路径开销。如果有两个或两个以上的端口计算得到的累计根路径开销相同，那么选择收到发送者 BID 最小的那个端口作为根端口。

如果两个或两个以上的端口连接到同一台交换机上，则选择发送者 PID 最小的那个端口作为根端口。如果两个或两个以上的端口通过 Hub 连接到同一台交换机的同一个接口上，则选择本交换机 PID 最小的端口作为根端口。

3）指定端口选举

在网段上抑制其他端口（无论是自己的还是其他设备的）发送 BPDU 报文的端口，就是该网段的指定端口。每个网段都应该有一个指定端口，根桥的所有端口都是指定端口（除非根桥在物理上存在环路）。指定端口的选举也是首先比较累计根路径开销，累计根路径开销最小的端口就是指定端口。如果累计根路径开销相同，则比较端口所在交换机的桥 ID，所在桥 ID 最小的端口被选举为指定端口。如果通过累计根路径开销和所在桥 ID 选举不出来，则比较端口 ID，端口 ID 最小的被选举为指定端口。

网络收敛后，只有指定端口和根端口可以转发数据。其他端口为预备端口，被阻塞，不能转发数据，只能够从所联网段的指定交换机接收到 BPDU 报文，并以此来监视链路的状态。

2. 配置消息 BPDU

配置消息也称为桥协议数据单元（BPDU），是 STP 工作的基本工具。为了计算生成树，交换机之间需要交换相关的信息和参数，这些信息和参数被封装在 BPDU（Bridge Protocol Data Unit）中。网桥依靠相互交换各自的 BPDU，从中获取有效信息来组建生成树，如图 2-27 所示。

PID	PVI	BPDU Type	Flags	Root ID	RPC	Bridge ID	Prot ID	Message Age	Max Age	Hello Time	Fdw Delay

图 2-27　BPDU 格式

BPDU 有两种类型：配置 BPDU 和 TCN BPDU。

（1）配置 BPDU 包含了桥 ID、路径开销和端口 ID 等参数。STP 协议通过在交换机之间传递配置 BPDU 来选举根交换机，以及确定每个交换机端口的角色和状态。在初始化过程中，每个桥都主动发送配置 BPDU。在网络拓扑稳定以后，只有根桥主动发送配置 BPDU，其他交换机在收到上游传来的配置 BPDU 后，才会发送自己的配置 BPDU。

（2）TCN BPDU 是指下游交换机感知到拓扑发生变化时向上游发送的拓扑变化通知。

配置 BPDU 中包含了足够的信息来保证设备完成生成树计算，其中包含的重要信息如下：

根桥 ID：由根桥的优先级和 MAC 地址组成，每个 STP 网络中有且仅有一个根。

根路径开销：到根桥的最短路径开销。

指定桥 ID：由指定桥的优先级和 MAC 地址组成。

指定端口 ID：由指定端口的优先级和端口号组成。

Message Age：配置 BPDU 在网络中传播的生存期。

Max Age：配置 BPDU 在设备中能够保存的最大生存期。

Hello Time：配置 BPDU 发送的周期。

Forward Delay：端口状态迁移的延时。

最初，所有网桥都发送以自己为根网桥的配置消息，在本文中使用矢量形式表示配置消息，即（RootID，RootPathCost，TransmittingBridgeID，TransmittingPortID）。网桥将收到的配置消息和自己的配置消息进行优先级比较，保留优先级较高的配置消息，并据此来完成生成树的计算。

3. STP 中的时间参数

STP 协议中包含一些重要的时间参数，这里举例说明如下：

（1）Hello Time：是指运行 STP 协议的设备发送配置 BPDU 的时间间隔，用于检测链路是否存在故障。交换机每隔 Hello Time 时间会向周围的交换机发送配置 BPDU 报文，以确认链路是否存在故障。当网络拓扑稳定后，该值只有在根桥上修改才有效。

（2）Message Age：如果配置 BPDU 是根桥发出的，则 Message Age 为 0。否则，Message Age 是从根桥发送到当前桥接收到 BPDU 的总时间，包括传输延时等。实际实现中，配置 BPDU 报文每经过一个交换机，Message Age 增加 1。

（3）Max Age：是指 BPDU 报文的老化时间，可在根桥上通过命令人为的改动这个值。Max Age 通过配置 BPDU 报文的传递，可以保证 Max Age 在整网中一致。非根桥设备收到配置 BPDU 报文后，会将报文中的 Message Age 和 Max Age 进行比较：如果 Message Age 小于等于 Max Age，则该非根桥设备会继续转发配置 BPDU 报文。如果 Message Age 大于 Max Age，则该配置 BPDU 报文将被老化掉。该非根桥设备将直接丢弃该配置 BPDU，并认为是网络直径过大，导致了根桥连接失败。

4. 配置消息的处理

当网桥接收到来自于邻居的配置消息后，需要比较它们的优先级，然后更新自己的配置消息再发送出去。那么如何确定配置消息的优先级呢？实际上也就是前面介绍的要完成的几个工作。下面来讨论网桥如何比较配置消息的优先级，以及形成自己的配置消息的优先级。

网桥采取如下原则进行配置消息优先级的比较，从而确定最优配置消息：

（1）首先，比较配置消息的 RootID，RootID 小者优先级高；

（2）如果 RootID 相等，再比较它们的 RootPathCost，RootPathCost+接收端口的端口开销之和小的优先级高；

（3）如果前面两个参数都相等，再比较它们的 TransmittingBridgeID，TransmittingBridgeID 值小的优先级高；

（4）如果前面三个参数都相等，再比较它们的 TransmittingPortID，TransmittingPortID 值小的优先级高。

优先级高的配置消息就是最优配置消息。选出最优配置消息后，就可以更新自己的配置消息，同样需要确定配置消息的几个主要参数：

（1）确定 RootID：取最优配置消息的 RootID 作为新的配置消息的 RootID；

（2）确定网桥的根端口：如果自己是根网桥，则根端口为 0，否则比较端口的 RootPathCost，RootPathCost 值小的端口为根端口；如果端口的 RootPathCost 相同，则比较端口所在 LAN 的 DesignatedBridgeID，DesignatedBridgeID 小的端口为根端口；如果 DesignatedBridgeID 仍然相同，则比较端口所在 LAN 的 DesignatedPortID，DesignatedPortID 小的为根端口；如果上述参数都相同，则比较端口自身的 PortID，PortID 小的为根端口。因为同一网桥的端口 PortID 唯一，所以不会再有相同的情况。

（3）确定网桥的 RootPathCost：如果自己是根网桥，则 RootPathCost 为 0，否则为最优配置消息的 RootPathCost 与根端口的端口开销之和；

（4）确定 TransmittingBridgeID：TransmittingBridgeID 就是自己的 BridgeID；

（5）选择指定端口：确定了上述参数后，针对每个端口，网桥就可以形成自己的配置消息了，并将形成的配置消息与从该端口接收到的配置消息进行比较，如果新的配置消息优于该端口接收到的配置消息，该端口就是指定端口，否则该端口为阻塞端口。

然后将新的配置消息从所有指定端口发送出去，从而形成下一轮的配置消息比较，直至配置消息稳定。

5. 端口状态

当网络链路故障时，拓扑结构必定发生变化，导致生成树重新计算，但新的配置消息要经过一定的时延才能传播到整个网络，在所有网桥收到这个拓扑变化消息之前，可能会出现下面的情况：

若旧的拓扑结构中处于转发的端口还没有发现自己应该在新的拓扑结构中停止转发，则可能存在临时环路；

若旧的拓扑结构中阻塞的端口还没有发现自己应该在新的拓扑中开始转发，则可能造成网络暂时失去连通性。

对于第二种情况，不会形成太大的影响，但是第一种情况，很可能产生网络风暴，而导致全网业务故障，所以应该尽量避免。为了解决这个问题，生成树协议提供了定时器策略，通过定时器的限制和端口状态迁移有效阻止了临时环路的形成。

STP 规定，端口由阻塞状态进入转发状态时，需要经历一定的时间延时，这个时间起码是配置消息传播到整个网络所需时间的两倍；假设配置消息传播到整个网络的最大时延为 Forward Delay，并设计中间状态，处于中间状态的端口只能学习站点的地址信息，但不能转发数据；端口从阻塞状态经过 Forward Delay 延时后进入中间状态，再经过 Forward Delay 时延后才能进入转发状态。所以，STP 共计规定端口存在如下五种状态：

Disabled 状态：表示端口不可用，不接收和发送任何报文；

Blocking 状态：不接收和发送数据，接收但不发送 BPDU，不进行地址学习；

Listening 状态：不接收和发送数据，接收并发送 BPDU，不进行地址学习；

Learning 状态：不接收和发送数据，接收并发送 BPDU，开始地址学习；

Forwarding 状态：接收和发送数据，接收并发送 BPDU，进行地址学习；

（1）Forwarding：转发状态。端口既可转发用户流量也可转发 BPDU 报文，只有根端口或指定端口才能进入 Forwarding 状态。

（2）Learning：学习状态。端口可根据收到的用户流量构建 MAC 地址表，但不转发用户流量。增加 Learning 状态是为了防止临时环路。

（3）Listening：侦听状态。端口可以转发 BPDU 报文，但不能转发用户流量。

（4）Blocking：阻塞状态。端口仅仅能接收并处理 BPDU，不能转发 BPDU，也不能转发用户流量。此状态是预备端口的最终状态。

（5）Disabled：禁用状态。端口既不处理和转发 BPDU 报文，也不转发用户流量。

端口状态相互迁移如图 2-28 所示。图中：

1 端口初始化或使能；

2 端口被选为根端口或指定端口；

3 端口不再是根端口或指定端口；

4 表示 Forward Delay 计数器超时；

5 表示端口禁用或链路失效。

由此可以看出端口从 Blocking 状态迁移到 Forwarding 状态至少经历 2 倍 Forward Delay 的延时，从而避免临时环路的形成。

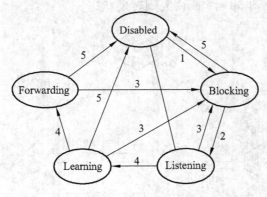

图 2-28 端口状态迁移

6. 拓扑变化带来的影响

1）直连链路故障

SWB 检测到直连链路物理故障后，会将预备端口转换为根端口。

SWB 的预备端口会在 30 s 后恢复到转发状态。

直连链路故障如图 2-29 所示。

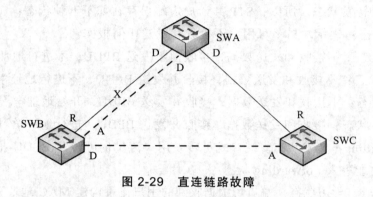

图 2-29　直连链路故障

SWA 和 SWB 使用了两条链路互联，其中一条是主用链路，另外一条是备份链路。生成树正常收敛之后，如果 SWB 检测到根端口的链路发生物理故障，则其 Alternate 端口会迁移到 Listening、Learning、Forwarding 状态，经过 2 倍的 Forward Delay 后恢复到转发状态。

2）非直连链路故障

例如，SWB 与 SWA 之间的链路发生了某种故障（非物理层故障），SWB 因此一直收不到来自 SWA 的 BPDU 报文，如图 2-30 所示。此时，SWB 会认为根桥 SWA 不再有效，于是开始发送 BPDU 报文给 SWC，通知 SWC 自己作为新的根桥。SWC 也会继续从原根桥接收 BPDU 报文，因此会忽略 SWB 发送的 BPDU 报文。由于 SWC 的 Alternate 端口再也不能收到包含原根桥 ID 的 BPDU 报文，其 Max Age 定时器超时后，SWC 会切换 Alternate 端口为指定端口并且转发来自其根端口的 BPDU 报文给 SWB。SWB 放弃宣称自己是根桥并开始收敛端口为根端口。非直连链路故障后，由于需要等待 Max Age 加上两倍的 Forward Delay 时间，端口需要大约 50 s 才能恢复到转发状态。

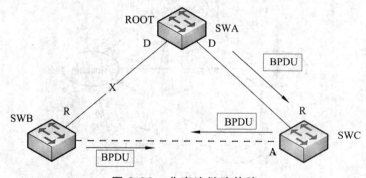

图 2-30　非直连链路故障

3）拓扑改变导致 MAC 地址表错误

在交换网络中，交换机依赖 MAC 地址表转发数据帧。缺省情况下，MAC 地址表项的老化时间是 300 s。如果生成树拓扑发生变化，交换机转发数据的路径也会随着发生改变，此时 MAC 地址表中未及时老化掉的表项会导致数据转发错误，因此在拓扑发生变化后需要及时更新 MAC 地址表项。例如（见图 2-31）：

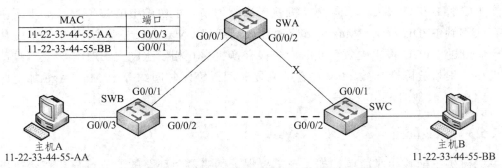

图 2-31　拓扑改变导致 MAC 地址表错误

SWB 中的 MAC 地址表项定义了通过端口 GigabitEthernet 0/0/3 可以到达主机 A，通过端口 GigabitEthernet 0/0/1 可以到达主机 B。由于 SWC 的根端口产生故障，导致生成树拓扑重新收敛，在生成树拓扑完成收敛之后，从主机 A 到主机 B 的帧仍然不能到达目的地。这是因为 MAC 地址表项老化时间是 300 s，主机 A 发往主机 B 的帧到达 SWB 后，SWB 会继续通过端口 GigabitEthernet 0/0/1 转发该数据帧。

4）拓扑改变导致 MAC 地址表变化

拓扑变化过程中，根桥通过 TCN BPDU 报文获知生成树拓扑里发生了故障。根桥生成 TC 用来通知其他交换机加速老化现有的 MAC 地址表项。拓扑变更以及 MAC 地址表项更新的具体过程如下（见图 2-32）：

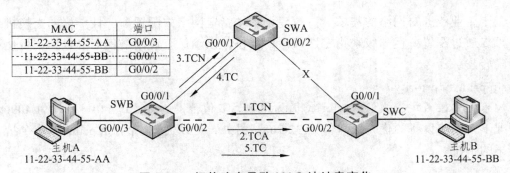

图 2-32　拓扑改变导致 MAC 地址表变化

SWC 感知到网络拓扑发生变化后，会不间断地向 SWB 发送 TCN BPDU 报文。

SWB 收到 SWC 发来的 TCN BPDU 报文后，会把配置 BPDU 报文中的 Flags 的 TCA 位设置 1，然后发送给 SWC，告知 SWC 停止发送 TCN BPDU 报文。

SWB 向根桥转发 TCN BPDU 报文。

SWA 把配置 BPDU 报文中的 Flags 的 TC 位设置为 1 后发送，通知下游设备把 MAC

地址表项的老化时间由默认的 300 s 修改为 Forwarding Delay 的时间（默认为 15 s）。

最多等待 15 s 之后，SWB 中的错误映射关系会被自动清除。此后，SWB 就能通过 G0/0/2 端口把从主机 A 到主机 B 的帧正确地进行转发。

5）根桥故障

在稳定的 STP 拓扑里，非根桥会定期收到来自根桥的 BPDU 报文。如果根桥发生了故障，停止发送 BPDU 报文，下游交换机就无法收到来自根桥的 BPDU 报文。如果下游交换机一直收不到 BPDU 报文，Max Age 定时器就会超时（Max Age 的默认值为 20 s），从而导致已经收到的 BPDU 报文失效，此时，非根交换机会互相发送配置 BPDU 报文，重新选举新的根桥。根桥故障会导致 50 s 左右的恢复时间，恢复时间约等于 Max Age 加上两倍的 Forward Delay 收敛时间。

2.5.3　STP 配置

生成树协议配置相对简单，如果只需要保证网络避免环路的形成，只要在交换机上启动生成树功能即可。生成树协议模式的配置命令格式为：

stp mode {mstp|stp|rstp}

用来配置交换机的生成树协议模式。缺省情况下，华为 X7 系列交换机工作在 MSTP 模式。在使用 STP 前，STP 模式必须重新配置。例：

[SWA]stp mode ?

mstp multiple Spanning Tree Protocol [MSTP] mode

rstp Rapid Spanning Tree Protocol [RSTP] mode

stp Spanning Tree Protocol [STP] mode

[SWA]stp mode stp

1. 配置交换机优先级

基于企业业务对网络的需求，一般建议手动指定网络中配置高、性能好的交换机为根桥。可以通过配置桥优先级来指定网络中的根桥，以确保企业网络里面的数据流量使用最优路径转发。命令：

stp priority priority

用来配置设备优先级值。priority 值为整数，取值范围为 0 ~ 61 440，步长为 4096。缺省情况下，交换设备的优先级取值是 32 768。另外，可以通过 stp root primary 命令指定生成树里的根桥。

例：

[SWA]stp priority 4096

设置 stp 的优先级为 4096

2. 配置路径开销

华为系列交换机缺省情况下，路径开销标准为 IEEE 802.1t。使用 stp pathcost-standard {dotld-1998 I dot1tlegacy}命令用来配置指定交换机上路径开销值的标准。每个端口的路径开销也可以手动指定，此 STP 路径开销控制方法须谨慎使用，手动指定端口的路径开销可能会生成次优生成树拓扑。

stp cost cost-令取决于路径开销计算方法：

使用华为的私有计算方法时，cost 取值范围是 1 ~ 200 000。

使用 IEEE 802.1d 标准方法时，cost 取值范围是 1 ~ 65 535。

使用 IEEE 802.1t 标准方法时，cost 取值范围是 1 ~ 200 000 000。

3. 配置验证

命令 display stp 用来检查当前交换机的 STP 配置。命令输出中信息介绍如下：

CIST Bridge：该参数标识指定交换机当前桥 ID，包含交换机的优先级和 MAC 地址。

Bridge Times：该参数标识 Hello 定时器、Forward Delay 定时器、Max Age 定时器的值。

CIST Root/ERPC：该参数标识根桥 ID 以及此交换机到根桥的根路径开销。

例：

```
[SWA]display stp
------------- [CIST Global Info][Mode STP] ---------------
CIST Bridge                 : 4096 .00-11-22-33-44-BB
Bridge Times                : Hello 2s MaxAge 20s FwDly 15s MaxHop 20
CIST Root/ERPC              : 4096 .00-11-22-33-44-BB/0
CIST RegRoot/IRPC           : 4096 .00-11-22-33-44-BB/0
CIST RootPortId             : 0.0
BPDU-Protection             : Disabled
TC or TNC receive           : 37
TC count per hello          : 0
STP Converge Mode           : Normal
Share region-Configuration  : Enabled
Time since last TC          : 0 day 0h：10m：10s
……
```

display stp 命令显示交换机上所有端口信息；

display stp interface 命令显示交换机上指定端口信息。其他一些信息还包括端口角色、端口状态、以及使用的保护机制等。

例：

```
[SWA]display stp
……
----[Port1（GigabitEthernet0/0/1）][FORWARDING]----
    Port Protocol         : Enabled
    Port Role             : Designated Port
    Port Priority         : 128
    Port Cost（Dot1T       : Config=2000    / Active=2000
```

107

```
Designated Bridge/P ort    : 4096 .00-11-22-33-44-BB/ 128.1
Port Edged                 : Config=Default / Active=Disabled
Point-to-point             : Config=Auto / Active=True
Transit Limit              : 147 Packets / hello-time
Protection Type            : None
……
```

2.5.4　RSTP 原理及配置

STP 协议虽然能够解决环路问题，但是收敛速度慢，影响了用户通信质量。如果 STP 网络的拓扑结构频繁变化，网络也会频繁失去连通性，从而导致用户通信频繁中断。IEEE 于 2001 年发布的 802.1w 标准定义了快速生成树协议 RSTP（Rapid Spanning-Tree Protocol），在 STP 基础上进行了改进，实现了网络拓扑快速收敛。

RSTP 是从 STP 发展过来的，其实现基本思想一致，但它更进一步地处理了网络临时失去连通性的问题。RSTP 规定在某些情况下，处于 Blocking 状态的端口不必经历 2 倍的 ForwardDelay 时延而可以直接进入转发状态。如网络的边缘端口（即直接与终端相连的端口）可以直接进入转发状态，不需要任何时延。或者是网桥的旧的根端口已经进入 Blocking 状态，并且新的根端口所连接的对端网桥的指定端口仍处于 Forwarding 状态，那么新的根端口可以立即进入 Forwarding 状态。即使是非边缘的指定端口，也可以通过与相连的网桥进行一次握手，等待对端网桥的赞同报文而快速进入 Forwarding 状态。当然，这有可能导致进一步的握手，但握手次数会受到网络直径的限制。

从 RSTP 的改进我们可以看出，它具有很好的改进性能：

对于边缘端口，端口的状态变化根本不影响网络连通性，并且不需要传递任何配置消息；

对于根端口，发现网络拓扑改变到恢复连通性的时间可以缩短到数毫秒，并且不需要传递配置消息；

对于非边缘的指定端口，网络连通性可以在交换两个配置消息的时间内（即握手的时延）恢复，即使在最坏的情况下，握手从网络的一边传到另一边也不会太长。如以太网上最大网络直径为 7，经过 6 次握手即可恢复连通性。

1. RSTP 端口角色

运行 RSTP 的交换机使用了两个不同的端口角色来实现冗余备份，如图 2-33 所示。当到根桥的当前路径出现故障时，作为根端口的备份端口，Alternate 端口提供了从一个交换机到根桥的另一条可切换路径。Backup 端口作为指定端口的备份，提供了另一条从根桥到相应 LAN 网段的备份路径。当一个交换机和一个共享媒介设备（例如 Hub）建立两个或者多个连接时，可以使用 Backup 端口。同样，当交换机上两个或者多个端口和同一个 LAN 网段连接时，也可以使用 Backup 端口。

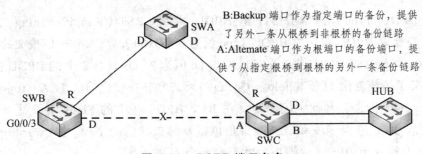

图 2-33　RSTP 端口角色

RSTP 里，位于网络边缘的指定端口被称为边缘端口，如图 2-34 所示。边缘端口一般与用户终端设备直接连接，不与任何交换设备连接。边缘端口不接收配置 BPDU 报文，不参与 RSTP 运算，可以由 Disabled 状态直接转到 Forwarding 状态，且不经历时延，就像在端口上将 STP 禁用了一样。但是，一旦边缘端口收到配置 BPDU 报文，就丧失了边缘端口属性，成为普通 STP 端口，并重新进行生成树计算，从而引起网络震荡。

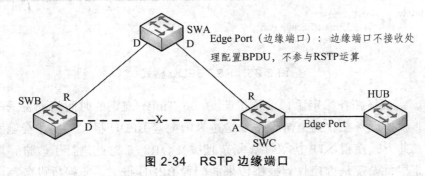

图 2-34　RSTP 边缘端口

2. 端口状态

RSTP 把原来 STP 的 5 种端口状态简化成了 3 种（见表 2-3）。

表 2-3　STP、RSTP 及端口角色对照表

STP	RSTP	端口角色
Disabled	Discarding	Disable
Blocking	Discarding	Alternate 端口、Backup 端口
Listening	Discarding	根端口、指定端口
Learning	Learning	根端口、指定端口
Forwarding	Forwarding	根端口、指定端口

Discarding 状态，端口既不转发用户流量也不学习 MAC 地址。

Learning 状态，端口不转发用户流量但是学习 MAC 地址。

Forwarding 状态，端口既转发用户流量又学习 MAC 地址。

3. RST BPDU 格式

除了部分参数不同，RSTP 使用了类似 STP 的 BPDU 报文，即 RST BPDU 报文，如图

2-35 所示。BPDU Type 用来区分 STP 的 BPDU 报文和 RST（RapidSpanning Tree）BPDU 报文。STP 的配置 BPDU 报文的 BPDU Type 值为 0（Ox00），TCN BPDU 报文的 BPDU Type 值为 128（Ox80），RST BPDU 报文的 BPDU Type 值为 2（Ox02）。STP 的 BPDU 报文的 Flags 字段中只定义了拓扑变化 TC（Topology Change）标志和拓扑变化确认 TCA（Topology Change Acknowledgment）标志，其他字段保留。在 RST BPDU 报文的 Flags 字段里，还使用了其他字段。包括 P/A 进程字段和定义端口角色以及端口状态的字段。Forwarding，Learning 与 Port Role 表示发出 BPDU 的端口的状态和角色。

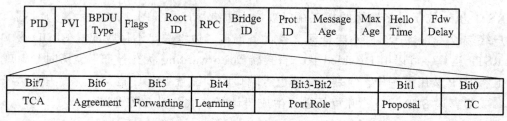

图 2-35　RST BPDU 格式

STP 中，当网络拓扑稳定后，根桥按照 Hello Timer 规定的时间间隔发送配置 BPDU 报文，其他非根桥设备在收到上游设备发送过来的配置 BPDU 报文后，才会触发发出配置 BPDU 报文，此方式使得 STP 协议计算复杂且缓慢。RSTP 对此进行了改进，即在拓扑稳定后，无论非根桥设备是否接收到根桥传来的配置 BPDU 报文，非根桥设备都会仍然按照 Hello Timer 规定的时间间隔发送配置 BPDU，该行为完全由每台设备自主进行。

4. 收敛过程

（1）每一台交换机启动 RSTP 后，都认为自己是"根桥"，并且发送 RST BPDU。所有端口都为指定端口，处于 Discarding 状态。

（2）每个认为自己是"根桥"的交换机生成一个 RST BPDU 报文来协商指定网段的端口状态，此 RST BPDU 报文的 Flags 字段里面的 Proposal 位需要置位。当一个端口收到 RST BPDU 报文时，此端口会比较收到的 RST BPDU 报文和本地的 RST BPDU 报文。如果本地的 RST BPDU 报文优于接收的 RST BPDU 报文，则端口会丢弃接收的 RST BPDU 报文，并发送 Proposal 置位的本地 RST BPDU 报文来回复对端设备。

（3）交换机使用同步机制来实现端口角色协商管理。当收到 Proposal 置位并且优先级高的 BPDU 报文时，接收交换机必须设置所有下游指定端口为 Discarding 状态。如果下游端口是 Alternate 端口或者边缘端口，则端口状态保持不变。

（4）当确认下游指定端口迁移到 Discarding 状态后，设备发送 RST BPDU 报文回复上游交换机发送的 Proposal 消息。在此过程中，端口已经确认为根端口，因此 RST BPDU 报文 Flags 字段里面设置了 Agreement 标记位和根端口角色。

（5）在 P/A 进程的最后阶段，上游交换机收到 Agreement 置位的 RST BPDU 报文后，指定端口立即从 Discarding 状态迁移为 Forwarding 状态。然后，下游网段开始使用同样的 P/A 进程协商端口角色。

5. 链路故障，根桥失效

链路故障或者根桥失效都会导致交换机收不到上游交换机发送的 RST BPDU。在故障产生之后，交换机将会使用 P/A 机制进行重新协商。

在 STP 中，当出现链路故障或根桥失效导致交换机收不到 BPDU 时，交换机需要等待 Max Age 时间后才能确认出现了故障。而在 RSTP 中，如果交换机的端口在连续 3 次 Hello Timer 规定的时间间隔内没有收到上游交换机发送的 RST BPDU，便会确认本端口和对端端口的通信失败，从而需要初始化 P/A 进程去重新调整端口角色。

6. STP 兼容

RSTP 是可以与 STP 实现后向兼容的，但在实际中，并不推荐这样的做法，原因是 RSTP 会失去其快速收敛的优势，而 STP 慢速收敛的缺点会暴露出来。

当同一个网段里既有运行 STP 的交换机又有运行 RSTP 的交换机时，STP 交换机会忽略接收到的 RST BPDU，而 RSTP 交换机在某端口上接收到 STP BPDU 时，会等待两个 Hello Time 时间之后，把自己的端口转换到 STP 工作模式，此后便发送 STP BPDU，这样就实现了兼容性操作。

7. 配置 STP 模式

1）配置方法

配置命令：

stp mode rstp

用来配置交换机工作在 RSTP 模式。此命令在系统视图下执行，必须在所有参与快速生成树拓扑计算的交换机上配置。

STP 模式配置验证命令：

display stp

用来显示 RSTP 配置信息和参数。根据显示信息可以确认交换机是否工作在 RSTP 模式。

例：

```
[SWA]display stp
-------------- [CIST Global Info][Mode RSTP] ---------------
CIST Bridge              : 32768 .00-11-22-33-44-BB
Bridge Times             : Hello 2s MaxAge 20s FwDly 15s MaxHop 20
CIST Root/ERPC           : 32768 .00-11-22-33-44-BB/0
CIST RegRoot/IRPC        : 32768 .00-11-22-33-44-BB/0
CIST RootPortId          : 0.0
BPDU-Protection          : Disabled
```

TC or TNC receive	: 37
TC count per hello	: 0
STP Converge Mode	: Normal
Share region-Configuration	: Enabled
Time since last TC	: 0 day 0h：10 m：10s

2）配置边缘端口

边缘端口完全不参与 STP 或 RSTP 计算。边缘端口的状态要么是 Disabled，要么是 Forwarding；终端上电工作后，它就直接由 Disabled 状态转到 Forwarding 状态，终端下电后，它就直接由 Forwarding 状态转到 Disabled 状态。交换机所有端口默认为非边缘端口。

配置边缘端口命令：

stp edged-port enable

用来配置交换机的端口为边缘端口，它是一个针对某一具体端口的命令。

stp edged-port default

用来配置交换机的所有端口为边缘端口。

stp edged-port disable

用来将边缘端口的属性去掉，使之成为非边缘端口。它也是一个针对某一具体端口的命令。

3）STP 保护配置

（1）根保护。

根保护用于保护根桥的指定端口不会因为网络问题而改变端口角色。由于错误配置根交换机或网络中的恶意攻击，根交换机有可能会收到优先级更高的 BPDU 报文，使得根交换机变成非根交换机，从而引起网络拓扑结构的变动。这种不合法的拓扑变化，可能会导致原来应该通过高速链路的流量被牵引到低速链路上，造成网络拥塞。交换机提供了根保护功能来解决此问题。根保护功能通过维持指定端口角色从而保护根交换机。一旦启用了根保护功能的指定端口收到了优先级更高的 BPDU 报文时，端口会停止转发报文并且进入 Listening 状态。经过一段时间后，如果端口一直没有再收到优先级较高的 BPDU 报文，端口就会自动恢复到原来的状态。根保护功能仅在指定端口生效，不能配置在边缘端口或者使用了环路保护功能的端口上。

（2）BPDU 保护。

正常情况下，边缘端口是不会收到 BPDU 的。但是，如果有人发送 BPDU 来进行恶意攻击时，边缘端口就会收到这些 BPDU，并自动变为非边缘端口，且开始参与网络拓扑计算，从而会增加整个网络的计算工作量，并可能引起网络震荡。

为防止上述情况的发生，可以使用 BPDU 保护功能。使能 BPDU 保护功能后的交换机的边缘端口在收到 BPDU 报文时，会立即关闭该端口，并通知网络管理系统。被关闭的边缘端口只能通过管理员手动进行恢复。如需使能 BPDU 保护功能，可在系统视图下执行命令：

stp bpdu-protection

（3）环路保护。

交换机通过从上游交换机持续收到 BPDU 报文来维护根端口和阻塞端口的状态。当由于链路拥塞或者单向链路故障时，交换机不能收到上游交换机发送的 BPDU 报文，交换机重新选择根端口。最初的根端口会变成指定端口，阻塞端口进入 Forwarding 状态，这就有可能导致网络环路。交换机提供了环路保护功能来避免这种环路的产生。环路保护功能使能后，如果根端口不能收到上游交换机发送的 BPDU 报文，则向网管发出通知信息。根端口会被阻塞，阻塞端口仍然将保持阻塞状态，这样就避免了可能发生的网络环路。如需使能环路保护功能，可在接口视图下执行命令：

stp loop-protection

配置验证 display stp interface <interface>命令可以显示端口的 RSTP 配置情况，包括端口状态，端口优先级，端口开销，端口角色，是否为边缘端口，等等。

例如：

[SWA]display stp interface GigabitEthernet 0/0/1
----[CIST][Port1（GigabitEthernet0/0/1）][FORWARDING]----

Port Protocol	: Enabeld
Port Role	: Designated Port
Port Priority	: 128
Port Cost（Dot1T）	: Config=2000/ Active=2000
Designated Bridge/Port	: 32768 .00-11-22-33-44-BB/ 128.1
Port Edged	: Config=Default / Active=Disabled
Point-to-point	: Config=Auto / Active=True
Transit Limit	: 147 Packets / hello-time
Protection Type	: Loop
Port STP Mode	: RSTP
Port Protocol Type	: Config=auto / Active=dot1s
BPDU Encpasulation	: Config=stp / Active=stp

......

任务 2.6 GARP 及 GVRP 原理和配置

GARP（Generic Attribute Registration Protocol），全称是通用属性注册协议，它为处于同一个交换网内的交换机之间提供了一种分发、传播、注册某种信息（VLAN 属性、组播地址等）的手段。GVRP 是 GARP 的一种具体应用或实现，主要用于维护设备动态 VLAN 属性。通过 GVRP 协议，一台交换机上的 VLAN 信息会迅速传播到整个交换网络。GVRP 实现了 LAN 属性的动态分发、注册和传播，从而减少了网络管理员的工作量，也能保证 VLAN 配置的正确性。

GARP 主要用于大中型网络中，用来提升交换机的管理效率。在大中型网络中，如果管理员手动配置和维护每台交换机，将会带来巨大的工作量。使用 GARP 可以自动完成大量交换机的配置和部署，减少了大量的人力消耗。

GARP 本身仅仅是一种协议规范，并不作为一个实体在交换机中存在。遵循 GARP 协议的应用实体称为 GARP 应用，目前主要的 GARP 应用为 GVRP 和 GMRP。

2.6.1　GARP 报文结构

GARP 报文结构如图 2-36 所示。

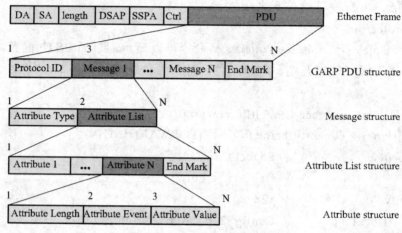

图 2-36　GARP 报文结构

各个字段的说明如表 2-4 所示。

表 2-4　GARP 报文各个字段的说明

字段	含义	取值
Protocol ID	协议 ID	取值为 1，代表 GARP 协议
Message	消息，每个 Message 由 Attribute Type、Attribute List 构成	
Attribute Type	属性类型，由具体的 GARP 的应用定义	对于 GVRP，属性类型为 0x01，表示属性取值为 VLAN ID
Attribute List	属性列表，由多个属性构成	
Attribute	属性，每个属性由 Attribute Length，Attribute Event，Attribute Value 构成	
Attribute Length	属性长度（包括长度字段本身）	2 ~ 255，单位为字节
Attribute Event	属性描述的事件	0：LeaveAll Event 1：JoinEmpty Event 2：JoinIn Event 3：LeaveEmpty Event 4：LeaveIn Event
Attribute Value	属性取值	GVRP 的属性取值为 VLAN ID，但 LeaveAll 属性的此值无效
End Mark	结束标志、GARP 的 PDU 的结尾标志	以 0x00 取值表示

2.6.2 GARP 原理

GARP 通过在交换机之间交互 GARP 报文来注册、注销和传播交换机的属性。GARP 协议报文采用 IEEE 802.3 Ethernet 封装形式，目的 MAC 地址为多播 MAC 地址 01-80-C2-00-00-21。GARP 使用 PDU 包含的消息定义属性，根据属性类型字段和属性列表识别消息。属性列表中包含多个属性，每个属性包含属性长度、属性事件和属性值字段，属性长度范围在 2 ~ 255 个字节，属性值为属性定义了具体的值，属性事件是 0 ~ 5 之间的一个值，这些值代表 GARP 支持的不同事件类型，具体含义如下：

0：代表 LeaveAll 事件；

1：代表 JoinEmpty 事件；

2：代表 Join In 事件；

3：代表 LeaveEmpty 事件；

4：代表 Leave In 事件；

5：代表 Empty 事件。

GARP 各属性事件含义：

1. GARP 消息-Join

当一个交换机希望其他交换机注册自己的属性信息时，将对外发送 Join 消息。如果一个 GARP 参与者收到其他交换机发送的 Join 消息，或者手动配置了某些属性，该参与者也会向其他交换机发送 Join 消息，让其他交换机注册这些新的属性。

2. GARP 消息-Leave

当一个交换机希望其他交换机注销自己的属性信息时，将对外发送 Leave 消息。如果 GARP 参与者收到其他交换机发送的 Leave 消息，或者手动注销了某些属性，该参与者也会向其他交换机发送 Leave 消息。

3. GARP 消息-Leave All

Leave All 用来注销所有的属性。如果 GARP 参与者希望其他交换机注销所有属性，来重新注册自己发送的属性信息，则会向它们发送 Leave All 消息。

2.6.3 GVRP 原理

GVRP（GARP VLAN Registration Protocol），称为 VLAN 注册协议。GVRP 基于 GARP 的工作机制，是 GARP 的一种应用。GVRP 用来维护交换机中的 VLAN 动态注册信息，并传播该信息到其他的交换机中。支持 GVRP 特性的交换机能够接收来自其他交换机的 VLAN 注册信息，并动态更新本地的 VLAN 注册信息，包括当前的 VLAN、VLAN 成员等。支持 GVRP 特性的交换机能够将本地的 VLAN 注册信息向其他交换机传播，以便使同一交换网内所有支持 GVRP 特性的设备的 VLAN 信息达成一致。交换机可以静态创建 VLAN，也可以动态通过 GVRP 获取 VLAN 信息。手动配置的 VLAN 是静态 VLAN，通过 GVRP 创建的 VLAN 是动态 VLAN。GVRP 传播的 VLAN 注册信息包括本地手工配置的静态注册信息和来自其他交换机的动态注册信息。

1. GVRP 单向注册

在 SWA 上创建静态 VLAN2，通过 VLAN 属性的单向注册，SWB 和 SWC 会学习到动态 VLAN2，并将相应端口自动加入到 VLAN2 中。SWB 的 G0/0/2 端口没有收到 Join 消息，不会被加入到 VLAN2 中。如图 2-37 所示。

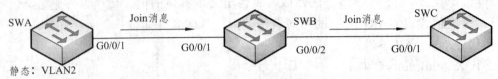

图 2-37　GVRP 单向注册

2. GVRP 单向注销

当交换机不再需要 VLAN2 时，可以通过 VLAN 属性的注销过程将 VLAN2 删除。例如（见图 2-38）：

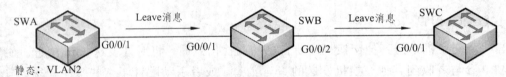

图 2-38　GVRP 单向注销

如果所有交换机都不再需要 VLAN2，可以在 SWA 上手动删除 VLAN2，则 GVRP 会通过发送 Leave 消息，注销 SWB 和 SWC 上 G0/0/1 端口的 VLAN2 信息。为了彻底删除所有设备上的 VLAN 2，需要进行 VLAN 属性的双向注销。

3. 注册模式

GVRP 的注册模式包括：Normal、Fixed 和 Forbidden。

当一个 Trunk 端口被配置为 Normal 注册模式时，允许在该端口动态或手工创建、注册和注销 VLAN，同时会发送静态 VLAN 和动态 VLAN 的声明消息。X7 系列交换机在运行 GVRP 协议时，端口的注册模式都默认为 Normal。例如（见图 2-39）：

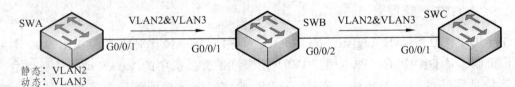

图 2-39　注册模式-Normal

本例中，在 SWA 上存在手动创建的 VLAN2 和动态学习的 VLAN3 的信息，三台交换机的注册模式都默认为 Normal，则 SWA 发送的 Join 消息中会包含 VLAN2 和 VLAN3 的信息，SWB 的 G0/0/1 端口会注册 VLAN2 和 VLAN3，之后会同样发送 Join 消息给 SWC，SWC 的 G0/0/1 端口也会注册 VLAN2 和 VLAN3。

交换机端口默认为 Normal 模式,允许静态和动态 VLAN 注册,同时会发送静态 VLAN 和动态 VLAN 的声明消息。

Fixed 注册模式中,GVRP 不能动态注册或注销 VLAN,只能发送静态 VLAN 注册信息。如果一个 Trunk 端口的注册模式被设置为 Fixed 模式,即使接口被配置为允许所有 VLAN 的数据通过,该接口也只允许手动配置的 VLAN 内的数据通过。例如(见图 2-40):

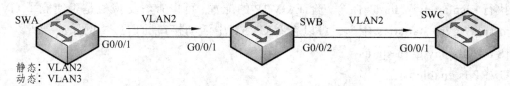

静态: VLAN2
动态: VLAN3

图 2-40 注册模式-Fixed

在 SWA 上存在手动创建的 VLAN2 和动态学习的 VLAN3 的信息,SWA 的 G0/0/1 端口的注册模式被修改为 Fixed,则 SWA 发送的 Join 消息中会只包含静态 VLAN2 的信息,SWB 的 G0/0/1 端口会注册 VLAN2。

SWA 的 G0/0/1 端口为 Fixed 模式,不允许动态 VLAN 在端口上注册或者注销,且只发送静态 VLAN 的声明消息。

Forbidden 注册模式中,GVRP 接口不能动态注册或注销 VLAN,只保留 VLAN1 的信息。如果一个 Trunk 端口的注册模式被设置为 Forbidden 模式,即使端口被配置为允许所有 VLAN 的数据通过,该端口也只允许 VLAN1 的数据通过。例如(见图 2-41):

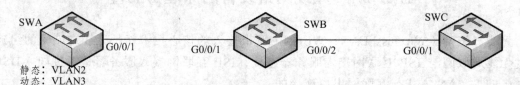

静态: VLAN2
动态: VLAN3

图 2-41 注册模式-Forbidden

本例中,在 SWA 上存在手动创建的 VLAN2 和动态学习的 VLAN3 的信息,SWA 的 G0/0/1 端口配置为 Forbidden 模式,不会发送 VLAN2 和 VLAN3 的信息,且只允许 VLAN1 的数据通过。

SWA 的 G0/0/1 端口为 Forbidden 模式,不允许动态 VLAN 在端口上进行注册,同时删除端口上除 VLAN1 外的所有 VLAN。

4. GVRP 配置

配置 GVRP 时必须先在系统视图下使能 GVRP,然后在接口视图下使能 GVRP。

在全局视图下执行 gvrp 命令,全局使能 GVRP 功能。

在接口视图下执行 gvrp 命令,在端口上使能 GVRP 功能。

执行 gvrp registration<mode>命令,配置端口的注册模式,可以配置为 Normal、Fixed 和 Forbidden。默认情况下,接口的注册模式为 Normal 模式。

例如:

[SWA]gvrp

```
[SWA]interface GigabitEther 0/0/1
[SWA-GigabitEthernet0/0/1]port link-type trunk
[SWA-GigabitEthernet0/0/1]port trunk allow-pass vlan all
[SWA-GigabitEthernet0/0/1]gvrp
[SWA-GigabitEthernet0/0/1]gvrp registration fixed
```

执行 display gvrp status 命令，验证 GVRP 的配置，可以查看交换机是否使能了 GVRP。执行 display gvrp statistics 命令，可以查看 GVRP 中活动接口的信息。例如：

```
[SWA]display gvrp status
GVRP is enabled
[SWA]display gvrp statistics
GVRP statistics on port GigabitEthernet0/0/1
    GVRP        status          : Enabeld
    GVRP registrations failed   : 0
    GVRP last PDU origin        : 0000-0000-0000
    GVRP registrations type     : Fixed
```

在本示例中，可以查看接口当前的 GVRP 状态为 Enabled，注册类型为 Fixed。

任务 2.7　无线网络设备的原理与配置

无线局域网（Wireless LAN，WLAN）宽带接入的核心技术就是无线局域网的组建，通过无线局域网与 ISP 互联网接入服务器连接，ISP 互联网接入服务器是通过如 ADSL、CM 或 FTT+LAN 方式与互联网出口连接的。

WLAN 是目前正在兴起的一种宽带接入方式，由于其网络连接比较灵活，成本较低，拥有较高的网络连接速度，受到业界的首肯，在较短时间内得到了广大用户的认可。

2.7.1　无线局域网（WLAN）概述

无线网络早就应用于计算机通信之中，最简单的如笔记本电脑的红外线通信，后来有蓝牙、HomeRF，到现在 IEEE802.11 系列。下面就是基于 IEEE802.11 系列标准下的局域网接入技术。

因为笔记本电脑有着便于移动的优点，所以无线接入一开始只在笔记本电脑之间应用，对应只有笔记本专用的计算机 MCIA 无线网卡。随着无线接入技术应用的不断深入，人们发台式机中应用无线接入技术也非常必要，于是有网络开发商成功开发了台式机用的无线网卡，所以现在的无线局域网，无论是笔记本电脑，还是对台式机都可以作为网络终端。

无线局域网就像局域网一样，可以很简单，也可以复杂，最简单的网络可以只要两个装有无线适配卡（Wireless Adapter Card）的计算机，放在有效距离内即可连接，这就是所谓的对等（peer-to-peer）网络。这类简单网络无需经过特殊组合或专人管理，任何两个移动式计算之间不需中央服务器（Central Server）就可以相互对通。

无线网络访问点（Access Point，简称 AP）可增大两台互联计算机之间的有效距离到原来的两倍。因为访问点是连接在有线网络上，每一台计算机都可经无线访问点与其他计算机实现网络的互联互通，而且每个访问点可容纳许多计算机互联，视其数据的传输实际要求而定，一般每个访问点容量可达 15～63 对计算机。

无线网络交换机和终端计算机之间也有一定的距离限制，一般在室内约为 150 m，户外约为 300 m。在大的场所，例如仓库或学校中，可能需要多个访问点，网桥的位置需要事先考查决定，使有效范围覆盖全场并互相重叠，使每个用户都不会和网络失去联络。用户可以在一群访问点覆盖的范围内漫游。

为了解决覆盖问题，在设计网络时可用接力器（Extension Point，简称 EP）来增大网络的转接范围，接力器外观和功能都像是访问点，但接力器并不接在有线网络上，而是在无线网络上。接力器的作用就是把信号从一个 AP 传递到另一个 AP 或 EP 来延伸无线网络的覆盖范围。EP 可串在一起，将信号从一个 AP 传递到更遥远的地方。

在无线网络中还有一个设备，就是定向天线，它的作用就是扩大无线电磁波的覆盖范围，以方便终端用户的接收。这主要应用于一些有多栋相距不是很远的建筑楼群，仅通过无线访问 AP 不足以覆盖如此大的范围的环境中，如学校、生活小区等。这时就得在每栋楼上安装定向天线，以接收局端天线发射来的无线电磁波。

随着无线局域网技术的日益成熟，各种无线接入标准也开始多了起来。各网络设备开发商为了及时占领市场，往往是在标准还没有颁布之前就开发、生产出相应的产品。所以随着多种无线接入标准的颁布，各网络设备开发商在短时间内也就开发了适应各种标准的无线络产品。但遗憾的是，由于各无线网络标准自身的原因，在开发设计之初就没有充分考虑相互兼容这一问题，所以导致后来各种标准的无线网络产品彼此不兼容。最明显的表现就是后来颁发的 IEEE802.11a 标准产品与最早推出的 IEEE802.11b 产品不兼容，不能混合使用。而且 IEEE802.11a 标准下的产品在无线接入速率等特性方面要远好于 IEEE802.11b 类产品，但由于 IEEE802.11b 标准推出时间较长，产品市场比较成熟，如果不解决兼容问题，就会导致大量使用 IEEE802.11b 标准的产品无法得到实际应用。在这样的背景下，一种致力于解决 IEEE802.11 系统标准兼容性问题的组织（或称"认证标准"）开始浮出水面，那就是 Wi-Fi（无线兼容性认证）。

2.7.2 IEEE802.11 系列无线局域网标准

近几年，随着无线局域网应用的不断深入，出现了多种无线接入标准，最为人知的当然是 IEEE802.11 标准系列。由于同由一个组织颁发，人们很难区别清楚各标准的具体应用范畴。下面对这个无线局域网系列标准分别进行简单介绍。

1. IEEE802.11

IEEE802.11 SFUW 是 IEEE 最初制定的一个无线局域网标准。主要用于解决办公室局域网和校园网中用户与用户终端的无线接入，属单纯局域网连接。业务主要限于数据存取，速率最高只能达到 2 Mb/s。目前，3Com 等公司都有基于该标准的无线网卡。由于 802.11 在速率和传输距离上都不能满足人们的需要，因此，IEEE 小组又相继推出了 802.11b 和 802.11a 两个新标准。

2. IEEE802.11b

IEEE 802.11b 工作于 2.4 GHz 频带，物理层支持 5.5 Mb/s 和 11 Mb/s 两个新速率。802.11 标准在扩频时是一个 11 位的调制芯片，而 802.11b 标准采用一种新的调制技术 CCK 完成。802.11b 使用动态速率漂移，可因环境变化，在 11 Mb/s、5.5 Mb/s、2 Mb/s、1 Mb/s 之间切换，且在 2 Mb/s、1 Mb/s 速率时与 802.11 兼容。

3. IEEE802.11a

IEEE802.11a 标准虽然发布的时间要晚于 IEEE802.11b，但它开始研究的时间要早于 IEEE802.11b，所以才会出现编号在前，发布时间却要晚于 IEEE802.11b 的现象。IEEE802.11a 工作在 5 GHz 频带，物理层速率可达 54 Mb/s，传输层带宽可达 25 Mb/s。采用正交频分复用（OFDM）的独特扩频技术，可提供 25 Mb/s 的无线 ATM 接口和 10 Mb/s 的以太网无线帧结构接口，以及 TDD/TDMA 的空中接口。这一标准支持语音、数据、图像业务，同时一个扇区可接入多个用户，每个用户可带多个用户终端。它与 IEEE802.11 及 IEEE802.11b 标准不兼容，所以使用不是很广。

4. IEEE802.11g

2002 年 11 月 15 日，IEEE 试验性地批准一种新标准 IEEE802.11g，使无线网络传输速率可达 54 Mb/s，比现在通用的 IEEE802.11b 要快出 5 倍，它虽然与 IEEE802.11a 具有同样高的输速率，但工作频带和 IEEE802.11b 相同，这就保证了与 IEEE802.11b 完全兼容。

5. IEEE802.11b+

IEEE802.11b+是一个非正式的标准，称为"增强型 IEEE802.11b"。它与 IEEE802.11b 完全兼容，只是采用了特殊的数据调制技术，所以，能够实现高达 22 Mb/s 的通信速率，这比原来的 IEEE802.11b 标准要快一倍。

6. 802.11n

是在 802.11g 和 802.11a 之上发展起来的一项技术，采用 MIMO（多入多出）与 OFDM（正交频分复用）技术相结合而应用的 MIMO OFDM 技术，提高了无线传输质量，也使传输速率得到极大提升，理论速率最高可达 600 Mb/s（目前业界主流为 300 Mb/s）。802.11n 可工作在 2.4 GHz 和 5 GHz 两个频段。

802.11n 采用智能天线技术，通过多组独立天线组成的天线阵列，可以动态调整波束，保证让 WLAN 用户接收到稳定的信号，并可以减少其他信号的干扰。因此其覆盖范围可以扩大到好几平方公里，使 WLAN 移动性极大提高。

802.11n 采用了一种软件无线电技术，它是一个完全可编程的硬件平台，使得不同系统的基站和终端都可以通过这一平台的不同软件实现互通和兼容，这使得 WLAN 的兼容性得到极大改善。这意味着 WLAN 将不但能实现 802.11n 向前后兼容，而且可以实现 WLAN 与无线广域网络的结合，比如 3G。

IEEE 802.11ac，是一个 802.11 无线局域网（WLAN）通信标准，它通过 5 GHz 频带（也是其得名原因）进行通信。理论上，它能够提供最少 1 Gbps 带宽进行多站式无线局域网通信，或是最少 500 Mb/s 的单一连接传输带宽。

802.11ac 是 802.11n 的继承者。它采用并扩展了源自 802.11n 的空中接口（Air Interface）概念，包括：更宽的 RF 带宽（提升至 160 MHz），更多的 MIMO 空间流（Spatial Streams）（增加到 8），多用户的 MIMO，以及更高阶的调制（modulation）（达到 256QAM）。

详细信息如表 2-5 所示。

表 2-5　无线局域网系列标准的比较

特　　性	IEEE80211.b	IEEE802.11g	IEEE802.11n	IEEE802.11ac
频率	2.4 GHz	2.4 GHz	2.4 GHz、5 GHz	5 GHz
带宽	11/5.5/2/1 Mb/s	54 Mb/s	600 Mb/s	1.73 Gb/s、3.47 Gb/s
距离	100～300 m	5～10 km	室内 12～70 m	室内 12～35 m
业务	数据、图像	语音、数据、图像	语音、数据、图像	语音、数据、图像、并发高清流媒体

2.7.3　无线局域网的特点

与有线局域网相比，WLAN 一般具有以下几个显著的特点。

1. 建网容易

一般在有线局域网建设中，施工工期最长、难度最大的就是网络综合布线，往往需要破墙掘地、穿线架管。而无线局域网则完全免去了网络布线的工作量，只要安装一个或多个接入点 AP（Access Point），就可以覆盖整个网络。

2. 使用灵活

无线局域网中的站点可以不受固定位置的限制，只要在接入点 AP 的覆盖范围内，即可任意移动安放。

3. 易于扩展

在有线网络中，增加站点往往需要通过改变网络配置，甚至增加设备来实现。而在 WLAN 中则可以轻松完成从几个用户的小网络到上千个用户的大型网络的过渡，并且能提供"漫游"等有线网络无法提供的服务。

2.7.4　无线局域网设备

目前，国际上已有多家厂商生产符合 802.11 标准的产品，比较有名的有 Cisco、3Com、Apple、Lucent 等公司。下面简要介绍几种 WLAN 中的常用设备。

1. 无线网卡

无线网卡是 WLAN 组网必不可少的设备，它的作用与有线网卡一样，负责发送和接收信号。无线局域网网卡根据与计算机的接口和连接方式的不同，可分为 PCI 接口、USB 接口等多种形式，如图 2-42、图 2-43 所示。无线网卡传输速率为 800 kb/s ~ 1 Mb/s，在有障碍的室内通信，距离为 60 m 左右，在无障碍的室内通信，距离可达 150 m 左右。

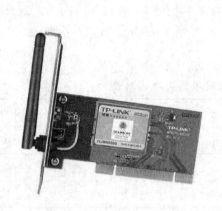

图 2-42　PCI 接口的无线网卡　　　　图 2-43　USB 接口的无线网卡

2. AP 设备

AP（Access Point）又叫网络接入点，在 WLAN 组网中使用非常广泛，是单接入点、多接入点组网方案中必不可少的设备。AP 可为 WLAN 提供计算机无线网卡通信、桥接以及介质转换功能，相当于有线网络中的交换机。AP 的网络覆盖范围可达 40 km 左右，在这个范围内可灵活连接多个网络，这些网络可以是有线网络，也可以是无线网络。AP 接入点设备主要用于办公室内和楼内的无线连接。

AP 设备一般由天线、有线网络接口和桥接软件组成。目前常用的 AP 设备工作频率为 2.4 ~ 2.484 GHz，传输距离 200 ~ 400 m。如图 2-44、图 2-45 所示就是常用的 AP 设备。

图 2-44　D-LINK AP 设备　　　　图 2-45　TP-LINK AP 设备

3. 天　线

天线主要用于大型无线网络的远距离通信，其功能类似于移动通信的基站，将源端的信号通过天线本身的特性传送至远处，如图 2-46 所示。

图 2-46　无线局域网中的天线

2.7.5　无线局域网的组网方式

无线局域网的组网方式可分为三大类。

第一类是有固定基础设施的（如设有基站），称为集中控制方式，又叫做接入点网络。此类方式中，所有工作站都要与一个接入点设备 AP 连接，然后通过 AP 转接与其他站点互联，如图 2-47 所示。

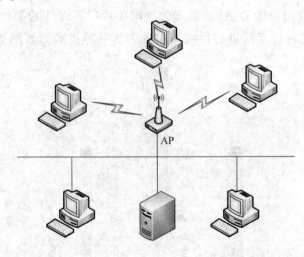

图 2-47　集中控制方式组网示意图

第二类没有固定基础设施，称为点到点方式，又叫做自组网络。此类方式中，所有工作站都可以在无线通信覆盖范围内移动，并自动建立点到点的连接，站点之间通过争用信道直接进行数据通信，而不需要接入点 AP 的参与，如图 2-48 所示。

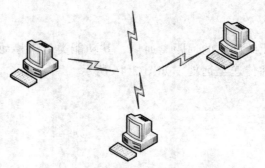

图 2-48　点到点方式组网示意图

第三类为 WDS，WDS 的全名为 Wireless Distribution System，即无线分布式系统。以往在无线应用领域中都是帮助无线基站与无线基站之间进行联系通信的系统。

WDS 与家庭应用方面略有不同，它主要的功能是充当无线网络的中继器，通过在无线路由器上开启 WDS 功能，让其可以延伸扩展无线信号，从而覆盖更广更大的范围。说白了 WDS 就是可以让无线 AP 或者无线路由器之间通过无线进行桥接（中继），而在中继的过程中并不影响其无线设备覆盖效果的功能。这样我们就可以用两个无线设备，在它们之间建立 WDS 信任和通信关系，从而将无线网络覆盖范围扩展到原来的一倍以上，大大方便了无线上网。

WDS 可以把有线网络的资料，透过无线网络当中继架构来传送，借此可将网络资料传送到另外一个无线网络环境，或者是另外一个有线网络。由于透过无线网络形成虚拟的网络线，所以也称为无线网络桥接。严格说起来，无线网络桥接功能通常是指的是一对一，但是 WDS 架构可以做到一对多，并且桥接的对象可以是无线网络卡或者是有线系统。所以 WDS 最少要有两台同功能的 AP，最多数量则要看厂商设计的架构来决定。所以 WDS 是可以让无线 AP 之间通过无线进行桥接（中继）的一种技术，如图 2-49 所示。

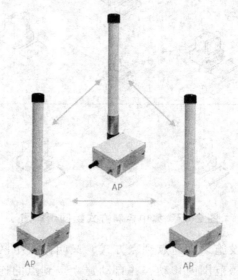

图 2-49　无线分布式系统组网示意图

思考与练习

1. 交换机与集线器的工作原理？

2. 当 1 台计算机从交换机的一个端口移动到另外一个端口时，交换机的 MAC 地址表会发生什么变化？

3. 如果一个 Trunk 链路 PVID 是 5，且端口下配置 port trunk allow-pass vlan 2 3，那么哪些 VLAN 的流量可以通过该 Trunk 链路进行传输？PVID 为 2 的 Access 端口收到一个不带标记的帧会采取什么样的动作？

4. 根桥产生故障后，其他交换机会被选举为根桥。那么原来的根桥恢复正常之后，网络又会发生什么变化呢？

5. 路径开销和根路径开销的区别是什么？

6. P/A 进程中同步的作用是什么？

7. GVRP 默认的注册模式是什么？

8. 交换机使用 GVRP 传输 VLAN 信息时，需要哪些前提条件？

9. 主网络连接发生故障时，Cellular 网络是如何实现故障切换的？

项目 3 　路由器原理及应用

任务 3.1　路由器原理

3.1.1　路由器基础

路由器是一个工作在 OSI 参考模型第三层（网络层）的网络设备，其主要功能是检查数据包中与网络层相关的信息，然后根据某些规则转发数据包。因为它除了检查数据包中数据链路层的信息外，还要检查数据包中的其他信息，所以路由器要比交换机有更高的处理能力才能转发数据包。路由器是工作在异种网络之间的一个网络互联设备。所谓异种，在这里有二种解释，一是所连接网络的网络 ID 不同，二是网络所用的协议有可能不同。通常所指的"异种"网络，是针对前者而言。

路由器互联与网络的协议有关，这里讨论限于 TCP/IP 网络的情况。

路由器工作在 OSI 模型中的第三层，即网络层。路由器利用网络层定义的"逻辑"上的网络地址（目的 IP 地址）来区别不同的网络，实现网络的互联和隔离，保持各个网络的独立性。

路由器不转发广播消息，而把广播消息限制在各自的网络内部。发送到其他网络的数据先被送到路由器，再由路由器转发出去。

如图 3-1 所示给出一个连接两个网络路由器的基本组织结构示例。图 3-1 中的网络 1和网络 2 可以是以太网、令牌总线网、令牌环网或广域网，这些网络通过路由器进行互联。

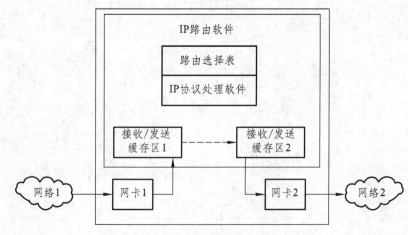

图 3-1　路由器的基本结构

126

路由器乍看起来好像是一种复杂的设备，实际上它也是一台计算机，只是多了一些连接不同网络介质类型的网卡而已，并且其基本操作也非常简单。

3.1.2　路由器的功能

（1）在网络间截获发送到远端网络段的报文，起转发的作用。

（2）选择最合理的路由，引导通信。路由器要按照某种路由通信协议，查找路由表。路由表中列出整个互联网络中包含的各个节点、节点间的路径情况以及与它们相联系的传输费用。如果到特定的节点有一条以上的路径，则基于预先确定的准则选择最优路径。网络中的每个路由器按照一定的规则动态地更新它所保持的路由表，以便及时地保持有效的路由信息。

（3）路由器在转发报文的过程中，为了便于在网络间传送报文，按照预定的规则把大的数据包分解成适当大小的数据包，到达目的地后再把分解的数据包包装成原有形式。

（4）多协议的路由器可以连接使用不同通信协议的网络段，作为不同通信协议网络段的连接平台。

总的来说，路由器可以完成地址转换、路由选择及协议转换等工作。

3.1.3　路由器的报文转发原理

当 IP 子网中的一台主机发送 IP 分组给同一 IP 子网的另一台主机时，它将直接把 IP 分组送到网络上，对方就能收到。而要送给不同 IP 子网上的主机时，它要选择一个能到达目的子网上的路由器，把 IP 分组送给该路由器，由路由器负责把 IP 分组送到目的地。如果没有找到这样的路由器，主机就把 IP 分组送给一个称为"缺省网关（Default Gateway）"的路由器上。"缺省网关"是每台主机上的一个配置参数，它是接在同一个网络上的某个路由器接口的 IP 地址。

路由器转发 IP 分组时，只根据 IP 分组目的 IP 地址的网络号部分，选择合适的端口，把 IP 分组送出去。同主机一样，路由器也要判定端口所接的是否目的子网，如果是，就直接把分组通过端口送到网络上，否则，也要选择下一个路由器来传送分组。路由器也有它的缺省网关，用来传送不知道往哪儿送的 IP 分组。这样，通过路由器把知道如何传送的 IP 分组正确转发出去，不知道的 IP 分组送给"缺省网关"路由器，这样一级级地传送，IP 分组最终将送到目的地，送不到目的地的 IP 分组则被网络丢弃了。

目前 TCP/IP 网络，全部是通过路由器互联起来的，Internet 就是成千上万个 IP 子网通过路由器互联起来的国际性网络。这种网络称为以路由器为基础的网络（Router Based Network），形成了以路由器为节点的"网间网"。在"网间网"中，路由器不仅负责对 IP 分组的转发，还要负责与别的路由器进行联络，共同确定"网间网"的路由选择和维护路由表。

路由动作包括两项基本内容：寻径和转发。寻径即判定到达目的地的最佳路径，由路由选择算法来实现。由于涉及不同的路由选择协议和路由选择算法，相对要复杂一些。为了判定最佳路径，路由选择算法必须启动并维护包含路由信息的路由表，其中路由信息依赖于所用的路由选择算法而不尽相同。路由选择算法将收集到的不同信息填入路由表中，根据路由表可将目的网络与下一站的关系告诉路由器。路由器间互通信息进行路由更新，更新维护路由表使之正确反映网络的拓扑变化，并由路由器根据量度来决定最佳路径。这就是路由选择协议（Routing Protocol），例如路由信息协议（RIP）、开放式最短路径优先协议（OSPF）和边界网关协议（BGP）等。

转发即沿寻径好的最佳路径传送信息分组。路由器首先在路由表中查找，判断是否知道如何将分组发送到下一个站点（路由器或主机），如果路由器不知道如何发送分组，通常将该分组丢弃；否则就根据路由表的相应表项将分组发送到下一个站点，如果目的网络直接与路由器相连，路由器就把分组直接送到相应的端口上。这就是路由转发协议（Routed Protocol）。

路由转发协议和路由选择协议是相互配合又相互独立的概念，前者使用后者维护的路由表，同时后者要利用前者提供的功能来发布路由协议数据分组。

在如图 3-1 所示的路由器中，网卡 1 和网卡 2 实现 TCP/IP 协议的底两层协议功能。它们负责接收来自各自所连网络的数据报文，并将接收正确的报文帧滤除其底两层包封，然后将 IP 报文存入路由器中对应的报文接收缓存区；同时还负责完成存储在发送缓存区中待发的 IP 报文到与其直接相连的下一网络的数据包物理传送功能。

当路由器接收到一个报文时，IP 协议处理软件首先检查该报文的生存时间，如果其生存时间为 0，则丢弃该报文，并给其源站点返回一个报文超时 ICMP 消息。如果生存期未到，则接着从报文头中提取 IP 报文的目的 IP 地址，也就是读取 IP 报文的第 17～20 字节的内容。

然后，通过对目的 IP 和子网掩码进行"与"操作，得到目的地址网络号，再利用目的地网络号从路由选择表中查找与其相匹配的表项。

如果在路由器选择表中未找到与其相匹配的表项，则把该报文放入默认的下一路径的对应发送缓存区中进行排队输出。

如果找到了匹配表项，则将该 P 报文放入该表项所指定的输出缓存区的队列中进行排队输出。

IP 协议处理软件经过寻径并按路由选择表的指示把原 IP 数据包放入相应输出缓存器的同时，它还将下一路由器的 IP 地址递交给对应的网络接口软件，由接口软件完成数据包的物理传输。如图 3-2 所示给出了一个简化的 IP 协议处理软件的流程框图。

路由器协议处理软件不修改原数据包的内容，也不会在上面附加内容（甚至不附加下一路由器的 IP 地址）。网络接口软件收到 IP 数据包和下一路由器地址后，首先调用 ARP 完成下一路由器 IP 地址到物理地址的映射，利用该物理地址形成帧（下一路由器物理地址便是帧信宿地址），并将 IP 数据包封装进该帧的数据区中，最后由子网完成数据包的真正传输。

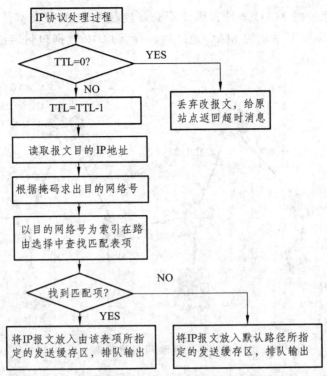

图 3-2 简化的路由器 IP 协议处理软件流程图

3.1.4 互联网通信实例

为了有助于理解路由器的工作原理，在图 3-3 中，给出了一个互联网通信实例。这里，各通信子网的 IP 编号分别为 202.56.4.0、203.0.5.0 和 198.1.2.0，路由器 1 与网络 1 和网络 2 直接相连，在与网络 1 连接的网络接口 IP 地址为 202.56.4.1，与网络 2 连接的网络接口 IP 地址为 203.0.5.2；路由器 2 与网络 3 和网络 2 直接相连，与网络 2 连接的网络接口 IP 地址为 203.0.5.10，与网络 3 连接的网络接口 IP 地址为 198.1.2.3。

用户 A 要传送一个数据文件给用户 B，现在我们来看各个路由器的工作过程。

首先，用户 A 把数据文件以 IP 数据包形式送到默认路由器 1，其目的站点的 IP 地址为 198.1.2.9。

第一步，报文被路由器 R1 接收，它通过网络掩码屏蔽操作确定了该 IP 报文的目的网络号为 198.1.2.0。

第二步，通过查找路由选择表，路由器 R1 在路由表中找到与其匹配的表项，获得输出为网络 2 和下一站的 IP 地址为 203.0.5.10。下一站的地址是指下一个将要接收报文的与本路由器连接在同一物理网络上的路由器的网络接口 IP 地址。

第三步，路由处理软件将该 IP 数据包放入网络 2 接口的发送缓存区中，并将下一站的 IP 地址递交给网络接口处理软件。

第四步，网络接口软件调用 ARP 完成下一站路由器 IP 地址到物理地址（MAC 地址）的映射。

在一个正常运行的互联网中，一般来说路由器会在高速缓存器中记录其相邻路由器的网络接口对应 IP 地址的 MAC 地址，因此不必每接收一个 IP 报文都使用 ARP 来获得下一站的 MAC 地址。获得下一站的 MAC 地址后，便将原 IP 数据包封装成适合网络 2 传送的数据帧，排队等待传送。

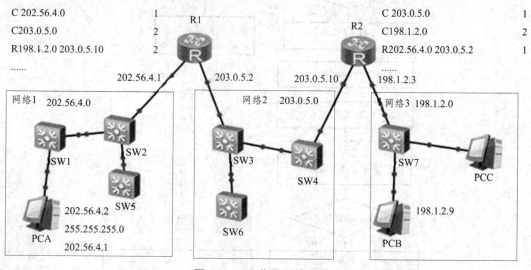

图 3-3　互联网通信实例

报文被传送到路由器 R2 后，通过上述路由表查找操作，获得与目的地 IP 地址匹配的表项。由表项内容可知，该匹配表项是目的网络号，与该路由器直接相连。因此，在第三步路由处理软件将原 IP 数据包放入路由器 R2 的发送缓存区后，同时将目的 IP 地址 198.1.2.9 递交给网络接口处理软件。

第五步，由于报文已到达最后一个路由器，所以网络接口软件必须每次首先调用 ARP 以获得目的主机的 MAC 地址，然后对原 IP 报文进行数据帧包装，接着报文就可以直接发送给目的主机。

3.1.5　路由选择表的生成和维护

路由选择表是关于当前网络拓扑结构的信息并为网间所有的路由器共享。这些信息包括哪些链路是可操作的、哪些链路是高容量的，等等，共享的具体信息内容由所采用的路由信息协议决定。维护路由选择表功能就是利用路由信息协议，随着网络拓扑的变化不断地自动更新路由选择表的内容。

路由选择表的生成可以是手工方式，也可以是自动方式。对于可适应大规模互联网的 TCP/IP 协议，其获取路由信息的过程显然应该采取自动方式。任何路由器启动时，都必须获取一个初始的路由选择表。

不同的网络操作系统，获取初始路由选择表的方式可能不同，总的来说，有三种方式：

第一种，路由器启动时，从外部读入一个完整的路由选择表，常驻内存使用；系统关闭时，再将当前路由选择表（可能经过维护更新），写回外存，供下次使用。

第二种，路由器启动时，只提供一个空表，通过执行显式命令（比如批处理文件中的命令）来填充。

第三种，路由器启动时，从与本路由器直接相连的各网络的地址中推导出一组初始路由，当然通过初始路由只能访问相连网络上的主机。

可见，无论哪种情况，初始路由选择表总是不完善的，需要在运行过程中不断地加以补充和调整，这就是路由选择表的维护。

在互联网中，由于随时可能增加新的主机和网络，并且新增加的网络可采用任意方式和运行中的网络互联，同时存在某些网络因故障或其他原因而退出互联网服务，这些都可以导致因特网的拓扑结构发生变化。作为直接反映网络拓扑结构变化的路由选择表则必须跟踪这些动态变化，否则会发生寻径错误。

因此，在互联网的路由器中不可能一次性装入一个完整且正确的路由选择表，只有动态地更新才能适应网络拓扑的动态变化。

在互联网中，路由选择表初始化和更新维护的典型过程属于上述第三种情况，路由器首先从周围网络地址中得出初始路由表，再从周围路由器中获取稍远一些网络的路由信息，由于因特网中全体路由器的协作，各路由器很快就能掌握所有的路由信息。

在一个实际运行的互联网中，为了使所有的路由器都能及时掌握当前的网络拓扑结构，因而要求每一个路由器每隔 30 s 自动向网上广播自己的路由信息，并且各路由器通过路由信息交换来修正和更新自己的路由选择表。

为了能以最佳的路由传送报文，构造最佳的路由选择表，关于路由算法方面已有多个路由信息协议，想深入了解路由信息协议的读者可参考 RFC 文档（Request For Comment）中的有关讨论。

3.1.6 路由器的结构

1. 路由器的功能结构

如图 3-4 所示路由器的功能结构由控制部分和转发部分组成。其中控制部分由路由处理、路由表、路由协议组成；转发部分由端口和交换结构组成。

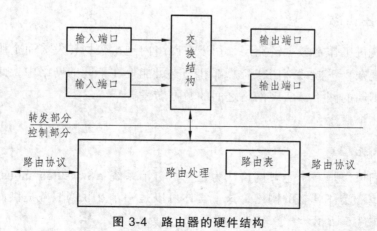

图 3-4　路由器的硬件结构

（1）端口：端口包括输入端口和输出端口，是物理链路和分组的出、入口。

（2）交换网络结构：交换网络结构在多个端口间提供分组转发的通路。它的物理结构主要有三种：共享总线、共享存储器和空分交换开关。

（3）路由处理器：路由处理器运行系统软件和各种路由协议，计算、维护和更新路由表。它的部分功能既可以用软件实现，也可以用硬件实现。

2. 路由器的交换结构

（1）共享总线。共享总线有总线、环、双向总线等。分组在路由器中通过共享总线传输。通常，共享总线的机制是时分复用的，即在共享介质上某一个模块的每一个周期分享一个时隙传输它的数据。

（2）共享存储器。在共享存储器结构的路由器中，使用了大量的高速 RAM 来存储输入数据，并可实现向输出端的转发。在这种体系结构中，由于数据首先从输入端口存入共享存储器，再从共享存储器传输到输出端口，因此它的交换带宽主要由存储器的带宽决定。

当规模较小时，这类结构比较容易实现，但当系统升级扩展时，设备所需要的连线大量增加，控制也会变得复杂。

（3）空分交换开关结构。在空分交换开关结构的路由器中，分组直接从输入端经过空分交换开关流向输出端。它采用空分交换开关代替共享总线，允许多个数据分组同时通过不同的线路进行传送，从而极大地提高了系统的吞吐量，使系统性能显著提高。系统的最终交换带宽仅取决于空分交换开关阵列和交换模块的能力，而不是取决于互联线自身。

空分交换开关结构具有很多优点，它具有高速特性的原因是：① 从线卡到交换结构的连线是点对点的连接，具有很高的速率；② 能够多个通道同时进行数据交换。多个点的开关同时闭合就能在多对端口间同时进行数据传输。

任务 3.2　静态路由

3.2.1　路由概念

以太网交换机工作在数据链路层，用于在网络内进行数据转发。而企业网络的拓扑结构一般会比较复杂，不同的部门或者总部和分支可能处在不同的网络中，此时就需要使用路由器来连接不同的网络，实现网络之间的数据转发。

首先介绍几个概念：

1. 自治系统

一般地我们可以把一个企业网络认为是一个自治系统 AS（Autonomous System）。自治系统是由一个单一实体管辖的网络，这个实体可以是一个互联网服务提供商，或一个大型组织机构，如图 3-5 所示。

自治系统内部遵循一个单一且明确的路由策略，属于同一个管理机构，使用统一路由策略。最初，自治系统内部只考虑运行单个路由协议；然而，随着网络的发展，一个自治系统内现在也可以支持同时运行多种路由协议。

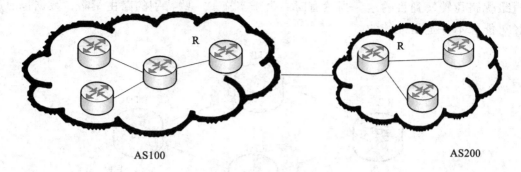

AS100   AS200

图 3-5　自治系统

2. LAN 和广播域

一个 AS 通常由多个不同的局域网组成。以企业网络为例，各个部门可以属于不同的局域网，或者各个分支机构和总部也可以属于不同的局域网。局域网内的主机可以通过交换机来实现相互通信。不同局域网之间的主机要想相互通信，可以通过路由器来实现。路由器工作在网络层，隔离了广播域，并可以作为每个局域网的网关，发现到达目的网络的最优路径，最终实现报文在不同网络间的转发。

例如（见图 3-6）：

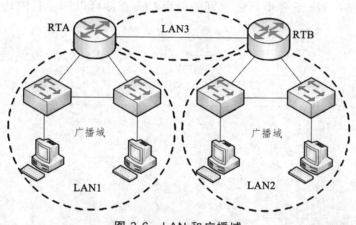

图 3-6　LAN 和广播域

此例中，RTA 和 RTB 把整个网络分成了三个不同的局域网，每个局域网为一个广播域。LAN1 内部的主机直接可以通过交换机实现相互通信，LAN2 内部的主机之间也是如此。但是，LAN1 内部的主机与 LAN2 内部的主机之间则必须要通过路由器才能实现相互通信。

3. 路由选路

路由器收到数据包后，会根据数据包中的目的 IP 地址选择一条最优的路径，并将数据包转发到下一个路由器，路径上最后的路由器负责将数据包送交目的主机，如图 3-7 所示。数据包在网络上的传输就好像是体育运动中的接力赛一样，每一个路由器负责将数据包按照最优的路径向下一跳路由器进行转发，通过多个路由器一站一站的接力，最终将数据包通过最优路径转发到目的地。当然有时候由于实施了一些特别的路由策略，数据包通过的路径可能并不一定是最佳的。

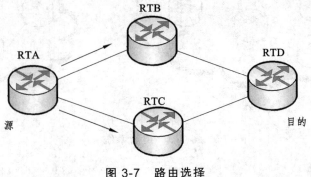

图 3-7　路由选择

路由器能够决定数据报文的转发路径。如果有多条路径可以到达目的地，则路由器会通过进行计算来决定最佳下一跳。计算的原则会随实际使用的路由协议不同而不同。

4. IP 路由表

路由器转发数据包的关键是路由表。每个路由器中都保存着一张路由表，表中每条路由项都指明了数据包要到达某网络或某主机应通过路由器的哪个物理接口发送，以及可到达该路径的哪个路由器，或者不再经过别的路由器而直接可以到达目的地。路由表如图 3-8 所示。

```
[Huawei]display ip routing-table
Route Flags: R - relay, D - download to fib
------------------------------------------------------------
Routing Tables: Public    Destinations : 2        Routes : 2
Destination/Mask  Proto   Pre  Cost  Flags  NextHop    Interface
0.0.0.0/0         Static  60   0     D      120.0.0.2  Serial1/0/0
8.0.0.0/8         RIP     100  3     D      120.0.0.2  Serial1/0/0
9.0.0.0/8         OSPF    10   50    D      20.0.0.2   Ethernet2/0/0
9.1.0.0/16        RIP     100  4     D      120.0.0.2  Serial1/0/0
11.0.0.0/8        Static  60   0     D      120.0.0.2  Serial2/0/0
20.0.0.0/8        Direct  0    0     D      20.0.0.1   Ethernet2/0/0
20.0.0.1/32       Direct  0    0     D      127.0.0.1  LoopBack0
```

图 3-8　路由表

路由表中包含了下列关键项：

目的地址（Destination）：用来标识 IP 包的目的地址或目的网络。

网络掩码（Mask）：在 IP 编址课程中已经介绍了网络掩码的结构和作用。同样，在路由表中网络掩码也具有重要的意义。IP 地址和网络掩码进行"逻辑与"便可得到相应的网段信息。如本例中目的地址为 8.0.0.0，掩码为 255.0.0.0，相与后便可得到一个 A 类的网段信息（8.0.0.0/8）。网络掩码的另一个作用还表现在当路由表中有多条目的地址相同的路由信息时，路由器将选择其掩码最长的一项作为匹配项。

输出接口（Interface）：指明 IP 包将从该路由器的哪个接口转发出去。

下一跳 IP 地址（NextHop）：指明 IP 包所经由的下一个路由器的接口地址。

路由表中优先级、度量值等其他的几个字段将在以后进行介绍。

5. 路由表的最长匹配原则

路由器在转发数据时，需要选择路由表中的最优路由。当数据报文到达路由器时，路由器首先提取出报文的目的 IP 地址，然后查找路由表，将报文的目的 IP 地址与路由表中某表项的掩码字段做"与"操作，"与"操作后的结果跟路由表该表项的目的 IP 地址比较，相同则匹配上，否则就没有匹配上。当与所有的路由表项都进行匹配后，路由器会选择一个掩码最长的匹配项。

```
[RTA]display ip routing-table
Destination/Mask    Proto    Pre    Cost    Flags    NextHop       Interface
10.1.1.0/24         Static   60     0       RD       20.1.1.2      GigabitEthernet 0/0/0
10.1.1.0/30         Static   60     0       RD       20.1.1.2      GigabitEthernet 0/0/0
```
如上所示，路由表中有两个表项到达目的网段 10.1.1.0，下一跳地址都是 20.1.1.2。如果要将报文转发至网段 10.1.1.1，则 10.1.1.0/30 符合最长匹配原则。

6. 路由优先级

路由器可以通过多种不同协议学到去往同一目的网络的路由，当这些路由都符合最长匹配原则时，必须决定哪个路由优先。

每个路由协议都有一个协议优先级（取值越小、优先级越高）。当有多个路由信息时，选择最高优先级的路由作为最佳路由。

如图 3-9 所示，路由器通过两种路由协议学习到了网段 10.1.1.0 的路由。虽然 RIP 协议提供了一条看起来更加直连的路线，但是由于 OSPF 具有更高的优先级，因而成为优选路由，并被加入路由表中。

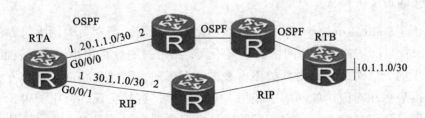

```
[RTA]display ip routing-table
Destination/Mask    Proto    Pre    Cost    Flags    NextHop       Interface
10.1.1.0/30         OSPF     10     3       RD       20.1.1.2      GigabitEthernet 0/0/0
```

图 3-9　路由器优先级

7. 路由度量

如果路由器无法用优先级来判断最优路由，则使用度量值（metric）来决定需要加入路由表的路由。

一些常用的度量值有：跳数，带宽，时延，代价，负载，可靠性等。

跳数是指到达目的地所通过的路由器数目。

带宽是指链路的容量，高速链路开销（度量值）较小。

metric 值越小，路由越优先。因此，图 3-10 所示中 metric=1+1=2 的路由是到达目的地的最优路由，其表项可以在路由表中找到。

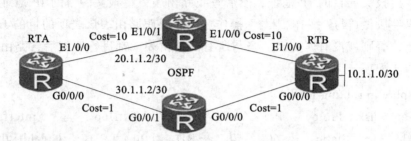

```
[RTA]display ip routing-table
Destination/Mask  Proto    Pre   Cost   Flags   NextHop      Interface
10.1.1.0/30       OSPF     10    2      RD      30.1.1.2     GigabitEthernet 0/0/0
```

图 3-10　路由度量

3.2.2　静态路由及配置

在前面讨论路由表时，讨论的是路由表表项已经建立的情况。那么如何生成路由表呢？路由表生成的方法有很多。通常可划分为：手工静态配置和动态协议生成两类。相对应地，路由协议可划分为：静态路由、动态路由协议两类。其中动态路由协议又包括有：TCP/IP 协议栈的 RIP（Routing Information Protocol，路由信息协议）协议、OSPF（Open Shortest Path First，开放式最短路径优先）协议；OSI 参考模型的 IS-IS（Intermediate System to Intermediate System）协议等。

1. 静态路由

静态路由（Static Routing）是一种特殊的路由，由网络管理员采用手工方法在路由器中配置而成。在早期的网络中，网络的规模不大，路由器的数量很少，路由表也相对较小，通常采用手工的方法对每台路由器的路由表进行配置的，即静态路由。这种方法适合于规模较小、路由表也相对简单的网络中使用。它较简单，容易实现，沿用了很长一段时间。

但随着网络规模的增长，在大规模的网络中路由器的数量很多，路由表的表项较多，较为复杂。在这样的网络中对路由表进行手工配置除了配置繁杂外，还有一个更明显的问题就是不能自动适应网络拓扑结构的变化。对于大规模网络而言，如果网络拓扑结构改变或网络链路发生故障，那么路由器上指导数据转发的路由表就应该发生相应变化。如果还是采用静态路由，用手工的方法配置及修改路由表，对管理员会形成很大压力。

但在小规模的网络中，静态路由也有它的一些优点：

手工配置，可以精确控制路由选择，改进网络的性能。

不需要动态路由协议参与，这将会减少路由器的开销，为重要的应用保证带宽。

静态路由还可以实现负载均衡和路由备份。

静态路由的缺点在于，当网络拓扑发生变化时，静态路由不会自动适应拓扑改变，而是需要管理员手动进行调整。

静态路由一般适用于结构简单的网络。在复杂网络环境中，一般会使用动态路由协议来生成动态路由。不过，即使是在复杂网络环境中，合理地配置一些静态路由也可以改进网络的性能。

2. 静态路由配置

以下以华为系列路由器命令操作为主讲解配置静态路由命令格式：

iproute-static ip-address*{mask|mask-length）interface-typeinterface-number[nexthop-address]*

命令中主要参数解释如下：

目的地址（ip-address）：用来标识数据包的目标地址或目标网络，当目的 IP 地址和掩码均为 0.0.0.0 时，配置的是缺省路由，即当查找路由表失败后，根据缺省路由进行数据包的转发。

网络掩码（mask|mask-length）：和目标地址一起来标识目标网络。把目标地址和网络掩码逻辑与，即可得到目标网络。例如：目标地址为 129.102.8.10，掩码为 255.255.0.0，目标网络为 129.102.0.0；由于要求掩码 32 位中 "1" 必须是连续的，因此点分十进制格式的掩码可以用掩码长度 mask-length 来代替，掩码长度为掩码中连续 "1" 的位数，就是 mask-length。

下一跳地址（nexthop-address）：说明数据包所经由的下一跳地址。在一般情况下都会用 nexthop-address 配置路由，interface-name 会自动生成。但如果在某些情况下无法知道下一跳地址，如拨号线路在拨通前是可能不知道对方甚至自己的 IP 地址的，在此种情况下必须要用 Interface 配置路由。

出接口（interface-type, interface-number）：指定静态路由的出接口类型和接口号。对于接口类型为非 P2P 接口（包括 NBMA 类型接口或广播类型接口，如以太网接口、Virtual-Template、VLAN 接口等），必须指定下一跳地址。

静态路由可以应用在串行网络或以太网中，但静态路由在这两种网络中的配置有所不同。在串行网络中配置静态路由时，可以只指定下一跳地址或只指定出接口。对于在串行接口默认封装 PPP 协议的路由器，静态路由的下一跳地址就是与接口相连的对端接口的地址，所以在串行网络中配置静态路由时可以只配置出接口。

以太网是广播类型网络，和串行网络情况不同。在广播型的接口上配置静态路由时，必须明确指定下一跳地址。以太网中同一网络可能连接了多台路由器，如果在配置静态路由时只指定了出接口，则路由器无法将报文转发到正确的下一跳。例如使用了广播接口如以太网接口作为出接口，则必须要指定下一跳地址：

iproute-static192.168.1.0 255.255.255.0 10.0.12.1

如果使用了串口作为出接口，则可以通过参数 interface-type 和 interface-number（如 Serial 1/0/0）来配置出接口，此时不必指定下一跳地址：

iproute-static 192.168.1.0 255.255.255.0　Serial 1/0/0

当源网络和目的网络之间存在多条链路时，可以通过等价路由来实现流量负载分担。这些等价路由具有相同的目的网络和掩码、优先级和度量值。

例（见图 3-11）：

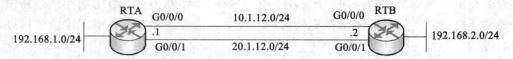

[RTB]ip route-static 192.168.1.0 255.255.255.0 10.0.12.1

[RTB]ip route-static 192.168.1.0 255.255.255.0 20.0.12.1

图 3-11　静态路由配置举例

本示例中 RTA 和 RTB 之间有两条链路相连，通过使用等价的静态路由来实现流量负载分担。在 RTB 上配置了两条静态路由，它们具有相同的目的 IP 地址和子网掩码、优先级（都为 60）、路由开销（都为 0），但下一跳不同。在 RTB 需要转发数据给 RTA 时，就会使用这两条等价静态路由将数据进行负载分担。在 RTA 上也应该配置对应的两条等价的静态路由。

3. 配置验证

在配置完静态路由之后，可以使用 display ip routing-table 命令来验证配置结果。

例（见图 3-12）：

[RTB]display ip routing-table

Route Flags：　R - relay，　　D　　download to fib

Routing Tables：　Public　Destinations：13　Routes：14

Destination/Mask　Proto　Pre　Cost　Flags　NextHop　　　Interface

…

192.168.1.0/24　　*Static 60　　0　　RD　　10.0.12.1　GigabitEthernet 0/0/0*

　　　　　　　　　　Static 60　　0　　RD　　20.0.12.1　GigabitEthernet 0/0/1

图 3-12　验证配置

在本示例中，黑斜体部分代表路由表中的静态路由。这两条路由具有相同的目的地址和掩码，并且有相同的优先级和度量值，但是它们的下一跳地址和出接口不同。此时，RTB 就可以通过这两条等价路由实现负载分担。

4. 路由备份

在配置多条静态路由时，可以修改静态路由的优先级，使一条静态路由的优先级高于其他静态路由，从而实现静态路由的备份，也叫浮动静态路由。

例（见图 3-13）：

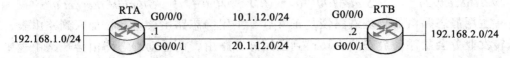

[RTB]ip route-static 192.168.1.0 255.255.255.0 10.1.12.1

[RTB]ip route-static 192.168.1.0 255.255.255.0 20.1.12.1 preference 100

图 3-13 路由备份

在本示例中，RTB 上配置了两条静态路由。正常情况下，这两条静态路由是等价的。通过配置 preference 100，使第二条静态路由的优先级要低于第一条（值越大优先级越低）。路由器只把优先级最高的静态路由加入到路由表中。当加入到路由表中静态路由出现故障时，优先级低的静态路由才会加入到路由表并承担数据转发业务。

5. 验证路由备份配置

在主链路正常情况下，只有主路由会出现在路由表中。

从 display ip routing-table 命令的回显信息中可以看出，通过修改静态路由优先级实现了浮动静态路由。正常情况下，路由表中应该显示两条有相同目的地、但不同下一跳和出接口的等价路由。

[RTB]display ip routing-table

Route Flags：　　　R - relay，　　　D - download to fib

Routing Tables：　Public Destinations：13　　Routes：14

Destination/Mask　Proto　Pre　Cost　Flags　NextHop　　　Interface

…

192.168.1.0/24　Static　60　0　RD　10.0.12.1　GigabitEthernet 0/0/0

由于修改了优先级，回显中只有一条默认优先级为 60 的静态路由。另一条静态路由的优先级是 100，该路由优先级低，所以不会显示在路由表中。

当主用静态路由出现物理链路故障或者接口故障时，该静态路由不能再提供到达目的地的路径，所以在路由表中会被删除。此时，浮动静态路由会被加入到路由表，以保证报文能够从备份链路成功转发到目的地。

例：在主链路出现故障时（本例中 shutdown），浮动静态路由会被激活并加入到路由表中，承担数据转发业务。

[RTB]interface GigabitEthernet 0/0/0

[RTB-GigabitEthernet0/0/0]shutdown

[RTB]display ip routing-table

Route Flags：　　　R - relay，　　　D　　download to fib

Routing Tables：　Public Destinationss：13　　Routes：14

Destination/Mask   Proto   Pre   Cost   Flags   NextHop   Interface
192.168.1.0/24   Static100   0   RD   20.0.12.1   GigabitEthernet 0/0/1

在主用静态路由的物理链路恢复正常后，主用静态路由会重新被加入到路由表，并且数据转发业务会从浮动静态路由切换到主用静态路由，而浮动静态路由会在路由表中再次被隐藏。

6. 删除静态路由

可以在系统视图直接使用 undo ip route-static 命令。

例如，要删除 4.4.4.0 这个网络的路由，命令为：

[RTA]undo ip route 4.4.4.0 255.255.255.0 1.1.1.1

3.2.3 静态路由配置举例

下面用一个实例来说明静态路由的配置，如图 3-14 所示。所有的掩码都为 255.255.255.0，接下来将说明如何通过配置静态路由，使得所有的主机和路由器两两互通。

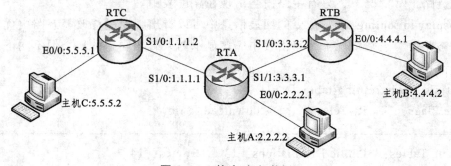

图 3-14   静态路由举例

配置的详细内容如下：

RTA 所连主机上配置缺省网关为：2.2.2.1（在所连主机的 TCP/IP 属性中设置）。

RTB 所连主机上配置缺省网关为：4.4.4.1（在所连主机的 TCP/IP 属性中设置）。

RTC 所连主机上配置缺省网关为：5.5.5.1（在所连主机的 TCP/IP 属性中设置）。

RTA 的路由配置：

[RTA]ip route-static 4.4.4.0 255.255.255.0 3.3.3.2

其中 "255.255.255.0" 可以用 "24"（子网掩码长度）代替。上句也可写为：

[RTA]ip route-static 4.4.4.0243.3.3.2

[RTA]ip route-static 5.5.5.0 255.255.255.0 1.1.1.2

RTB 的路由配置：

[RTB]ip route-static 1.1.1.0255.255.255.03.3.3.1

[RTB]ip route-static 2.2.2.0255.255.255.03.3.3.1

[RTB]ip route-static 5.5.5.0255.255.255.03.3.3.1

RTC 的路由配置：

[RTC]ip route-static 2.2.2.0255.255.255.01.1.1.1

[RTC]ip route-static 3.3.3.0255.255.255.01.1.1.1

[RTC]ip route-static 4.4.4.0255.255.255.01.1.1.1

至此配置结束。图 3-14 中所有主机和路由器能够实现两两互通。

3.2.4 缺省路由及配置

缺省路由是一种特殊的路由。当数据在查找路由表时，没有找到和目标相匹配的路由表项时，为数据指定的路由。考虑某公司使用一台路由器连接到互联网情况：路由器有一端连接公司内部，另一端和互联网络连接。由于路由表不可能描述互联网上的所有网络的路由，因此这种情形将是使用缺省路由的最好情形。路由器收到数据包以后，如果在路由表中无法找到与目的地址相匹配的路由表项，则数据包将通过缺省路由从接口发出。缺省路由可以减少路由器中的路由记录的数目，降低路由器配置的复杂程度，放宽对路由器性能的要求。

缺省路由可以通过静态路由手工配置，某些动态路由协议也可以自动生成缺省路由，如 OSPF 和 IS-IS，简单地说，缺省路由就是在没有找到匹配的路由表入口项时才使用的路由。即只有当没有合适的路由时，缺省路由才被使用。在路由表中，缺省路由以到网络 0.0.0.0/0 的路由形式出现。用 0.0.0.0 作为目标网络号，用 0.0.0.0 作为子网掩码，所有的网络都会和这条路由记录符合。每个 IP 地址与 0.0.0.0 进行二进制"与"操作后的结果都得 0，与目标网络号 0.0.0.0 相等。也就是说用 0.0.0.0/0 作为目标网络的路由记录符合所有的网络，我们称这种路由记录为缺省路由或默认路由。

路由器在查询路由表进行数据包转发时，采用的是深度优先原则，即尽量让包含的主机范围小，也就是子网掩码位数长的路由记录先作转发。而默认路由所包含的主机数量是最多的，因为它的子网掩码为 0。所以会被最后考虑，路由器会将在路由表中查询不到的数据包用默认路由作转发。

注意，"缺省"并非是指出厂就已经设置好的意思，缺省路由在静态路由中同样需要进行配置。在路由选择过程中，缺省路由会被最后匹配。

缺省路由配置命令格式：

[RTA] ip route-static 0.0.0.0 0.0.0.0 next-hop-address

例：如图 3-15 所示，公司局域网通过路由器连接到 WAN，由于到 WAN 的接口只有一个 S0/0，所以可以在路由器 RTA 上配置缺省路由。命令为：

[RTA]ip route-static 0.0.0.0 0.0.0.010.0.0.2

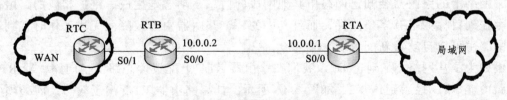

图 3-15 缺省路由配置

在这个例子中，路由器 RTA 接收到任何数据包后，如果它们的目的地不是紧邻的网络段，则 RTA 通过缺省路由从它的接口 S0/0 向 10.0.0.2 发出。

如果一台路由器连接了两台或以上的路由器，可以将复杂的一端设置为缺省路由，其他接口设置为静态路由，指定到达的目标网络。在上图中的路由器 RTB 连接了两个路由器 RTA、RTC，由于 RTB 不可能知道 WAN 中的所有网络地址，所以通往 RTC 的接口适合被设置成缺省路由的下一跳。而通往 RTA 的则只有一种情况，可以为这个目的网络设置静态路由，指定到达的目标网络（10.0.0.1）。路由器 RTB 接收到任何数据包后，它首先看数据包中的目标网络，比较路由表中指定的路由配置，如图 3-15 所示。如果目标网络是 10.0.0.1，则从它的接口 S0/0 向 10.0.0.1 发出；如果不是，则最后通过缺省路由从 S1/0 接口发出。

验证缺省路由配置命令格式：

display ip routing-table

该命令用来查看该路由的详细信息。

例如：

[RTA]display ip routing-table

Route Flags:　　　R - relay,　　　D　　　download to fib

Routing Tables：　Public Destinations：13　　　Routes：14

Destination/Mask　Proto　Pre　Cost　Flags　NextHop　　　Interface

0.0.0.0/0　　　Static 60　　0　　　RD　　10.0.12.2　GigabitEthernet 0/0/0

在本示例中，目的地址在路由表中没能匹配的所有报文都将通过 GigabitEthernet 0/0/0 接口转发到下一跳地址 10.0.12.2。

任务 3.3　动态路由协议

3.3.1　动态路由协议简介

1. 概　述

在动态路由中，管理员不再需要对路由器上的路由表进行手工维护，而是在每台路由器上运行一个路由表的管理程序。这个路由表的管理程序会根据路由器上的接口的配置及所连接的链路的状态，生成路由表中的路由表项。

各路由器间还会通过相互联接的网络，动态地相互交换所知道的路由信息。通过这种机制，网络上的路由器会知道网络中其他网段的信息，动态地生成、维护相应的路由表。如果存在到目标网络有多条路径，而且其中的一个路由器由于故障而无法工作时，到远程网络的路由可以自动重新配置。

例如为了从网络 N1 到达 N2，我们在路由器 RTA 上配置静态路由指向路由器 RTD，通过路由器 RTD 最后到达 N2，如图 3-16 所示。如果路由器 RTD 出了故障，就必须由网络管理员手动修改路由表，由路由器 RTB 到 N2，来保证网络畅通。如果运行了动态路由协议，当路由器 RTD 出故障后，路由器之间会通过动态路由协议来自动的发现另外一条到达目标网络的路径，并修改路由表。指导数据由路由器 RTB 转发。

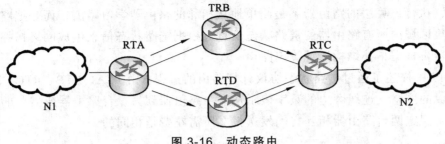

图 3-16 动态路由

总的来说，路由表的维护不再由管理员手工进行，取而代之的是在各路由器上运行的路由表的管理程序，这个路由表的管理程序也就是我们所说的动态路由协议。采用动态路由协议管理路由表在大规模的网络中是十分有效的。

它可以大大地减小管理员的工作量。每个路由器上的路由表都是由路由协议通过相互间协商自动生成的，管理员不需要再去操心每台路由器上的路由表，而只需要简单的在每台路由器上运行动态路由协议，其他的工作都由路由协议自动去完成。

网络对拓扑结构变化的响应速度会大大提高。无论是网络正常的增减，还是异常的网络链路损坏，相邻的路由器都会检测到它的变化，会把拓扑的变化通知网络中其他的路由器，使它们的路由表也产生相应的变化。这样的过程比手工对路由的修改要快得多，准确得多。

由于有这些特点的存在，在当今的网络中，动态路由是主要选择的方案。在路由器少于 10 台的网络中，我们还有可能采用静态路由。如果网络规模进一步增大，那么一定会采用动态路由协议来管理路由表。

2. 动态路由协议分类

动态路由协议有很多种，分类标准也很多。主要的分类标准是根据算法的不同来划分，不同的算法能适应的网络规模也不尽相同。目前使用的两种常见的动态路由协议算法是距离矢量算法和链路状态算法，它们各有各的特点。

1）距离矢量算法

距离矢量算法就是相邻的路由器之间互相交换整个路由表，并进行矢量的叠加，最后达到知道整个路由表。通俗地来理解，就像在一群人中，每个人只与自己的邻居交流，大家都通过不断的相互学习，最后每个人都会了解整个群体中所有情况。例如你站在小王与小李中间，通过小王你了解到他的另一邻居小刘，小李则从你这里了解到小刘的信息，周而复始，最终大家都会认识所有人。

距离矢量协议无论是实现还是管理都比较简单，但是它的收敛速度慢，报文量大，占用较多网络开销，并且会产生路由环路，为避免路由环路需要提供特殊处理。目前常见的基于距离矢量算法的协议有 RIP，BGP 等。

2）链路状态算法

链路状态算法对路由的计算方法和距离矢量算法有本质的差别。距离矢量算法是一个平面式的，所有的路由表项学习完全依靠邻居，交换的是整个路由表项。链路状态是一个层次式的，执行该算法的路由器不是简单地从相邻的路由器学习路由，而是把路由器分成区域，收集区域内所有路由器的链路状态信息，根据链路状态信息生成网络拓扑结构，每一个路由器再根据拓扑结构图计算出路由。

图 3-17 中描述了通过链路状态协议计算路由的过程。由 RTA、RTB、RTC、RTD 四台路由器组成的网络，连线旁边的数字表示从一台路由器到另一台路由器所需要的花费。为简化问题，假定两台路由器相互之间发送报文所需花费是相同的。

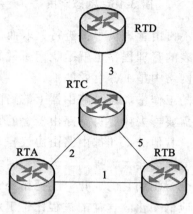

图 3-17　网络的拓扑结构

每台路由器都根据自己周围的网络拓扑结构生成一条 LSA（链路状态广播），并通过相互之间发送协议报文将这条 LSA 发送给网络中其他的所有路由器。这样每台路由器都收到了其他路由器的 LSA，所有的 LSA 放在一起称作 LSDB（链路状态数据库）。显然，4 台路由器的 LSDB 都是相同的。

由于一条 LSA 是对一台路由器周围网络拓扑结构的描述，那么 LSDB 则是对整个网络的拓扑结构的描述。路由器很容易将 LSDB 转换成一张带权的有向图，这张图便是对整个网络拓扑结构的真实反映。显然，4 台路由器得到的是一张完全相同的图，如图 3-18 所示。

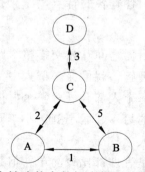

图 3-18　由链路状态数据库得到的带权有向图

接下来每台路由器在图中以自己为根节点，生成一个树形结构，每棵树得到了到网络中各个节点的路由表，每台路由器都可以计算出到其他路由器的路由花销（cost）。使用相应的算法计算出一棵最小生成树，由这 4 台路由器各自得到的路由表是不同的。这样每台路由器分别以自己为根节点计算最小生成树，如图 3-19 所示。

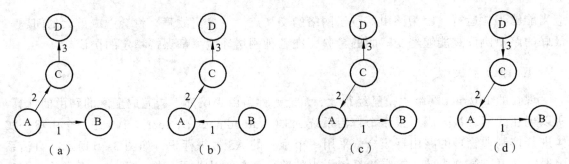

图 3-19　每台路由器最小生成树

链路状态算法的实现方首先得到网络拓扑，再根据网络拓扑计算路由。这种路由的计算方法对路由器的硬件相对要求较高，但它计算准确，一般可以确保网络中没有路由环路存在。由于路由不是在路由器间顺序传递的，网络动荡时，路由收敛速度较快。而且路由器不需要定期地将路由信息复制到整个网络中，网络流量相对较小。如表 3-1 所示为对这两种路由算法的比较。

表 3-1　距离矢量算法与链路状态算法

	距离矢量算法	链路状态算法
是否有环路	有	无
收敛速度	慢	快
对路由器 CPU、RAM 的要求	低	高
网络流量	大	小
典型协议	RIP、BGP	OSPF、IS-IS

3. 衡量路由协议的指标

1) 收敛时间

收敛是指路由器发现网络的拓扑结构发生变化后，路由信息同步的过程。而整个同步过程所共花费的时间为收敛时间，或者说是某个路由信息变化后反映到所有路由器中所需要的时间，我们叫收敛时间。

一般来说如果互联网络的拓扑结构永远不会发生变化，则收敛不会成为一个问题。关键是网络上会经常出现改变，如网络升级加入新的路由器、路由器接口故障、带宽分配的改变、路由器 CPU 使用情况的增加或减少等。所有的这些条件的改变都可能会使网络的拓扑结构发生变化，导致路由器在路由表中重新计算路由，并且把重新计算的路由表分发给相邻的路由器。相邻的路由器也要作同样的工作，直到所有的路由器都开始使用新计算的路由；如果路由器花费太长的时间来检测、计算和分发新路由，将会导致路由选择回路和网络故障等问题。

2) 健壮性

就是在面对各种非正常，不可知的情况下（如硬件故障，负荷过载，处理错误），它们应当能够正常运行。因为路由器位于网络的交叉点，一旦出故障，将会造成重大的问题。最好的路由协议是能够经受时间的考验，在各种网络环境下都保持稳定的协议。

4. 自治系统

现在的 Internet 网络规模已经很大，无论哪种路由协议都不能完成全网的路由的计算，所以现在的网络被分成了很多个自治系统 AS（Autonomous System），AS 是一个由单一实体进行控制和管理的路由器集合，采用一个唯一的 AS 号来标识，如图 3-20 所示。自治系统通常又可以被称为域，在自治系统之内的路由更新被认为是可知、可信、可靠的。在进行路由计算时先在自治系统之内，再在自治系统之间，这样当自治系统内部的网络发生变化时，只会影响到自治系统之内的路由器，而不会影响网络中的其他部分，隔离了网络拓扑结构的变化。

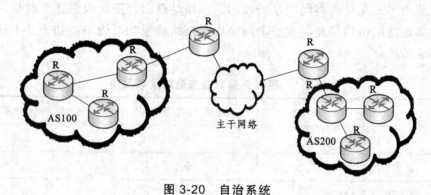

图 3-20　自治系统

路由协议也可以根据自治系统来进行分类：

域（自治系统）内的域内协议（又称为内部网关协议或 IGP），域内协议包括 RIP，IS-IS，OSPF；

域（自治系统）间的域间协议（又称外部网关协议或 EGP），目前域间协议只有 BGP 一种。

域内协议被用在同一个 AS 中的路由器之间，其作用是计算 AS 中的任意两个网络之间的最快或者费用最低的通路，以达到最佳的网络性能。

域间协议被用在不同自治系统中的路由器之间，其作用是计算那些需要穿越不同自治系统的通路。由于这些自治系统是由不同的组织来管理的，因此在选择穿越 AS 的通路时，所依据的标准将不只局限于通常所说的性能，而是要依据多种特定的策略和标准，如费用、可用性、性能、AS 之间的商业关系等。边缘网关协议（BGP）是 EGP 的一个例子，而 IGP 的实例就包括 OSPF 和 RIP 等。例如由 2 个不同自治系统构成的网络，在相邻 AS 之间可以运行 EGP，而在 AS 内部运行 IGP。

5. 常用路由协议简介

RIP（Routing Information Protocol）路由信息协议，采用距离向量算法。是一个比较早期的路由协议，最显著的特点是配置简单，在小型的网络中较常见。最大的问题是路由的范围有限，只能支持在直径为 15 个路由器的网络内进行路由。它只根据经过路由器的跳数 HOP 计算路由的花费，而不考虑链路的带宽、延迟等复杂的因素，所以不能适应复杂拓扑结构的网络。由于采用 DV 算法会有路由环路等问题存在，有很多主流的 PC 操作系统支持 RIP 协议。

OSPF（Open Shortest Path First，开放最短路径优先）是为大型网络设计的一种路由协议。OSPF 会根据收集到的网络上的链路状态，采用 SPF 算法，计算以它为中心的一棵最短路径树。OSPF 协议的最大的优点是它十分有效，由于采用链路状态算法，它的网络流量小，收敛速度快，并且没有路由环路存在。最大的缺点是比较复杂，实施前需要进行规划，且配置和维护都比较复杂。OSPF 协议适于在中大规模的网络中使用，目前在各自治系统（AS）内部主要采用的就是 OSPF 协议。

IS-IS（Intermediate System to Intermediate System，中间系统到中间系统）是由 ISO 组织开发的一套完全遵从 OSI 模型的路由协议。它采用的是和 OSPF 基本类似的协议和算法。由于同样基于链路状态算法，它可以确保系统中没有环路，确保最短路径。

BGP（Border Gateway Protocol，边界网关路由协议）是一种自治系统间的路由协议，它的基本功能是在自治系统间无环路的交换路由的信息。上面谈到的路由协议都是自治系统内的路由协议，在自治系统内的路由更新被认为是可信、可知、可靠的，但在自治系统间的路由更新被认为是不可知、不可信、不可靠的。目前在 Internet 上的自治系统间的路由协议只有一种 BGP。它是一种 DV 算法的路由协议，它通过路由信息中丰富的路由属性，解决路由环路等的问题。目前 Internet 的骨干路由器上所运行的路由协议都是 BGP。

3.3.2 距离矢量路由协议

1. 距离矢量路由协议原理

距离矢量协议也称为 Bellman-Ford 协议，网络中路由器向相邻的路由器发送它们的整个路由表。路由器在从相邻路由器接收到的信息的基础之上建立自己的路由表。然后，将信息传递到它的相邻路由器。这样一级一级的传递下去以达到全网同步。也就是说距离矢量路由表中的某些路由项有可能是建立在第 2 手信息的基础之上的，每个路由器都不了解整个网络拓扑，它们只知道与自己直接相连的网络情况，并根据从邻居得到的路由信息更新自己的路由表，进行矢量叠加后转发给其他的邻居。

2. 直连路由

距离矢量路由协议在初始化过程或路由更新过程时，网络中路由器首先会生成自己的直连路由，直连路由是指与自己直接相连的网络的情况。路由器会定期地把路由表传送给相邻的路由器，让其他路由器知道该路由器的网络情况。

如图 3-21 所示，路由器 RTA 会告诉路由器 RTB "从我这里通过 S1/0 接口能到达 1.0.0.0 网络，花费为 0，通过 S0/0 能到达 2.0.0.0 网络，花费为 0"。路由器 RTB 原来并不知道到 1.0.0.0 网络如何走，现在就会通过动态路由协议学习到，把它添加到路由器 RTB 的路由表中，这是从 S0/0 口学到的，在路由器 RTA 的基础上跳数加 1。注意路由器 RTA 被用来作为下一跳的地址，路由器 RTB 认为从路由器 RTA 可以到达目标网络，至于路由器 RTA 从何得来的路由信息，路由器 RTB 并不关心的。到 2.0.0.0 的路由路由器 RTB 原来就有，跳数为 0，路由器 RTA 传来的路由在跳数加 1 后变为 1，所以不会加入到路由表中。

图 3-21　直连路由

经过了这样的更新后，网络中的每台路由器都知道了不与它直接相连的网络的存在，有了关于它们的路由记录，实现了全网的连通。而所有这些工作都不需要管理员手工干预，这正是动态路由协议给我们带来的第一个好处，减少了配置的复杂性。

但我们也看到，在经过了若干个更新周期后，路由信息才被传递到每台路由器上，网络才能达到平衡，也就是说距离矢量算法平均收敛速度相对较慢。如果网络直径很大，路由要从一端传到另外一端所需花费的时间会很长。

3. 路由环路

距离矢量算法存在的一个重要的问题就是会产生路由环路。路由环路问题产生的原因和距离矢量算法的原理有关，如前所述，每个路由器根据从其他路由器接收到的信息来建立自己的路由表。如果某个路由器出现"故障"或者因为别的原因而无法在网上使用时，就会造成路由环路。下面我们将用图例来讲述路由环路产生的过程，如图 3-22 所示。

图 3-22　路由环路

路由器 RTA 与网络 1.0.0.0 直接相连，路由器 RTB 与网络 3.0.0.0 直接相连。如果此时路由器 RTA 与 1.0.0.0 的连接出现"故障"，其路由表中相应的路由记录会消失，那么当路由器 SWB 向路由器 RTA 发送了路由信息，路由器 SWA 就会从路由器 RTB 的路由信息中学习到 1.0.0.0 这条路由，并对此信息进行矢量叠加后添加到路由表。根据路由器 RTB 上的有关 1.0.0.0 的路由记录可分析出，路由器 RTB 到目标地址为 1.0.0.0 的数据包经过从 S0/0转发，距离为"1"，此时路由器 RTA 是通过路由器 RTB 学习到的，那路由器 RTA 到 1.0.0.0 的距离就会变为"2"，并且不再是从 S1/0 转发，而是从 S0/0 转发，同样的道理路由器 RTB会反过来找 RTA 学习路由信息，并在原来的距离上加"1"，路由器 RTC 如法效仿。

所以说距离矢量算法的工作原理是造成这种环路现象的原因。路由器 RTB 只是简单地告诉路由器 RTA 从它这里能到 1.0.0.0 的网络，从哪个接口转发，而没有告诉路由器 RTA这条路由是从谁学来的。在 RTA 有直连路由的情况下不会接受路由器 RTB 的通告，因为直连路由的优先级高于其他路由，只有直连路由没有了，它就会使用路由器 RTB 的路由信息。由于路由器 RTB 的路由信息本身就是从路由器 RTA 学来的，这样就产生环路问题基础。上面的更新过程延续下去就会产生计算到无穷的问题，通过不断地相互学习，到 1.0.0.0 网络的路由权值将会不断变大。

针对产生回路的问题，防止和解决的方法有：

定义最大路由权值；

水平分割；

毒性逆转；

路由保持法；

触发更新。

1）定义最大路由权值

1.0.0.0 的路由信息在两个路由器间不停的相互更新，根据路由的更新原则：对本路由表中已有的路由表项，当 Next Hop 相同时，不论度量值增大或是减少，都更新该路由项。这造成了路由权值不停的增大，直至无穷。为解决路由环问题首先要设定一个最大值作为路由权的无穷大值，这个数值通常要根据协议的路由权值的计算方法而定。比如在 RIP 中以跳数来作为路由权的度量，它的最大值就是 16，也就是说如果某条路由的 Metric 值为 16 就表示这条路由不可达。

最大值的设定只能解决无限循环的问题，而并不能解决慢收敛问题，这就引出了另一种解决路由环路的方法。

2）水平分割

水平分割（Split Horizon）是一种避免路由环路的出现和加快路由汇聚的技术。

产生环路的一种情况是：路由器 A 将从路由器 B 学习到的路由信息又告诉给了路由器 B。最终，路由器 B 认为通过路由器 A 能够到达目标网络，路由器 A 认为通过路由器 B 能够到达目标网络。路由数据包的时候，数据将在两个路由器间不停地循环，直至 TTL 的值为 0，将此数据包丢弃。

水平分割的思想就是：在路由信息传送过程中，不再把路由信息发送到接收到此路由信息的接口上。从而在一定程度上避免了环路的产生。

3）毒性逆转

毒性逆转（Poisoned Reverse）实际上是一种改进的水平分割，这种方法的运作原理是：路由器从某个接口上接收到某个网段的路由信息之后，并不是不往回发送信息了，而是继续发送，只不过是将这个网段的跳数设为无限大再发送出去。收到此种的路由信息后，接收方路由器会立刻抛弃该路由，而不是等待其老化时间截止（Age Out）。这样可以加速路由的收敛。

4）路由保持法

解决物理环路的一个简单方法就是路由保持，让路由器对于链路损坏的路由不是简单的删除路由，而是将该路由标记为"无限大"，并启动一个计时器，保持一段时间。在此期间，它忽略任何关于目的网络的信息。直到这条路由的不可达状态被尽可能的扩散出去，防止错误路由的传播。

在大型或者复杂网络中，为了防止出现问题，保持的时间会非常长。为减少时间，可以采用了另一种方法，叫做触发更新。

5）触发更新

触发更新的思想是当路由器检测到链路有问题时立即进行问题路由的更新，迅速传递路由故障和加速收敛，减少环路产生的机会。如果路由器使用触发更新，它可以在几秒钟内就在整个网络上传播路由故障消息，极大地缩短了收敛时间。而采用一般的路由更新的动作，也就是等候路由的更新周期的到来，可能要花费更多的时间。例如，RIP 路由协仪每 30 s 才会向外更新路由。

总之路由环路是 DV 算法必须要解决的问题，只有处理好环路问题的路由协议才能应用在实际的系统中。常见的 D-V 路由协议一般都会采用上述阐述的多种方法解决路由环路的问题。

4. 路由信息协议 RIP

1）RIP 概述

RIP 是 Routing Information Protocol（路由信息协议）的简称，它是一种相对简单的动态路由协议，但在实际使用中有着广泛的应用。RIP 是一种基于 DV 算法的协议，它通过 UDP（User Datagram Protocol）报文交换路由信息，每隔 30 s 向外发送一次更新报文。如果路由器经过 180 s 没有收到来自对端的路由更新报文，则将所有来自此路由器的路由信息标记为不可达，若在其后 120 s 内仍未收到更新报文，就将这些路由从路由表中删除。

为提高性能，防止产生路由环路，RIP 支持水平分割（Split Horizon）、毒性逆转（Poison Reverse），并采用触发更新（Triggered Update）机制。RIP 支持将其他路由协议发现的路由信息引入到路由表中。

工作过程：

路由器运行 RIP 后，会首先发送路由更新请求，收到请求的路由器会发送自己的 RIP 路由进行响应。网络稳定后，路由器会周期性发送路由更新信息。

路由器启动时，路由表中只会包含直连路由。运行 RIP 之后，路由器会发送 Request 报文，用来请求邻居路由器的 RIP 路由。运行 RIP 的邻居路由器收到该 Request 报文后，会根据自己的路由表，生成 Response 报文进行回复。路由器在收到 Response 报文后，会将相应的路由添加到自己的路由表中。

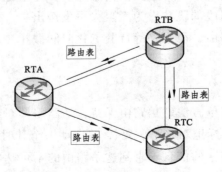

图 3-23 RIP 路由表传递

RIP 网络稳定以后，每个路由器会周期性地向邻居路由器通告自己的整张路由表中的路由信息，默认周期为 30 s。邻居路由器根据收到的路由信息刷新自己的路由表。

2）RIP 度量

RIP 使用跳数（Hop Count）作为度量值来衡量到达目的网络的距离，称为路由权（Routing Metric）。缺省情况下，直连网络的路由跳数为 0，每通过一个路由器，会把度量值加 1。RIP 规定超过 15 跳为网络不可达。

路由器从某一邻居路由器收到路由更新报文时，将根据以下原则更新本路由器的 RIP 路由表：

（1）对于本路由表中已有的路由项，当该路由项的下一跳是该邻居路由器时，不论度量值将增大或是减少，都更新该路由项（度量值相同时只将其老化定时器清零。路由表中的每一路由项都对应了一个老化定时器，当路由项在 180 s 内没有任何更新时，定时器超时，该路由项的度量值变为不可达）。

（2）当该路由项的下一跳不是该邻居路由器时，如果度量值将减少，则更新该路由项。

（3）对于本路由表中不存在的路由项，如果度量值小于 16，则在路由表中增加该路由项。某路由项的度量值变为不可达后，该路由会在 Response 报文中发布 4 次（120 s），然后从路由表中清除。

3）RIP 版本

RIP 包括 RIP-1 和 RIP-2 两个版本。

RIP-1 为有类别路由协议，不支持 VLSM 和 CIDR。RIP-2 为无类别路由协议，支持 VLSM，支持路由聚合与 CIDR。

RIP-1 使用广播发送报文。RIP-2 有两种发送方式：广播方式和组播方式，缺省是组播方式。RIP-2 的组播地址为 224.0.0.9。组播发送报文的好处是在同一网络中那些没有运行 RIP 的网段可以避免接收 RIP 的广播报文。另外，组播发送报文还可以使运行 RIP-1 的网段避免错误地接收和处理 RIP-2 中带有子网掩码的路由。

RIP-1 不支持认证功能，RIP-2 支持明文认证和 MD5 密文认证，并支持变长子网掩码。

4）RIP 报文格式

RIPv1 报文格式（见图 3-24）：

Command	Version	Must be Zero
Address Family Identifier		Must be Zero
IP Adress		
Must be Zero		
Must be Zero		
Metric		

图 3-24　RIPv1 报文格式

RIP 协议通过 UDP 交换路由信息，端口号为 520。RIPvl 以广播形式发送路由信息，目的 IP 地址为广播地址 255.255.255.255。

报文格式中每个字段的值和作用：

（1）Command：表示该报文是一个请求报文还是响应报文，只能取 1 或者 2。1 表示该报文是请求报文，2 表示该报文是响应报文。

（2）Version：表示 RIP 的版本信息。对于 RIPvl，该字段的值为 1。

（3）Address Family ldentifier（AFI）：表示地址标识信息，对于 IP 协议，其值为 2。

（4）IP address：表示该路由条目的目的 IP 地址。这一项可以是网络地址、主机地址。

（5）Metric：标识该路由条目的度量值，取值范围 1 ~ 16。

一个 RIP 路由更新消息中最多可包含 25 条路由表项，每个路由表项都携带了目的网络的地址和度量值。整个 RIP 报文大小限制为不超过 504 字节。如果整个路由表的更新消息超过该大小，需要发送多个 RIPvl 报文。

RIPv2 报文格式（见图 3-25）：

Command	Version	Unused
Address Family Identifier		Route Tag
IP Adress		
Subnet mask		
Next Hop		
Metric		

图 3-25　RIPv2 报文格式

RIPv2 在 RIPv1 基础上进行了扩展，但 RIPv2 的报文格式仍然同 RIPv1 类似。

其中不同的字段如下所示：

（1）AFI：地址族标识除了表示支持的协议类型外，还可以用来描述认证信息。

（2）Route tag：用于标记外部路由。

（3）Subnet Mask：指定 IP 地址的子网掩码，定义 IP 地址的网络或子网部分。

（4）Next Hop：指定通往目的地址的下一跳 IP 地址。

5）RIPv2 认证

报文格式如图 3-26 所示。

Command	Version	Unused
0XFFFF		Authentication Type
Authentication		

图 3-26　RIPv2 认证报文格式

RIPv2 的认证功能是一种过滤恶意路由信息的方法，该方法根据 key 值来检查从有效对端设备接收到的报文。这个 key 值是每个接口上都可以配置的一个显示密码串，相应的认证类型（Authentication Type）的值为 2。早期的 RIPv2 只支持简单明文认证，安全性低，因为明文认证密码串可以很轻易地截获。随着对 RIP 安全性的需求越来越高，RIPv2 引入了加密认证功能，开始是通过支持 MD5 认证来实现，后来通过支持 HMAC-SHA-1 认证进一步增强了安全性。

6）RIP 环路

RIP 环路形成原因：当网络发生故障时，RIP 网络有可能产生环路，下面示例介绍了RIP 网络上路由环路的形成过程。

如图 3-27 所示，RIP 网络正常运行时，RTA 会通过 RTB 学习到 10.0.0.0/8 网络的路由，度量值为 1。一旦路由器 RTB 的直连网络 10.0.0.0/8 产生故障，RTB 会立即检测到该故障，并认为该路由不可达。此时，RTA 还没有收到该路由不可达的信息，于是会继续向 RTB 发送度量值为 2 的通往 10.0.0.0/8 的路由信息。RTB 会学习此路由信息，认为可以通过 RTA 到达 10.0.0.0/8 网络。此后，RTB 发送的更新路由表又会导致 RTA 路由表的更新，RTA 会新增一条度量值为 3 的 10.0.0.0/8 网络路由表项，从而形成路由环路。这个过程会持续下去，直到度量值为 16。

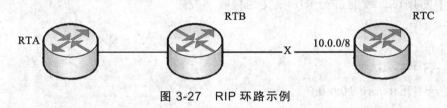

图 3-27　RIP 环路示例

7）RIP 环路避免

（1）水平分割。

RIP 路由协议引入了很多机制来解决环路问题，除了之前介绍的最大跳数，还有水平分割机制。水平分割的原理是，路由器从某个接口学习到的路由，不会再从该接口发出去。如上面的例子所示，RTA 从 RTB 学习到的 10.0.0.0/8 网络的路由不会再从 RTA 的接收接口重新通告给 RTB，由此避免了路由环路的产生。

（2）毒性反转。

RIP 的防环机制中还包括毒性反转，毒性反转机制的实现可以使错误路由立即超时。配置了毒性反转之后，RIP 从某个接口学习到路由之后，发回给邻居路由器时会将该路由的跳数设置为 16。利用这种方式，可以清除对方路由表中的无用路由。如前例中，RTB 向RTA 通告了度量值为 1 的 10.0.0.0/8 路由，RTA 在通告给 RTB 时将该路由度量值设为 16。如果 10.0.0.0/8 网络发生故障，RTB 便不会认为可以通过 RTA 到达 10.0.0.0/8 网络，因此就可以避免路由环路的产生。

（3）触发更新。

触发更新是指当路由信息发生变化时，立即向邻居设备发送触发更新报文。

缺省情况下，一台 RIP 路由器每 30 s 会发送一次路由表更新给邻居路由器。当本地路由信息发生变化时，触发更新功能允许路由器立即发送触发更新报文给邻居路由器来通知路由信息更新，而不需要等待更新定时器超时，从而加速了网络收敛。

5. RIP 配置

1）基本配置

RIP 使能：

rip [process-id]

命令用来使能 RIP 进程。该命令中，process-id 指定了 RIP 进程 ID。如果未指定 process-id，命令将使用 1 作为缺省进程 ID。

RIP 版本：

version 2

命令可用于使能 RIPv2 以支持扩展能力，比如支持 VLSM、认证等。

RIP 网络通告：

network <network-address>

命令可用于在 RIP 中通告网络，network-address 必须是一个自然网段的地址。只有处于此网络中的接口，才能进行 RIP 报文的接收和发送。

例如：

[RTA]rip

[RTA-rip-1]version 2

[RTA-rip-1]network 10.0.0.0

2）Metricin 配置

修改度量值，命令格式：

rip metricin<metric value>

用于修改接口上应用的度量值（注意：该命令所指定的度量值会与当前路由的度量值相加）。当路由器的一个接口收到路由时，路由器会首先将接口的附加度量值增加到该路由上，然后将路由加入路由表中。

例如（见图 3-28）：

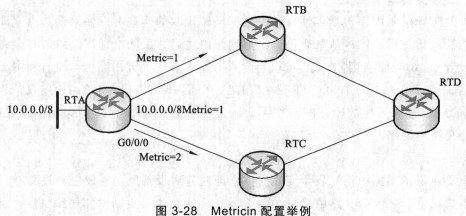

图 3-28　Metricin 配置举例

[RTC]interface GigabitEthernet 0/0/0

[RTC-GigabitEthernet0/0/0]rip metricin 2

本示例中，RTA 发送的 10.0.0.0/8 路由条目的度量值为 1，由于在 RTC 的 GigabitEthernet0/0/0 接口上配置了 rip metricin 2，所以当路由到达 RTC 的接口时，RTC 会将该路由条目的度量值加 2，最后该路由的度量值为 3。

3）metricout 配置

命令 rip metricout 用于路由器在通告 RIP 路由时修改路由的度量值。一般情况下，在将路由表项转发到下一跳之前，RIP 会将度量值加 1。如果配置了 rip metricout 命令，则只应用命令中配置的度量值。即，当路由器发布一条路由时，此命令配置的度量值会在发布该路由之前附加在这条路由上，但本地路由表中的度量值不会发生改变。

例如（见图 3-29）：

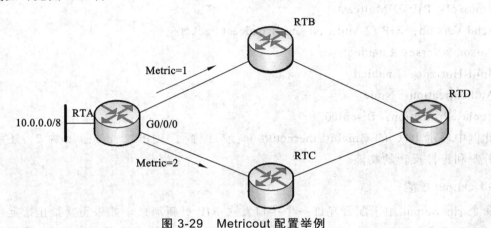

图 3-29　Metricout 配置举例

[RTA]interface GigabitEthernet 0/0/0

[RTA-GigabitEthernet0/0/0] rip metricout2

在本示例中，缺省情况下，RTA 发送的 10.0.0.0/8 路由条目的度量值为 1。但是，由于在 RTA 的 GigabitEthernet0/0/0 接口上配置了 rip metricout2，所以 RTA 会将该路由条目的度量值设置为 2，然后发送给 RTC。

4）水平分割和毒性反转配置

水平分割和毒性反转都是基于每个接口来配置的。缺省情况下，每个接口都启用了 rip split-horizon 命令（NBMA 网络除外）以防止路由环路。

华为系列路由器不支持同时配置水平分割和毒性反转，因此当一个接口上同时配置了水平分割和毒性反转时，只有毒性反转生效。

例如：

[RTC]interface GigabitEthernet0/0/0

[RTC-GigabitEthernet0/0/0]rip split-horizon

[RTC-GigabitEthernet0/0/0]rip poison-reverse

在接口 G0/0/0 上同时配置了水平分割和毒性反转时，只有毒性反转生效。

5）配置验证

命令 display rip <process id> interface <interface> verbose 用来确认路由器接口的 RIP 配置。命令回显中会显示相关 RIP 参数，包括 RIP 版本以及接口上是否应用了水平分割和毒性反转。

例如：

[RTC]display rip 1 interface GigabitEthernet0/0/0 verbose

GigabitEthernet0/0/0（192.168.1.2）

State：UP   MTU：500

Metricin：2

MetricOut：1

Input：Enabled   Output：Enabled

Protocol：RIPV2 Multcast

Send Version：RIPV2 Multcast and Broadcast Packets

Poison-reverse：Enabled

Split-Horizon：Enabled

Authentication：None

Replay Protection：Disabled

此例中显示 RTC 的 GigabitEthernet0/0/0 接口配置了 RIPv2，metricin 为 2，还启用了水平分割和毒性反转的功能。

6）Output 配置

命令 rip output 用于配置允许一个接口发送 RIP 更新消息。如果想要禁止指定接口发送 RIP 更新消息，可以在接口上运行命令 undo rip output。缺省情况下，ARG3 系列路由器允许接口发送 RIP 报文。

企业网络中，可以通过运行命令 undo rip output 来防止连接外网的接口发布内部路由。

例如：

[RTA]interface GigabitEthernet0/0/0

[RTA-GigabitEthernet0/0/0]undo rip output

配置 RTA 的 G0/0/0 接口禁止发送 rip 报文。

7）Input 配置

rip input 命令用来配置允许指定接口接收 RIP 报文。

undo rip input 命令用来禁止指定接口接收 RIP 报文。运行命令 undo rip input 之后，该接口所收到的 RIP 报文会被立即丢弃。

缺省情况下，接口可以接收 RIP 报文。

例如：

[RTA]interface GigabitEthernet0/0/0

[RTA-GigabitEthernet0/0/0]undo rip input

配置 RTA 的 G0/0/0 接口禁止接收 rip 报文。

8）抑制接口配置

silent-interface 命令用来抑制接口，使其只接收 RIP 报文，更新自己的路由表，但不发送 RIP 报文。

命令 silent-interface 比命令 rip input 和 rip output 的优先级更高。命令 silent-interface all 表示抑制所有接口，此命令优先级最高，在配置该命令之后，所有接口都被抑制。

命令 silent-interface 通常会配置在 NBMA 网络上。在 NBMA 网络上，一些路由器需要接收 RIP 更新消息但是不需要广播或者组播路由器自身的路由更新，而是通过命令 peer <ip address>与对端路由器建立关系。

例如：

[RTD]rip

[RTD-rip-1]silent-interface GigabitEthernet0/0/0

表示路由器 RTD 的 G0/0/0 接口只接收 RIP 报文，不发送 RIP 报文。

9）配置验证

命令 display rip 可以比较全面地显示路由器上的 RIP 信息，包括全局参数以及部分接口参数。例如：

[RTD]display rip

Public VPN-instance

```
    RIP process        : 1
        RIP Version        : 2
        Preference         : 100
        Checkzero          : Enabled
        Default-cost       : 0
        Summary            : Enabled
        Host-route         : Enabled
        Maximum number of banlanced paths     : 8
        Update time      : 30 sec      Age time      : 180 sec
        Carbage-collect time  :  120 sec
        Graceful restart       : Disabled
        BFD                    : Disabled
        Silent-interface       : GigabitEthernet0/0/0
```

可以显示哪些接口上执行了 silent-interface 命令。

3.3.3 链路状态算法路由协议 OSPF

OSPF 是链路状态算法路由协议的代表，能适应中大型规模的网络，在当今的 Internet 中的路由结构就是在自治系统内部采用 OSPF，在自治系统间采用 BGP。

1. OSPF 简介

OSPF（Open Shortest Path First，开放最短路由优先协议）是 IETF 组织开发的一个基于链路状态的自治系统内部路由协议 IGP。在 IP 网络上，它通过收集和传递自治系统的链路状态来动态地发现并传播路由。OSPF 协议支持 IP 子网和外部路由信息的标记引入，该协议使用 IP 组播（ IP Multicasting ）方式发送和接收报文，组播地址为 224.0.0.5 和 224.0.0.6。一般情况下，每个支持 OSPF 协议的路由器都维护着一份描述整个自治系统拓扑结构的数据库，这一数据库是收集所有路由器的链路状态广播而得到的。每一台路由器总是将描述本地状态的信息（如可用接口信息、可达邻居信息等）广播到整个自治系统中去。根据链路状态数据库，各路由器构建一棵以自己为根的最短路径树，这棵树给出了到自治系统中各节点的路由。

OSPF 是一种基于链路状态的路由协议，它从设计上就保证了无路由环路。OSPF 支持区域的划分，区域内部的路由器使用 SPF 最短路径算法保证了区域内部的无环路。OSPF 还利用区域间的连接规则保证了区域之间无路由环路。

OSPF 支持触发更新，能够快速检测并通告自治系统内的拓扑变化。OSPF 可以解决网络扩容带来的问题。当网络上路由器越来越多，路由信息流量急剧增长的时候，OSPF 可以将每个自治系统划分为多个区域，并限制每个区域的范围。OSPF 这种分区域的特点，使得 OSPF 特别适用于大中型网络。OSPF 还可以同其他协议（比如多协议标记切换协议 MPLS ）同时运行来支持地理覆盖很广的网络。

OSPF 可以提供认证功能。OSPF 路由器之间的报文可以配置成必须经过认证才能进行交换。

OSPF 要求每台运行 OSPF 的路由器都了解整个网络的链路状态信息，这样才能计算出到达目的地的最优路径。OSPF 的收敛过程由链路状态公告 LSA（ Link State Advertisement ）泛洪开始，LSA 中包含了路由器已知的接口 IP 地址、掩码、开销和网络类型等信息。收到 LSA 的路由器都可以根据 LSA 提供的信息建立自己的链路状态数据库 LSDB（ Link State Database ），并在 LSDB 的基础上使用 SPF 算法进行运算，建立起到达每个网络的最短路径树。最后，通过最短路径树得出到达目的网络的最优路由，并将其加入到 IP 路由表中。

2. OSPF 报文

OSPF 直接运行在 IP 协议之上，使用 IP 协议号 89。

OSPF 有 5 种报文类型，每种报文都使用相同的 OSPF 报文头。

（1）Hello 报文：最常用的一种报文，用于发现、维护邻居关系。并在广播和 NBMA（ None-Broadcast Multi-Access ）类型的网络中选举指定路由器 DR（ Designated Router ）和备份指定路由器 BDR（ Backup Designated Router ）。

（2）DD 报文：两台路由器进行 LSDB 数据库同步时，用 DD 报文来描述自己的 LSDB。DD 报文的内容包括 LSDB 中每一条 LSA 的头部（ LSA 的头部可以唯一标识一条 LSA ）。LSA 头部只占一条 LSA 的整个数据量的一小部分，所以，这样就可以减少路由器之间的协议报文流量。

（3）LSR 报文：两台路由器互相交换过 DD 报文之后，知道对端的路由器有哪些 LSA 是本地 LSDB 所缺少的，这时需要发送 LSR 报文向对方请求缺少的 LSA，LSR 只包含了所需要的 LSA 的摘要信息。

（4）LSU 报文：用来向对端路由器发送所需要的 LSA。

（5）LSACK 报文：用来对接收到的 LSU 报文进行确认。

3．邻居状态机

邻居状态机如图 3-30 所示。

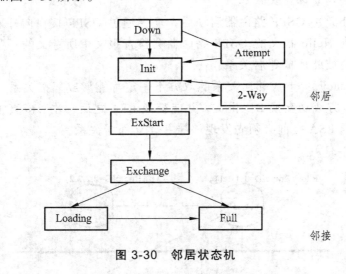

图 3-30　邻居状态机

邻居和邻接关系建立的过程如下：

（1）Down：这是邻居的初始状态，表示没有从邻居收到任何信息。

（2）atempt：此状态只在 NBMA 网络上存在，表示没有收到邻居的任何信息，但是已经周期性的向邻居发送报文，发送间隔为 Hello Interval。如果 Router Dead Interval 间隔内未收到邻居的 Hello 报文，则转为 Down 状态。

（3）nit：在此状态下，路由器已经从邻居收到了 Hello 报文，但是自己不在所收到的 Hello 报文的邻居列表中，尚未与邻居建立双向通信关系。

（4）-Way：在此状态下，双向通信已经建立，但是没有与邻居建立邻接关系。这是建立邻接关系以前的最高级状态。

（5）xStart：这是形成邻接关系的第一个步骤，邻居状态变成此状态以后，路由器开始向邻居发送 DD 报文。主从关系是在此状态下形成的，初始 DD 序列号也是在此状态下决定的。在此状态下发送的 DD 报文不包含链路状态描述。

（6）xchange：此状态下路由器相互发送包含链路状态信息摘要的 DD 报文，描述本地 LSDB 的内容。

（7）oading：相互发送 LSR 报文请求 LSA，发送 LSU 报文通告 LSA。

（8）ull：路由器的 LSDB 已经同步。

4. Route ID、邻居和邻接

Router ID 是一个 32 位的值，它唯一标识了一个自治系统内的路由器，可以为每台运行 OSPF 的路由器上可以手动配置一个 Router ID，或者指定一个 IP 地址作为 Router ID。如果设备存在多个逻辑接口地址，则路由器使用逻辑接口中最大的 IP 地址作为 Router ID；

如果没有配置逻辑接口，则路由器使用物理接口的最大 IP 地址作为 Router ID。在为一台运行 OSPF 的路由器配置新的 Router ID 后，可以在路由器上通过重置 OSPF 进程来更新 Router ID。通常建议手动配置 Router ID，以防止 Router ID 因为接口地址的变化而改变。

运行 OSPF 的路由器之间需要交换链路状态信息和路由信息，在交换这些信息之前路由器之间首先需要建立邻接关系。

邻居（Neighbor）：OSPF 路由器启动后，便会通过 OSPF 接口向外发送 Hello 报文用于发现邻居。收到 Hello 报文的 OSPF 路由器会检查报文中所定义的一些参数，如果双方的参数一致，就会彼此形成邻居关系。

邻接（Adjacency）：形成邻居关系的双方不一定都能形成邻接关系，这要根据网络类型而定。只有当双方成功交换 DD 报文，并能交换 LSA 之后，才形成真正意义上的邻接关系。路由器在发送 LSA 之前必须先发现邻居并建立邻居关系。

例如（见图 3-31）：

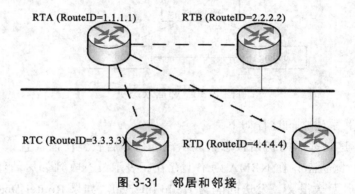

图 3-31　邻居和邻接

本例中，RTA 通过以太网连接了三个路由器，所以 RTA 有三个邻居，但不能说 RTA 有三邻接关系。

5. 邻居发现

OSPF 的邻居发现过程是基于 Hello 报文来实现的（见图 3-32），Hello 报文中的重要字段解释如下：

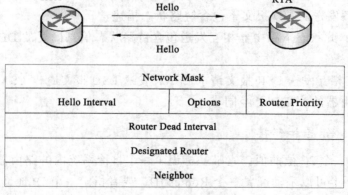

图 3-32　Hello 报文

（1）Network Mask：发送 Hello 报文的接口的网络掩码。

（2）Hello Interval：发送 Hello 报文的时间间隔，单位为秒。

（3）Options：标识发送此报文的 OSPF 路由器所支持的可选功能。具体的可选功能已超出这里的讨论范围。

（4）Router Priority：发送 Hello 报文的接口的 Router Priority，用于选举 DR 和 BDR。

（5）RouterDeadlnterval：失效时间。如果在此时间内未收到邻居发来的 Hello 报文，则认为邻居失效；单位为秒，通常为 4 倍 HelloInterval。

（6）Designated Router：发送 Hello 报文的路由器所选举出的 DR 的 IP 地址。如果设置为 0.0.0.0，表示未选举 DR 路由器。

（7）Backup Designated Router：发送 Hello 报文的路由器所选举出的 BDR 的 IP 地址。如果设置为 0.0.0.0，表示未选举 BDR。

（8）Neighbor：邻居的 Router ID 列表，表示本路由器已经从这些邻居收到了合法的 Hello 报文。

如果路由器发现所接收的合法 Hello 报文的邻居列表中有自己的 RouterID，则认为已经和邻居建立了双向连接，表示邻居关系已经建立。

验证一个接收到的 Hello 报文是否合法包括：

（1）如果接收端口的网络类型是广播型，点到多点或者 NBMA，所接收的 Hello 报文中 Network Mask 字段必须和接收端口的网络掩码一致，如果接收端口的网络类型为点到点类型或者是虚连接，则不检查 Network Mask 字段；

（2）所接收的 Hello 报文中 Hello Interval 字段必须和接收端口的配置一致；

（3）所接收的 Hello 报文中 Router Dead Interval 字段必须和接收端口的配置一致；

（4）所接收的 Hello 报文中 Options 字段中的 E-bit（表示是否接收外部路由信息）必须和相关区域的配置一致。

6. 数据库同步

如图 3-33 所示，路由器在建立完成邻居关系之后，便开始进行数据库同步，具体过程如下：

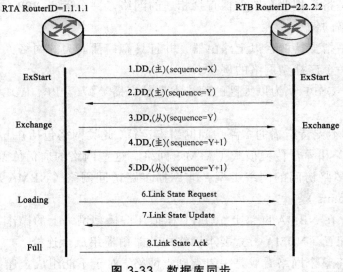

图 3-33　数据库同步

（1）邻居状态变为 ExStart 以后，RTA 向 RTB 发送第一个 DD 报文，在这个报文中，DD 序列号被设置为 X（假设），RTA 宣告自己为主路由器。

（2）RTB 也向 RTA 发送第一个 DD 报文，在这个报文中，DD 序列号被设置为 Y（假设），RTB 也宣告自己为主路由器。由于 RTB 的 RouterID 比 RTA 的大，所以 RTB 应当为真正的主路由器。

（3）RTA 发送一个新的 DD 报文，在这个新的报文中包含 LSDB 的摘要信息，序列号设置为 RTB 在步骤 2 里使用的序列号，因此 RTB 将邻居状态改变为 Exchange。

（4）邻居状态变为 Exchange 以后，RTB 发送一个新的 DD 报文，该报文中包含 LSDB 的描述信息，DD 序列号设为 Y+1（上次使用的序列号加 1）。

（5）即使 RTA 不需要新的 DD 报文描述自己的 LSDB，但是作为从路由器，RTA 需要对主路由器 RTB 发送的每一个 DD 报文进行确认。所以，RTA 向 RTB 发送一个内容为空的 DD 报文，序列号为 Y+1。

发送完最后一个 DD 报文之后，RTA 将邻居状态改变为 Loading；RTB 收到最后一个 DD 报文之后，改变状态为 Full（假设 RTB 的 LSDB 是最新最全的，不需要向 RTA 请求更新）。

（6）邻居状态变为 Loading 之后，RTA 开始向 RTB 发送 LSR 报文，请求那些在 Exchange 状态下通过 DD 报文发现的，而且在本地 LSDB 中没有的链路状态信息。

（7）RTB 收到 LSR 报文之后，向 RTA 发送 LSU 报文，在 LSU 报文中，包含了那些被请求的链路状态的详细信息。RTA 收到 LSU 报文之后，将邻居状态从 Loading 改变成 Full。

（8）RTA 向 RTB 发送 LSACK 报文，用于对已接收 LSA 的确认。

此时，RTA 和 RTB 之间的邻居状态变成 Full，表示达到完全邻接状态。

7. OSPF 支持的网络类型

OSPF 定义了四种网络类型，分别是点到点网络，广播型网络，NBMA 网络和点到多点网络。

点到点网络是指只把两台路由器直接相连的网络。一个运行 PPP 的 64 K 串行线路就是一个点到点网络的例子。

广播型网络是指支持两台以上路由器，并且具有广播能力的网络。一个含有三台路由器的以太网就是一个广播型网络的例子。

缺省状态下，OSPF 认为以太网的网络类型是广播类型，PPP、HDLC 的网络类型是点到点类型。

OSPF 可以在不支持广播的多路访问网络上运行，此类网络包括在 hub-spoke 拓扑上运行的帧中继（FR）和异步传输模式（ATM）网络，这些网络的通信依赖于虚电路。OSPF 定义了两种支持多路访问的网络类型：非广播多路访问网络（NBMA）和点到多点网络（Point To Multi-Points）。

（1）NBMA：在 NBMA 网络上，OSPF 模拟在广播型网络上的操作，但是每个路由器的邻居需要手动配置。NBMA 方式要求网络中的路由器组成全连接。

（2）P2MP：将整个网络看成是一组点到点网络。对于不能组成全连接的网络应当使用点到多点方式，例如只使用 PVC 的不完全连接的帧中继网络。

每一个含有至少两个路由器的广播型网络和 NBMA 网络都有一个 DR 和 BDR。

DR 和 BDR 可以减少邻接关系的数量，从而减少链路状态信息以及路由信息的交换次数，这样可以节省带宽，降低对路由器处理能力的压力。一个既不是 DR 也不是 BDR 的路由器只与 DR 和 BDR 形成邻接关系并交换链路状态信息以及路由信息，这样就大大减少了大型广播型网络和 NBMA 网络中的邻接关系数量。在没有 DR 的广播网络上，邻接关系的数量可以根据公式 $n(n-1)/2$ 计算出，n 代表参与 OSPF 的路由器接口的数量。

例如（见图 3-34）：

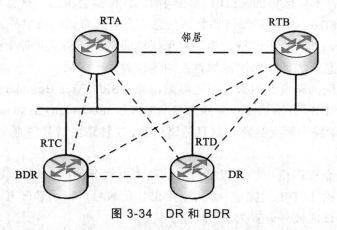

图 3-34 DR 和 BDR

在本例中，所有路由器之间有 6 个邻接关系。当指定了 DR 后，所有的路由器都与 DR 建立起邻接关系，DR 成为该广播网络上的中心点。

BDR 在 DR 发生故障时接管业务，一个广播网络上所有路由器都必须同 BDR 建立邻接关系。本例中使用 DR 和 BDR 将邻接关系从 6 减少到了 5，RTA 和 RTB 都只需要同 DR 和 BDR 建立邻接关系，RTA 和 RTB 之间建立的是邻居关系。DR 可以减少广播型网络中的邻接关系的数量。

此例中，邻接关系数量的减少效果并不明显。但是，当网络上部署了大量路由器时，其减少的量就比较可观了。

8. DR&BDR 选举

在邻居发现完成之后，路由器会根据网段类型进行 DR 选举。在广播和 NBMA 网络上，路由器会根据参与选举的每个接口的优先级进行 DR 选举。优先级取值范围为 0～255，值越高越优先。缺省情况下，接口优先级为 1。如果一个接口优先级为 0，那么该接口将不会参与 DR 或者 BDR 的选举。如果优先级相同时，则比较 Router ID，值越大越优先被选举为 DR。

为了给 DR 做备份，每个广播和 NBMA 网络上还要选举一个 BDR。BDR 也会与网络上所有的路由器建立邻接关系。

为了维护网络上邻接关系的稳定性，如果网络中已经存在 DR 和 BDR，则新添加进该网络的路由器不会成为 DR 和 BDR，不管该路由器的 Router Priority 是否最大。如果当前

DR 发生故障，则当前 BDR 自动成为新的 DR，网络中重新选举 BDR；如果当前 BDR 发生故障，则 DR 不变，重新选举 BDR。这种选举机制的目的是为了保持邻接关系的稳定，使拓扑结构的改变对邻接关系的影响尽量小。

9. OSPF 区域

OSPF 支持将一组网段组合在一起，这样的一个组合称为一个区域。划分 OSPF 区域可以缩小路由器的 LSDB 规模，减少网络流量。区域内的详细拓扑信息不向其他区域发送，区域间传递的是抽象的路由信息，而不是详细的描述拓扑结构的链路状态信息。每个区域都有自己的 LSDB，不同区域的 LSDB 是不同的。路由器会为每一个自己所连接到的区域维护一个单独的 LSDB。由于详细链路状态信息不会被发布到区域以外，因此 LSDB 的规模大大缩小了。Area 0 为骨干区域，为了避免区域间路由环路，非骨干区域之间不允许直接相互发布路由信息。因此，每个区域都必须连接到骨干区域。

运行在区域之间的路由器叫做区域边界路由器 ABR（Area Boundary Router），它包含所有相连区域的 LSDB。自治系统边界路由器 ASBR（Autonomous System Boundary Router）是指和其他 AS 中的路由器交换路由信息的路由器，这种路由器会向整个 AS 通告 AS 外部路由信息。

在规模较小的企业网络中，可以把所有的路由器划分到同一个区域中，同一个 OSPF 区域中的路由器中的 LSDB 是完全一致的。OSPF 区域号可以手动配置，为了便于将来的网络扩展，推荐将该区域号设置为 0，即骨干区域。

10. OSPF 开销

OSPF 基于接口带宽计算开销，计算公式为：接口开销=带宽参考值÷带宽。带宽参考值可配置，缺省为 100 Mb/s。以此，一个 64 Kb/s 串口的开销为 1562，一个 E1 接口（2 048 Mb/s）的开销为 48。

命令 bandwidth-reference 可以用来调整带宽参考值，从而可以改变接口开销，带宽参考值越大，开销越准确。在支持 10 Gb/s 速率的情况下，推荐将带宽参考值提高到 10 000 Mb/s 来分别为 10 Gb/s、1 Gb/s 和 100 Mb/s 的链路提供 1、10 和 100 的开销。注意，配置带宽参考值时，需要在整个 OSPF 网络中统一进行调整。

另外，还可以通过 ospf cost 命令来手动为一个接口调整开销，开销值范围是 1 ~ 65 535，缺省值为 1。

3.3.4 OSPF 的配置

OSPF 的配置需要在各路由器（包括区域内路由器、区域边界路由器和自治系统边界路由器等）之间相互协作。在 OSPF 的各项配置中，必须先启动 OSPF、指定接口与区域号后，才能配置其他的功能特性。

1. 使能 OSPF 进程

命令
ospf [process ID]

用来使能 OSPF，在该命令中可以配置进程 ID。如果没有配置进程 ID，则使用 1 作为缺省进程 ID。

命令

ospf [process id] [router-id <router-id>]

既可以使能 OSPF 进程，还同时可以用于配置 RouterID。在该命令中，router-id 代表路由器的 ID。

2. 指定 OSPF 区域

area OSPF_area_ID

命令用于指定 OSPF 的区域，区域值是一个 IP（可以用整形数表示）

3. 指定用于运行 OSPF 协议的接口

Networkip_address ospf_wild_cord_bits

命令 network 用于指定运行 OSPF 协议的接口，在该命令中需要指定一个反掩码。反掩码中，"0" 表示此位必须严格匹配，"1" 表示该地址可以为任意值。

例如（见图 3-35）：

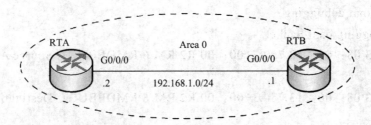

[RTA]ospf router-id 1.1.1.1

[RTA-ospf-1]area 0

[RTA-ospf-1-area 0.0.0.0]network 192.168.1.0 0.0.0.255

图 3-35 OSPF 配置举例

4. 验证配 OSPF 置

[RTA]display ospf peer

OSPF Process 1 with Router ID 1.1.1.1

Neighbors

Area 0.0.0.0 interface 192.168.1.2 （GigabitEthernet 0/0/0）'s meighbors

Router ID：2.2.2.2   Address：192.168.1.1

State：Full   Mode：Nbr is Slave   Priority：1

DR：192.168.1.2   BDR：192.168.1.1   MTU：0

Dead timer due in 40 sec

Retrans timer interval：5

Neighbors is up for 00：00：50

Authentication Sequence：[0]

命令 display ospf 的状态、邻接协商 peer 可以用于查看邻居相关的属性，包括区域、邻居的主从状态以及 DR 和 BDR 情况。

5. OSPF 认证

华为系列路由器支持两种认证方式：区域认证和接口认证。

OSPF 支持简单认证及加密认证功能，加密认证对潜在的攻击行为有更强的防范性。OSPF 认证可以配置在接口或区域上，配置接口认证方式的优先级高于区域认证方式。接口或区域上都可以运行 ospf authentication-mode{simple[[plain] <plain-text> | cipher<cipher-text>] | null}命令来配置简单认证，参数 plain 表示使用显示密码，参数 cipher 表示使用密文密码，参数 null 表示不认证。

命令 ospf authentication-mode{md5 | hmac-md5} [key-id{plain<plain-text> | [cipher] <cipher-text>}]用于配置加密认证，MD5 是一种保证链路认证安全的加密算法（具体配置已在举例中给出），参数 key-id 表示接口加密认证中的认证密钥 ID，它必须与对端上的 key-id 一致。

6. 验证 OSPF 认证配置

<RTA>terminal debugging
<RTA>debugging ospf packet
Aug 19 2013 08：00：13.750.2+00：00 R2 RM/6/RMDEBUG：Source Address：
192.168.1.2
Aug 19 2013 08：00：13.750.3+00：00 R2 RM/6/RMDEBUG：Destination Address：
224.0.0.5
……
Aug 19 2013 08：00：13.750.6+00：00 R2 RM/6/RMDEBUG：Area：0.0.0.0 Chksum：0
Aug 19 2013 08：00：13.750.7+00：00 R2 RM/6/RMDEBUG：AuType：02
Aug 19 2013 08：00：13.750.8+00：00 R2 RM/6/RMDEBUG：Key（ascii）：＊＊＊＊＊＊＊

在启用认证功能之后，可以在终端上进行调试来查看认证过程。debugging ospf packet 命令用来指定调试 OSPF 报文，然后便可以查看认证过程，以确定认证配置是否成功。

7. 应用举例

如图 3-36 所示，通过配置 RTA、RTB 的 OSPF 动态协议，使图中 PCA 和 PCB 可以互相连通。

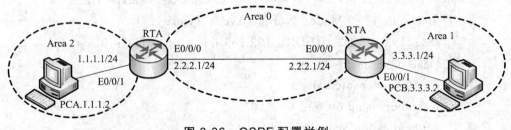

图 3-36　OSPF 配置举例

路由器 A:

[RTA]router id 1.1.1.1

[RTA]interface Ethernet0/0/1

[RTA-Ethernet0/0/1]ip address 1.1.1.1 255.255.255.0

[RTA-Ethernet0/0/1]interface Ethernet0/0/0

[RTA-Ethernet0/0/0]ip address 2.2.2.1 255.255.255.0

[RTA-Ethernet0/0/0]quit

[RTA]ospf

[RTA-ospf-1]area 2

[RTA-ospf-1-area-0.0.0.2]network 1.1.1.0 0.0.0.255

[RTA-ospf-1]area 0

[RTA-ospf-1-area-0.0.0.0]network 2.2.2.0 0.0.0.255

踚由器 B:

[RTB]router id 3.3.3.1

[RTB]interface ethernet 0/0/1

[RTB-Ethernet0/0/1] ip address 3.3.3.1 255.255.255.0

[RTB-Ethernet0/0/1] interface ethernet0/0/0

[RTB-Ethernet0/0/0] ip address 2.2.2.2 255.255.255.0

[RTB-Ethernet0/0/0] quit

[RTB]ospf

[RTB-ospf-1]area 1

[RTB-ospf-1-area-0.0.0.1]network 3.3.3.0 0.0.0.255

[RTB-ospf-1]area 0

[RTB-ospf-1-area-0.0.0.0]network 2.2.2.0 0.0.0.255

配置结果:

[RTA]display ip routing-table

Route Flags: R - relay, D - download to fib

Routing Tables: Public

      Destinations: 7   Routes: 7

Destination/Mask	Proto	Pre	Cost	Flags	NextHop	Interface
1.1.1.0/24	Direct	0	0	D	1.1.1.1	GigabitEthernet0/0/0
1.1.1.1/32	Direct	0	0	D	127.0.0.1	GigabitEthernet0/0/0
2.2.2.0/24	Direct	0	0	D	2.2.2.1	Ethernet0/0/0
2.2.2.1/32	Direct	0	0	D	127.0.0.1	Ethernet0/0/0
3.3.3.0/24	OSPF	10	2	D	2.2.2.2	Ethernet0/0/0

```
127.0.0.0/8    Direct   0    0         D    127.0.0.1   · InLoopBack0
127.0.0.1/32   Direct   0    0         D    127.0.0.1   · InLoopBack0
```
图 3-36 中阴影部分为在 RTA 上动态生成的路由项。

3.3.5 路由优先级

当在路由器上同时启动了 RIP 协议和 OSPF 路由协议，这两种路由协议都通过更新得到了有关某一网络的路由，但下一跳的地址是不一样时路由器会如何转发数据包呢？是否可以通过路由权值 cost 进行权衡呢？实际上，只有在同种路由协议下，才能用 cost 的标准来做比较，因为不同的协议衡量 Metric 标准不一样。例如，在 RIP 中，只通过跳数（HOP）来做为 cost 的标准，跳数越少，也就是 cost 的值越小，认为这条路径越好。而在不同的协议中，计算标准是不同的，例如在 IGRP 中，就不是简单用跳数衡量的，而是用了带宽，延时等多种因素来计算 cost 值的，所以不同协议的 cost 值没有可比性。

在路由记录中还有一个路由优先级的参数 preference，该参数专门用来处理针对同一网络的不同路由协议间的路由选择工作，优先级小的路由会被优先选择。在上面的场景中 OSPF 的路由会被优先选择，因为它的优先级为 10 小于 RIP 协议的 100，在路由器上显示路由表时是不会看到 RIP 协议的路由记录的。

路由优先级缺省情况下是根据路由类型设定的，一般路由器上路由优先级的参数设定如表 3-2 所示：

表 3-2 路由协议优先级

路由协议	优先级 Preference
Direct	0
OSPF	10
Static	60
IGRP	80
RIP	100

可以看到在路由器上 OSPF 优先于静态路由的设置，把路由选择的顺序设置为：Direct>OSPF>Static>IGRP>RIP，设置 OSPF 优先于静态路由，这更符合实际工作的情况。

任务 3.4 VLAN 间路由及配置

VLAN 分割广播域的同时也限制了不同 VLAN 间的主机进行二层通信。VLAN 隔离了二层广播域，也严格地隔离了各个 VLAN 之间的任何二层流量，属于不同 VLAN 的用户之间不能进行二层通信。

部署了 VLAN 的传统交换机不能实现不同 VLAN 间的二层报文转发，因此必须引入路由技术来实现不同 VLAN 间的通信。VLAN 路由可以通过二层交换机配合路由器来实现，也可以通过三层交换机来实现。

因为不同 VLAN 之间的主机是无法实现二层通信的，所以必须通过三层路由才能将报文从一个 VLAN 转发到另外一个 VLAN。

3.4.1　VLAN 间路由

通常可以通过三种方法实现 VLAN 间的路由：

（1）在路由器上为每个 VLAN 分配一个单独的接口；

（2）在交换机和路由器之间仅使用一条物理链路连接（单臂路由）；

（3）三层交换。

1. 每个 VLAN 一个物理连接

解决 VLAN 间通信问题的第一种方法是在路由器上为每个 VLAN 分配一个单独的接口，并使用一条物理链路连接到二层交换机上。当 VLAN 间的主机需要通信时，数据会经由路由器进行三层路由，并被转发到目的 VLAN 内的主机，这样就可以实现 VLAN 之间的相互通信。如图 3-37 所示。

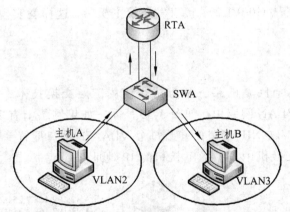

图 3-37　每个 VLAN 使用一个单独的接口

然而，随着每个交换机上 VLAN 数量的增加，这样做必然需要大量的路由器接口，而路由器的接口数量是极其有限的。并且，某些 VLAN 之间的主机可能不需要频繁进行通信，如果这样配置的话，会导致路由器的接口利用率很低。因此，实际应用中一般不会采用这种方案来解决 VLAN 间的通信问题。

2. 单臂路由

解决 VLAN 间通信问题的第二种方法是在交换机和路由器之间仅使用一条物理链路连接。在交换机上，把连接到路由器的端口配置成 Trunk 类型的端口，并允许相关 VLAN 的帧通过。在路由器上需要创建子接口，逻辑上把连接路由器的物理链路分成了多条。一个子接口代表了一条归属于某个 VLAN 的逻辑链路。

配置子接口时，需要注意以下几点：

（1）必须为每个子接口分配一个 IP 地址。该 IP 地址与子接口所属 VLAN 位于同一网段。

（2）需要在子接口上配置 802.1Q 封装，来剥掉和添加 VLAN Tag，从而实现 VLAN 间互通。

（3）在子接口上执行命令 arp broadcast enable 使能子接口的 ARP 广播功能。

例（见图 3-38）：

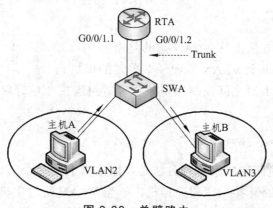

图 3-38　单臂路由

本例中，主机 A 发送数据给主机 B 时，RTA 会通过 G0/0/1.1 子接口收到此数据，然后查找路由表，将数据从 G0/0/1.2 子接口发送给主机 B，这样就实现了 VLAN2 和 VLAN3 之间的主机通信。

3. 三层交换

解决 VLAN 间通信问题的第三种方法是使用三层交换技术，在三层交换机上配置 VLANIF 接口来实现 VLAN 间路由，如图 3-39 所示。如果网络上有多个 VLAN，则需要给每个 VLAN 配置一个 VLANIF 接口，并给每个 VLANIF 接口配置一个 IP 地址。用户设置的缺省网关就是三层交换机中 VLANIF 接口的 IP 地址。

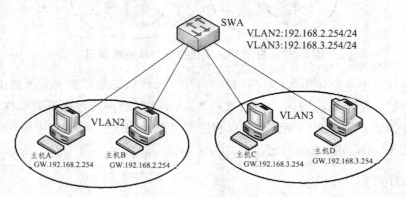

图 3-39　三层交换

3.4.2　VLAN 间路由配置

1. 配置单臂路由

例：如图 3-40 所示，配置 VLA2 和 VLAN3 的单臂路由。

170

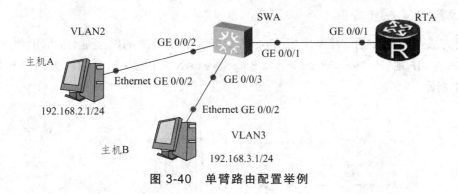

图 3-40　单臂路由配置举例

SWA 配置：

[SWA]vlan batch 2 3

[SWA-GigabitEthernet0/0/1]port link-type trunk

[SWA-GigabitEthernet0/0/1]port trunk allow-pass vlan 2 3

[SWA-GigabitEthernet0/0/2]port link-type access

[SWA-GigabitEthernet0/0/2]port default vlan 2

[SWA-GigabitEthernet0/0/3]port link-type access

[SWA-GigabitEthernet0/0/3]port default vlan 3

执行 port link-type trunk 命令，配置 SWA 的 G0/0/1 端口为 Trunk 类型的端口。

执行 port trunk allow-pass vlan 2 3 命令，配置 SWA 的 G0/0/1 端口允许 VLAN 2 和 VLAN 3 的数据通过。

RTA 配置：

[RTA]interface g0/0/1.1 　　　　　　//子接口 1

[RTA-GigabitEthernet0/0/1.1]dot1q termination vid 2

[RTA-GigabitEthernet0/0/1.1]ip address 192.168.2.254 24

[RTA-GigabitEthernet0/0/1.1]arp broadcast enable

[RTA]interface g0/0/1.2 　　　　　　//子接口 2

[RTA-GigabitEthernet0/0/1.2]dot1q termination vid 3

[RTA-GigabitEthernet0/0/1.2]ip address 192.168.3.254 24

[RTA-GigabitEthernet0/0/1.2]arp broadcast enable

interface interface-type interface-numbersub-interface number 命令用来创建子接口。sub-interface number 代表物理接口内的逻辑接口通道，dot1q termination vid 命令用来配置子接口 dot1q 封装的单层 VLAN ID。缺省情况，子接口没有配置 dot1q 封装的单层 VLAN ID。本命令执行成功后，终结子接口对报文的处理如下：接收报文时，剥掉报文中携带的 Tag 后进行三层转发。转发出去的报文是否带 Tag 由出接口决定。发送报文时，将相应的 VLAN 信息添加到报文中再发送。

arp broadcast enable 命令用来使能终结子接口的 ARP 广播功能。缺省情况下，终结子接口没有使能 ARP 广播功能。终结子接口不能转发广播报文，在收到广播报文后它们直接把该报文丢弃。为了允许终结子接口能转发广播报文，可以通过在子接口上执行此命令。

2. 单臂路由配置验证

配置完成单臂路由后，可以使用 Ping 命令来验证主机之间的连通性。如上所示，VLAN 2 中的主机 A（IP 地址：192.168.2.1）可以 Ping 通 VLAN 3 中的主机 B（IP 地址：192.168.3.1），如图 3-41 所示。

```
PC>ipconfig

Link local IPv6 address...........: fe80::5689:98ff:feac:2209
IPv6 address......................: :: / 128
IPv6 gateway......................: ::
IPv4 address......................: 192.168.2.1
Subnet mask.......................: 255.255.255.0
Gateway...........................: 192.168.2.254
Physical address..................: 54-89-98-AC-22-09
DNS server........................:

PC>ping 192.168.3.1

Ping 192.168.3.1: 32 data bytes, Press Ctrl_C to break
From 192.168.3.1: bytes=32 seq=1 ttl=127 time=47 ms
From 192.168.3.1: bytes=32 seq=2 ttl=127 time=47 ms
From 192.168.3.1: bytes=32 seq=3 ttl=127 time=62 ms
From 192.168.3.1: bytes=32 seq=4 ttl=127 time=78 ms
From 192.168.3.1: bytes=32 seq=5 ttl=127 time=47 ms

--- 192.168.3.1 ping statistics ---
  5 packet(s) transmitted
  5 packet(s) received
  0.00% packet loss
  round-trip min/avg/max = 47/56/78 ms
```

图 3-41　VLAN 2 中的主机 A Ping 通 VLAN 3 中的主机 B

3. 配置三层交换

在三层交换机上配置 VLAN 路由时，首先创建 VLAN，并将端口加入到 VLAN 中，如图 3-42 所示。

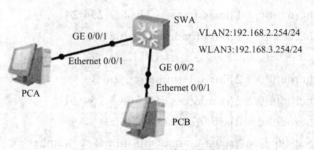

图 3-42　三层交换配置举例

[SWA]vlan batch 2 3

[SWA]int g0/0/1

[SWA-GigabitEthernet0/0/1]port link-type access

[SWA-GigabitEthernet0/0/1]port default vlan 2

[SWA-GigabitEthernet0/0/2]port link-type access

[SWA-GigabitEthernet0/0/2]port default vlan 3

interface vlanif vlan-id 命令用来创建 VLANIF 接口并进入到 VLANIF 接口视图。vlan-id

表示与 VLANIF 接口相关联的 VLAN 编号。VLANIF 接口的 IP 地址作为主机的网关 IP 地址，和主机的 IP 地址必须位于同一网段。

[SWA]interface Vlanif 2

[SWA -Vlanif2]ip address 192.168.2.254 24

[SWA -Vlanif2]quit

[SWA]interface Vlanif 3

[SWA -Vlanif3]ip address 192.168.3.254 24

4. VLAN 三层交换配置验证

配置三层交换后，可以用 Ping 命令验证主机之间的连通性。例如：

如图 3-43 所示，VLAN2 中的主机 A（IP 地址：192.168.2.2）可以 Ping 通 VLAN 3 中的主机 B（IP 地址：192.168.3.2）。

```
PC>ipconfig

Link local IPv6 address...........: fe80::5689:98ff:fe56:3d35
IPv6 address......................: :: / 128
IPv6 gateway......................: ::
IPv4 address......................: 192.168.2.2
Subnet mask.......................: 255.255.255.0
Gateway...........................: 192.168.2.254
Physical address..................: 54-89-98-56-3D-35
DNS server........................:

PC>ping 192.168.3.2

Ping 192.168.3.2: 32 data bytes, Press Ctrl_C to break
From 192.168.3.2: bytes=32 seq=1 ttl=127 time=47 ms
From 192.168.3.2: bytes=32 seq=2 ttl=127 time=31 ms
From 192.168.3.2: bytes=32 seq=3 ttl=127 time=31 ms
From 192.168.3.2: bytes=32 seq=4 ttl=127 time=16 ms
From 192.168.3.2: bytes=32 seq=5 ttl=127 time=16 ms

--- 192.168.3.2 ping statistics ---
  5 packet(s) transmitted
  5 packet(s) received
  0.00% packet loss
  round-trip min/avg/max = 16/28/47 ms
```

图 3-43　VLAN 三层交换配置验证

5. VLAN 配置举例

同一部门的主机 PCA、PCB 和 PCC 属于 VLAN2，而另一部门的主机 PCD、PCE 和 PCF 属于 VLAN3，部门内部可以相互访问，而部门间不能相互访问。假设 PCA、PCB 和 PCF 分别连接在交换机 SWA 的 GigabitEthernet0/0/1 到 GigabitEthernet0/0/3 端口；PCC、PCD 和 PCE 分别连接在交换机 SWB 的 GigabitEthernet0/0/1 到 GigabitEthernet0/0/3 端口；交换机之间都通过 GigabitEthernet0/0/24 端口连接，如图 3-44 所示。

配置步骤：

（1）创建 VLAN：

[SWA]vlan 2

[SWB]vlan 3

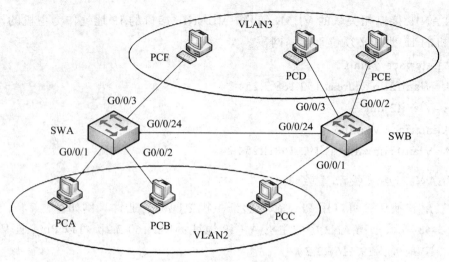

图 3-44　VLAN 配置举例

（2）将端口 G0/0/1、G0/0/2 加入到 VLAN3 中，端口 G0/0/3 加入 VLAN2 中：

[SWA-vlan2]port GigabitEthernet0/0/3

[SWA-vlan3]port GigabitEthernet0/0/1 to Gigabitethernet 1/0/2

（3）配置端口类型：

[SWA-GigabitEthernet0/0/24]port link-type trunk

所有端口缺省情况下都是 Access 端口，所以此处只需修改端口 GigabitEthernet0/0/24 的端口类型即可。

（4）设定 Trunk 端口允许通过 VLAN2 和 VLAN3 的数据：

[SWA- GigabitEthernet0/0/24]port trunk permit vlan 2 to 3

交换机 SWB 的配置与 SWA 类似。完成后验证业务需求，看是否满足需求。

思考与练习

1. 路由器选择最优路由的顺序是什么？

2. Preference 字段在路由表中代表什么含义？

3. 如果路由器收到了网络中主机投送的广播报文，会如何操作？

4. 如何配置能够将静态路由配置为浮动静态路由？

5. 配置缺省路由时，目的网络地址是什么？

6. OSPF Hello 报文中 Router Dead Interval 字段的作用是什么？

7. 在广播网络中，DR 和 BDR 用来接收链路状态更新报文的地址是什么？

8. 配置命令 dot1q termination vid<vlan-id>的目的是什么？

9. 配置单臂路由时，交换机连接路由器的接口需要哪些配置？

10. 路由跳数是在什么时候增加的？

项目 4　广域网技术及管理

任务 4.1　广域网技术

4.1.1　网络互联概述

1. 广域网概念

局域网主要完成工作站、终端、服务器等在较小地理范围内的互联，只能解决局部的资源共享，却不能满足远距离计算机网络通信的要求。通过运营商提供的基础通信设施，广域网可以使相距遥远的局域网互相连接起来，实现远距离的数据、语音、视频传输，完成大范围的资源共享。

广域网（Wide Area Network，WAN）是随着相距遥远的局域网互联的要求产生的。广域网能延伸到比较远的物理距离，可以是城市范围、国家范围甚至于全球范围。分散在各个不同地理位置的局域网通过广域网可以互相连接起来。

早期局域网采用以太网、快速以太网、令牌环网、FDDI 等技术，其带宽较高，性能较稳定，但是却无法满足远程连接的需要。以快速以太网 100BASE-TX 为例，其以双绞线作为介质，一条线路的长度不能超过 100 m，通过集线器（Hub）或中继器（Repeater）最大可以将其延长至 500 m，如果通过交换机级连的方法，理论上最大可以延长至几千米。这样的传输距离是非常有限的，无法支持两个城市之间的上百千米乃至上万千米的远程传输。即使可以将以太网技术改造成支持远程连接，也需要用户在两端的站点之间布设专用的线缆。而在大多数情况下，普通的用户和组织是不具备这种能力的。

传统电信运营商经营的语音网络已建设多年，几乎可以连通所有的办公场所、家庭、各类建筑等。利用这些现成的基础设施建设广域网，无疑是一种明智的选择。虽然需要向外界的网络运营商申请广域网服务并支付一定的费用才能使用广域网，但与自行建设远程专线并进行维护相比，其费用和技术都是可行的。因此，计算机网络的广域网最初都是基于已有的电信运营商通信网建立的。

如图 4-1 所示是利用运营商通信网技术连接局域网的示意。随着需求的增长和技术的发展，广域网技术也呈多样化发展，以便适应用户对计算机网络的多样化需求。例如，用户路由器可以通过 PSTN（Public Switched Telephony Network，公共交换电话网）或 ISDN（Integrated Services Digital Network，综合业务数字网）拨号接通对端路由器，也可以直接租用模拟或数字专线连通对端路由器。

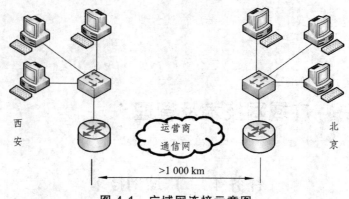

图 4-1 广域网连接示意图

建立广域网通常要求用户使用路由器，以便连接局域网和广域网的不同介质，实现复杂的广域网协议，并跨越网段进行通信。

2. 广域网的 OSI 参考模型

如图 4-2 所示，广域网技术主要对应于 OSI 参考模型的物理层和数据链路层。也即 TCP/IP 模型的网络接口层。

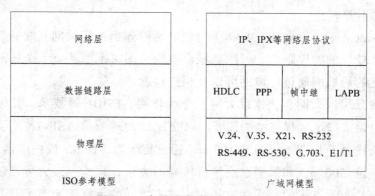

图 4-2 广域网与 OSI 参考模型

广域网的物理层规定了向广域网提供服务的设备、线缆和接口的物理特性，包括电气特性、机械特性、连接标准等。常见的此类标准有：

支持同/异步两种方式的 V.24 规程接口和支持同步方式的 V.35 规程接口；

支持 E1/T1 线路的 G.703 接口，E1 多用于欧亚，而 T1 多用于北美；

用于提供同步数字线路上的串行通信的 X.21，主要用于日本和欧洲。

数据在广域网上传输，必须封装成广域网能够识别及支持的数据链路层协议。广域网常用的数据链路层协议有：

HDLC（High-Level Data Link Control，高级数据链路控制）：用于同步点到点连接，其特点是面向比特，对任何一种比特流均可以实现透明的传输，只能工作在同步方式下。

PPP（Point-to-Point Protocol，点对点协议）：提供了在点到点链路上封装、传递网络数据包的能力。PPP 易于扩展，能支持多种网络层协议，支持认证，可工作在同步或异步方式下。

LAPB（Link Access Procedure Balanced，平衡型链路接入规程）：LAPB是X.25协议栈中的数据链路层协议。LAPB由HDLC发展而来。虽然LAPB是作为X.25的数据链路层被定义的，但作为独立的链路层协议，它可以直接承载非X.25的上层协议进行数据传输。

帧中继（Frame Relay）：帧中继技术是在数据链路层用简化的方法传送和交换数据单元的快速分组交换技术。帧中继采用虚电路技术，并在链路层完成统计复用、帧透明传输和错误检测功能。

3. 广域网连接方式

常用的广域网连接方式包括专线方式、电路交换方式、分组交换方式等。

（1）专线方式：在这种方式中，用户独占一条永久性、点对点、速率固定的专用线路，并独享其带宽。

（2）电路交换方式：在这种方式中，用户设备之间的连接是按需建立的。当用户需要发送数据时，运营商交换机就在主叫端和被叫端之间接通一条物理的数据传输通路；当用户不再发送数据时，运营商交换机即切断传输通路。

（3）分组交换方式：这是一种基于运营商分组交换网络的交换方式。用户设备将需要传输的信息划分为一定长度的分组（packet，也称为包）提交给运营商分组交换机，每个分组都载有接收方和发送方的地址标识，运营商分组交换机依据这些地址标识将分组转发到目的端用户设备。

以上连接方式又可分为点对点及点对多点连接方式，其中专线方式和电路交换方式都属于点对点方式，而分组交换方式可以实现点对多点通信。

4.1.2 广域网互联方式

1. 专线连接方式

在专线（Leased Line）方式的连接模型中，运营商通过其通信网络中的传输设备和传输线路，为用户配置一条专用的通信线路。两端的用户路由器串行接口（Serial Interface，简称串口）通过几米至十几米长的本地线缆连接到CSU/DSU，而CSU/DSU通过数百米至上千米的接入线路接入运营商传输网络。本地线缆通常为V.24、V.35等串口线缆，而接入线路通常为传统的双绞线；远程线路既可能是用户独占的物理线路，也可以是运营商通过TDM（Time Division Multiplexing，时分复用）等技术为用户分配的独占资源。专线既可以是数字的，例如直接利用运营商电话网的数字传输通道；也可以是模拟的，例如直接利用一对电话铜线经运营商跳线连接两端。如图4-3所示。

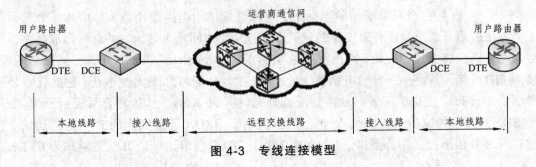

图 4-3 专线连接模型

177

路由器的串行线路信号需经过 CSU/DSU（Channel Service Unit/Data Service Unit，通道服务单元/数据服务单元）设备的调制转换才能在专线上传输。CSU 是把终端用户和本地数字电话环路相连的数字接口设备，而 DSU 把 DTE 设备上的物理层接口适配到通信网络上。DSU 也负责信号时钟等功能，它通常与 CSU 一起提及，称作 CSU/DSU。

通信设备的物理接口可分为 DCE 和 DTE 两类：

DCE（Data Circuit-terminating Equipment，数据电路终端设备）：DCE 设备对用户端设备提供网络通信服务的接口，并且提供用于同步 DCE 设备和 DTE 设备之间数据传输的时钟信号。

DTE（Data Terminal Equipment，数据终端设备）：指接受线路时钟，获得网络通信服务的设备。DTE 设备通常通过 CSU/DSU 连接到传输线路上，并且使用其提供的时钟信号。

在专线模型中，线路的速率由运营商确定，因而 CSU/DSU 为 DCE 设备，负责向 DTE 设备发送时钟信号，控制传输速率等；而用户路由器通常为 DTE 设备，接受 DCE 设备提供的服务。

在专线方式中，用户独占一条永久性、点对点、速率固定的专用线路，并独享其带宽。这种方式部署简单、通信可靠，可以提供的带宽范围比较广，传输延迟小；但其资源利用率低，费用昂贵，且点对点的结构不够灵活。

2. 电路交换连接方式

在这种方式中，用户路由器通过串口线缆连接到 CSU/DSU，而 CSU/DSU 通过接入线路连接到运营商的广域网交换机，从而接入电路交换网络，如图 4-4 所示。最典型的电路交换网络是 PSTN（Public Switched Telephone Network，公共交换电话网络）和 ISDN（Integrated Service Digital Network，综合业务数字网络）：

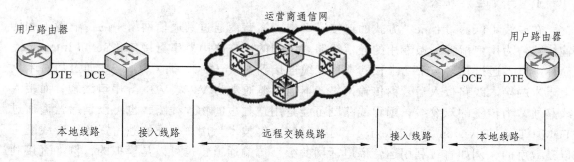

图 4-4　电路交换广域网连接模型

PSTN：也就是我们日常使用的电话网，这种系统使用电路交换技术，给每一个通话分配一个专用的语音通道，语音以模拟的形式在 PSTN 用户回路上传输，并最终形成数字信号在运营商中继线路上远程传输。路由器通过 MODEM（Modulator-Demodulator，调制解调器）连接到 PSTN 接入线路——普通电话线上。PSTN 在办公场所几乎无处不在，它的优点是安装费用低，分布广泛易于部署，缺点是最高带宽仅有 56 Kb/s，且信号容易受到干扰。

ISDN：是一种以拨号方式接入的数字通信网络。ISDN 通过独立的 D 信道传送信令，通过专用的 B 信道传送用户数据。ISDN BRI 提供 2B+D 信道，每个 B 信道速率为 64 Kb/s，其速率最高可达到 128 Kb/s；ISDN Tl PRI 提供 23B+D，而 ISDN El PRI 提供 30B+D 信道。路由器通过独立或内置的 TA（Terminal Adaptor，终端适配器）接入 ISDN 网络。ISDN 具有连接迅速、传输可靠、带宽较高等优点。ISDN 话费较普通电话略高，但其双 B 信道使其能同时支持两路独立的应用，是一项对个人或小型办公室较适合的网络接入方式。

在电路交换方式中，用户设备之间的连接是按需建立的。当用户需要发送数据时，运营商的广域网交换机就在主叫端和被叫端之间接通一条物理的数据传输通路；当用户不再发送数据时，广域网交换机便切断传输通路。

电路交换方式适用于临时性、低带宽的通信，可以降低其费用；缺点是连接延迟大，带宽通常较小。

3. 分组交换方式

1）物理层标准

在典型的点到点连接方式下，从终端用户的角度来看，物理层部分通常包括路由器串口（Serial Interface）、串口线缆、CSU/DSU、接入线缆和接头等，如图 4-5 所示。

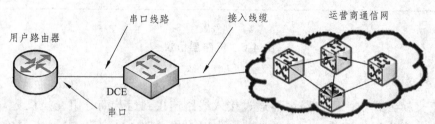

图 4-5　常用接口和线缆

路由器支持的 WAN 接口种类很多，包括异步串口、AUX 接口、AM 接口、FCM 接口、同、异步串口、ISDN BRI 接口、CEl/PRI 接口、CTl/PRI 接口、CE3 接口、CT3 接口、ATM 接口等。但串口（Serial Interface）是最基本而最常用的一种。路由器通常通过串口连接到广域网，接受广域网服务。

串口的工作方式分为异步（asynchronous）和同步（synchronous）两种。某些串口既可以支持异步方式，也可以支持同步方式。同步串口可以工作于 DTE 和 DCE 两种方式下，通常情况下同步串口为 DTE 方式。异步串口可以工作于协议模式和流模式。异步串口外接 Modem 或 ISDN TA（Terminal Adapter，终端适配器）时可以作为拨号接口使用。在协议模式下，链路层协议可以为 PPP。

根据不同的模块型号，路由器串口的物理接口有多种类型，28 针接口是其中最常用的一种，路由器串口与 CSU/DSU 通过串口线缆连接起来。串口线缆的一端与路由器串口匹配；另一端与 CSU/DSU 的接口匹配。常见的串口线缆标准有 V.24、V.35、X.21、RS-232、RS-449、RS-530 等。根据其物理接口的不同，线缆也分为 DTE 和 DCE 两种，路由器使用 DTE 线缆连接 CSU/DSU。设备可以自动检测同步串口外接电缆类型，并完成电气特性的选择，一般情况下无需手工配置。

CSU/DSU 通过一条接入线缆接入到运营商网络。这条线缆的末端通常为屏蔽或无屏蔽双绞线，插入 CSU/DSU 的通常为 RJ-11 或 RJ-45 接头。

2）链路层协议

在利用专线方式和电路交换方式的点到点连接中，运营商提供的连接线路相对于 TCP/IP 网络而言处于物理层。运营商传输网络只提供一条端到端的传输通道，并不负责建立数据链路，也不关心实际的传输内容。

数据链路层协议是指两个用户路由器之间，直接建立端到端的数据链路，如图 4-6 所示。这些数据链路层协议包括 SLIP（Serial Line Internet Protocol，串行线路互联网协议）、SDLC（Synchronous Data Link Control Protocol，同步数据链控制协议）、HDLC（High-Level Data Link Control，高级数据链路控制）和 PPP（Point to Point Protocol，点对点协议）等。专线连接的链路层常使用 HDLC、PPP 等，而电路交换连接的链路层常使用 PPP。

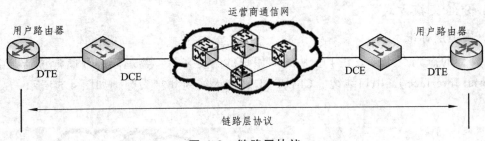

图 4-6　链路层协议

4. 点到多点连接方式

在分组交换方式中，用户路由器通过接入线路连接到运营商分组交换机上。运营商分组交换网络负责为用户按需或永久性地建立点对点虚电路（Virtual Circuit，VC）。每个用户路由器通过利用一个物理接口的多条虚电路连接到多个对端路由器。用户设备将需要传输的信息划分为一定长度的分组（packet，也称为包）提交给运营商分组交换机，每个分组都载有接收方和发送方的地址标识，运营商分组交换机依据这些地址标识通过虚电路将分组转发到目的端用户设备。如图 4-7 所示。

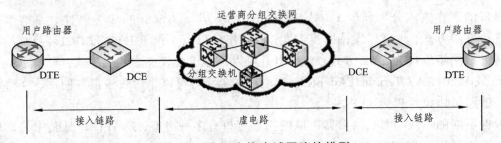

图 4-7　分组交换广域网连接模型

用户接入线路使用与同步专线完全相同的连接方式，其工作方式与点到点同步专线完全相同。用户所见的物理层与前面介绍的点到点同步方式相同。可以认为用户路由器是通过同步专线连接到分组交换机的。

这种方式的结构灵活、迁移方便，费用比专线低；缺点是配置复杂，传输延迟较大。常见的分组交换有帧中继（Frame Relay）和 ATM（Asynchronous Transfer Mode，异步传送模式）。分组交换方式使用的典型技术包括 X.25、帧中继（Frame Relay）和 ATM（AsynchronousTransfer Mode，异步传输模式）：

X.25 是一种出现较早的分组交换技术。内置的差错纠正、流量控制和丢包重传机制使之具有高度的可靠性，适合长途高噪声线路，其缺点是速度慢、吞吐率很低、延迟大。早期 X.25 的最快速率仅为 64 Kb/s，所以可提供的业务很有限；1992 年 ITU-T 更新了 X.25 标准，使其传输速度可高达 2 Mb/s。随着线路传输质量的日趋稳定，X.25 的高可靠性已不再具有必要。

帧中继（Frame Relay）是在 X.25 基础上发展起来的较新技术。帧中继在数据链路层用简化的方法转发和交换数据单元，相对于 X.25 协议，帧中继只完成链路层的核心功能，简单而高效。帧中继取消了纠错功能，简化了信令，中间节点的延迟比 X.25 小得多。帧中继的帧长度可变，可以方便地适应网络中的任何包或帧，提供了对用户的透明性。帧中继速率较快，可从 64 Kb/s ~ 2 Mb/s。但是，帧中继容易受到网络拥塞的影响，对于时间敏感的实时通信没有特殊的保障措施，当线路受到干扰时将引起包的丢弃。

ATM（Asynchronous Transfer Mode，异步传输模式）是一种基于信元（Cell）的交换技术，其最大特点是速率高、延迟小、传输质量有保障。ATM 大多采用光纤作为传输介质，速率可高达上千兆。ATM 同时支持多种数据类型，可以用于承载 IP 数据包。

在分组交换方式中，用户路由器同样运行相应的分组交换协议，并且与负责接入的分组交换机建立和维护数据链路；IP 包被封装在分组交换网络的 PDU（Protocol Data Unit，协议数据单元）内，穿越分组交换网络到达目的用户路由器。

任务 4.2　常见的广域网协议

网络互联在链路层和物理层，向上层提供服务，常见的链路层网络互联协议有：HDLC、PPP 及帧中继（Frame Relay）。

4.2.1　HDLC 协议

HDLC（High Level Data link Control，高级数据链路控制）协议是由 IBM 的 SDLC（Synchronous Data Link Control，同步数据链路控制）协议演变而来。ANSI 和 ISO 均采纳并发展了 SDLC，并分别提出了自己的标准。ANSI 提出了 ADCCP（Advanced Data Communication Control Procedure，高级通信控制过程），而 ISO 提出了 HDLC。下面将讲解 HDLC 协议的基本原理以及基础配置。

1. HDLC 概述

High-Level Data Link Control，高级数据链路控制，简称 HDLC，是一种面向比特的链路层协议。HDLC 传送的信息单位为帧。作为面向比特的同步数据控制协议的典型，HDLC 具有如下特点：

（1）协议不依赖于任何一种字符编码集；

（2）数据报文可透明传输，用于透明传输的"0比特插入法"易于硬件实现；

（3）全双工通信，不必等待确认可连续发送数据，有较高的数据链路传输效率；

（4）所有帧均采用 CRC 校验，并对信息帧进行编号，可防止漏收或重收，传输可靠性高；

（5）传输控制功能与处理功能分离，具有较大的灵活性和较完善的控制功能。

数据链路控制协议也称链路通信规程，也就是 OSI 参考模型中的数据链路层协议。数据链路控制协议一般可分为异步协议和同步协议两大类。

1）异步协议

异步传输是以字节为单位来传输数据，并且需要采用额外的起始位和停止位来标记每个字节的开始和结束。起始位为二进制值 0，停止位为二进制值 1。在这种传输方式下，开始和停止位占据发送数据的相当大的比例，每个字节的发送都需要额外的开销。

2）同步协议

同步传输是以帧为单位来传输数据，在通信时需要使用时钟来同步本端和对端的设备通信。DCE 即数据通信设备，它提供了一个用于同步 DCE 设备和 DTE 设备之间数据传输的时钟信号。DTE 即数据终端设备，它通常使用 DCE 产生的时钟信号。

2. HDLC 帧格式

完整的 HDLC 帧由标志字段（F）、地址字段（A）、控制字段（C）、信息字段（I）、帧校验序列字段（FCS）等组成，下面分别介绍（见图 4-8）：

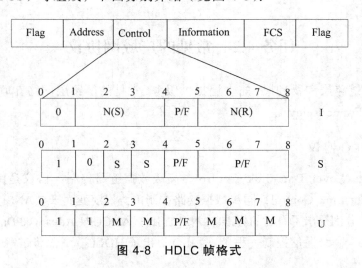

图 4-8　HDLC 帧格式

（1）Flag 标志字段为 01111110，用以标志帧的开始与结束，所有的帧必须以 Flag 字段开头，并以 Flag 字段结束；在邻近两帧之间的 Flag，既作为前面帧的结束，又作为后续帧的开头。在 HDLC 中，只要载荷数据流中不存在同标志字段 F 相同的数据，就不至于引起帧边界的错误判断。万一出现同边界标志字段 Flag 相同的数据，即数据流中出现连续 6 个 1 的情况，可以用零比特填充法解决。

（2）Address 地址信息，8 比特，用于标识接收或发送 HDLC 帧的地址。

（3）Control 控制字段用于构成各种命令及响应，共 8 比特，以便对链路进行监视与控制。发送方利用控制字段来通知接收方来执行约定的操作；相反，接收方用该字段作为对命令的响应，报告已经完成的操作或状态的变化。

信息帧（I 帧）用于传送有效信息或数据，通常简称为 I 帧。

监控帧（S 帧）用于差错控制和流量控制，通常称为 S 帧。S 帧的标志是控制字段的前两个比特位为"10"。S 帧不带信息字段，只有 6 个字节即 48 个比特。

无编号帧（U 帧）简称 U 帧。U 帧用于提供对链路的建立、拆除以及多种控制功能。

（4）Information 信息字段可以包含任意长度的二进制数，其上限由 FCS 字段或通信节点的缓存容量来决定，目前用得较多的是 1000～2000 bit，而下限可以是 0，即无信息字段。监控帧中不能有信息字段。

（5）FCS 帧检验序列字段可以使用 16 位 CRC 对两个标志字段之间的内容进行校验。

3. 零比特填充法

如图 4-9 所示，每个 HDLC 帧前、后均有标志字段，取值为 01111110，用作帧的起始、终止指示及帧的同步。标志字段不允许在帧的内部出现，以免引起歧义。为保证标志字段的唯一性但又兼顾帧内数据的透明性，可以采用"零比特填充法"来解决。

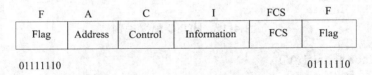

图 4-9　HDLC 标志字段

发送端监视除标志字段以外的所有字段，当发现有连续 5 个 1 出现时，便在其后添插一个 0，然后继续发送后继的比特流。接收端同样监视除起始标志字段以外的所有字段。当连续发现 5 个 1 出现后，若其后一个比特为"0"，则自动删除它，以恢复原来的数据；若发现连续 6 个 1，则可能是插入的 0 发生差错变成 1，也可能是收到了帧的终止标志码。后两种情况，可以进一步通过帧中的帧校验序列来加以判断。零比特填充法原理简单，很适合于硬件实现。

4. HDLC 状态检测

HDLC 具有简单的探测链路及对端状态的功能。在链路物理层就绪后，HDLC 设备以轮询时间间隔为周期，向链路上发送 Keepalive 消息，探测对方设备是否存在。如果在 3 个周期内无法收到对方发出的 Keepalive 消息，HDLC 设备就认为链路不可用，则链路层状态变为 Down。

如图 4-10 所示，同一链路两端设备的轮询时间间隔应设为相同的值，否则会导致链路不可用。缺省情况下，接口的 HDLC 轮询时间间隔为 10 s。如果将两端的轮询时间间隔都设为 0，则禁止链路状态检测功能。

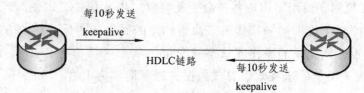

每10秒发送
keepalive

HDLC链路

每10秒发送
keepalive

图 4-10　HDLC 链路状态检测

5. HDLC 配置

1）HDLC 基本配置命令

在串行接口视图下运行：

link-protocol hdlc

使能接口的 HDLC 协议。华为设备上的串行接口默认运行 PPP 协议。用户必须在串行链路两端的端口上配置相同的链路协议，双方才能通信。

例如（见图 4-11）：

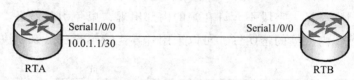

Serial1/0/0
10.0.1.1/30

Serial1/0/0

RTA

RTB

图 4-11　HDLC 配置举例

[RTA]interface serial 1/0/0

[RTA-Serial1/0/0]link-protocol hdlc

Warning：The encapsulation protocol of the link will be changed.

Continue？[Y/N]：y

[RTA-Serial1/0/0]ip address 10.0.1.130

2）HDLC 接口地址借用

一个接口如果没有 IP 地址就无法生成路由，也就无法转发报文。IP 地址借用允许一个没有 IP 地址的接口从其他接口借用 IP 地址。这样可以避免一个接口独占 IP 地址，节省 IP 地址资源。一般建议借用 loopback 接口的 IP 地址，因为这类接口总是处于活跃（active）状态，因而能提供稳定可用的 IP 地址。例如：HDLC 接口地址借用：

[RTA]interface serial 1/0/0

[RTA-Serial1/0/0]link-protocol hdlc

Warning：The encapsulation protocol of the link will be changed.

Continue？[Y/N]：y

[RTA-Serial1/0/0]ip address unnumbered interface loopback 0

[RTA]ip route-static 10.1.1.0 24 serial 1/0/0

本例中，在 RTA 的 S1/0/0 接口配置完接口地址借用之后，还需要在 RTA 上配置静态路由，以使 RTA 能够转发数据到 10.1.1.0/24 网络。

6. 验证配置

执行 display ip interface brief 命令可以查看路由器接口简要信息。如果有 IP 地址被借用，该 IP 地址会显示在多个接口上，说明借用 loopback 接口的 IP 地址成功。

例如：

[RTA]display ip interface brief

*down：administratively down ^down：standby （l）：loopback

（s）：spoofing

……

Interface	IP Address/Mask	physical	protocol
LoopBack0	10.1.1.1/32	up	up（s）
Serial1/0/0	10.1.1.1/32	up	up
Serial1/0/1	unassigned	up	down

4.2.2　PPP 协议

1. PPP 基本概念

PPP 协议是一种点到点链路层协议，主要用于在全双工的同异步链路上进行点到点的数据传输。它是面向字符的，在点到点串行链路上使用字符填充技术，支持同步和异步的专线连接、同步和异步拨号链路连接等，如图 4-12 所示。

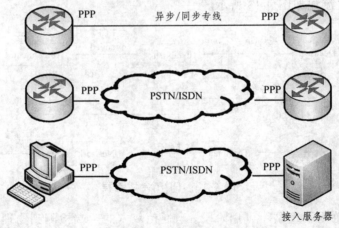

图 4-12　PPP 的适用场合

PPP 既支持同步传输又支持异步传输，而 X.25、FR（Frame Relay）等数据链路层协议仅支持同步传输，SLIP 仅支持异步传输。

PPP 协议具有很好的扩展性，例如，当需要在以太网链路上承载 PPP 协议时，PPP 可以扩展为 PPPoE。

PPP 提供了 LCP（Link Control Protocol）协议，用于各种链路层参数的协商。

PPP 提供了各种 NCP（Network Control Protocol）协议（如 IPCP、IPXCP），用于各网络层参数的协商，更好地支持了网络层协议。

PPP 提供了认证协议：CHAP（Challenge-Handshake Authentication Protocol）、PAP（Password AuthenticationProtocol），更好地保证了网络的安全性。

无重传机制，网络开销小，速度快。

2. 协议组成

PPP 并非单一的协议，而是由一系列协议构成的协议簇。PPP 包含两个组件：链路控制协议 LCP（Link Control Protocol，LCP）和网络层控制协议 NCP。

为了能适应多种多样的链路类型，PPP 定义了链路控制协议 LCP。LCP 可以自动检测链路环境（如是否存在环路），协商链路参数（如最大数据包长度，使用何种认证协议等）。与其他数据链路层协议相比，PPP 协议的一个重要特点是可以提供认证功能，链路两端可以协商使用何种认证协议来实施认证过程，只有认证成功之后才会建立连接，例如通过 PAP（Password Authentication Protocol）和 CHAP（Challenge-Handshake Authentication Protocol）实现安全认证功能。

PPP 同时定义了另一组网络层控制协议 NCP，每一个 NCP 对应了一种网络层协议，用于协商网络层地址等参数，例如 IPCP 用于协商控制 IP 协议，IPXCP 用于协商控制 IPX 协议等。在上层，PPP 通过多种 NCP 提供对多种网络层协议的支持。每一种网络层协议都有一种对应的 NCP 为其提供服务，因此 PPP 具有强大的扩展性和适应性。

3. PPP 会话流程

PPP 会话建立流程如图 4-13 所示。

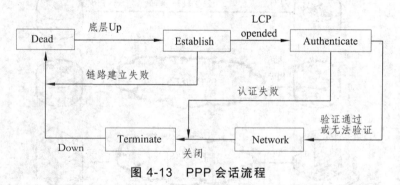

图 4-13　PPP 会话流程

Dead 阶段也称为物理层不可用阶段。当通信双方的两端检测到物理线路激活时，就会从 Dead 阶段迁移至 Establish 阶段，即链路建立阶段。

在 Establish 阶段，PPP 链路进行 LCP 参数协商。协商内容包括最大接收单元 MRU、认证方式、魔术字（Magic Number）等选项。LCP 参数协商成功后会进入 Opened 状态，表示底层链路已经建立。

多数情况下，链路两端的设备是需要经过认证阶段（Authenticate）后才能够进入到网络层协议阶段。PPP 链路在缺省情况下是不要求进行认证的。如果要求认证，则在链路建立阶段必须指定认证协议。认证方式是在链路建立阶段双方进行协商的。如果在这个阶段再次收到了 Configure-Request 报文，则又会返回到链路建立阶段。

在 Network 阶段，PPP 链路进行 NCP 协商。通过 NCP 协商来选择和配置一个网络层协议并进行网络层参数协商。只有相应的网络层协议协商成功后，该网络层协议才可以通过这条 PPP 链路发送报文。如果在这个阶段收到了 Configure-Request 报文，也会返回到链路建立阶段。

NCP 协商成功后，PPP 链路将保持通信状态。PPP 运行过程中，可以随时中断连接，例如物理链路断开、认证失败、超时定时器时间、管理员通过配置关闭连接等动作都可能导致链路进入 Terminate 阶段。

在 Terminate 阶段，如果所有的资源都被释放；通信双方将回到 Dead 阶段，直到通信双方重新建立 PPP 连接。

4. PPP 帧格式

PPP 采用了与 HDLC 协议类似的帧格式（见图 4-14）：

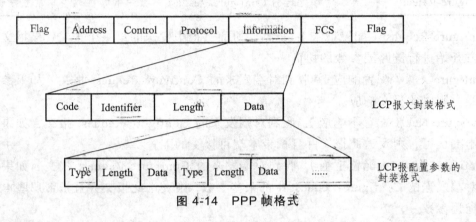

图 4-14　PPP 帧格式

1）字段含义

Flag 域标识一个物理帧的起始和结束，该字节为二进制序列 01111110（0x7E）。

PPP 帧的地址域跟 HDLC 帧的地址域有差异，PPP 帧的地址域字节固定为 11111111（0XFF），是一个广播地址。

PPP 数据帧的控制域默认为 00000011（0X03），表明为无序号帧。

帧校验序列（FCS）是个 16 位的校验和，用于检查 PPP 帧的完整性。

协议字段用来说明 PPP 所封装的协议报文类型；典型的字段值有：0xC021 代表 LCP 报文，0xC023 代表 PAP 报文，0xC223 代表 CHAP 报文。

信息字段包含协议字段中指定协议的数据包。数据字段的默认最大长度（不包括协议字段）称为最大接收单元 MRU（Maximum Receive Unit），MRU 的缺省值为 1 500 字节。如果协议字段被设为 0xC021，则说明通信双方正通过 LCP 报文进行 PPP 链路的协商和建立：

Code 字段，主要是用来标识 LCP 数据报文的类型。典型的报文类型有：配置信息报文（Configure Packets：0x01）；配置成功信息报文（Configure-Ack：0x02），终止请求报文（Terminate-Request：0x05）。

Identifier 域为 1 个字节，用来匹配请求和响应。

Length 域的值就是该 LCP 报文的总字节数据。

Data 域承载各种 TLV（Type/Length/Value）参数用于协商配置选项，包括最大接收单元、认证协议等等。

2）LCP 报文

如表 4-1 所示列出了 LCP 用于链路层参数协商所使用四种报文类型。

表 4-1　链路层参数协商所使用四种报文类型

报文类型	作　用
Configure Request	包含发送者试图与对端建立连接使用的参数列表
Configure-Ack	表示完全接受对端的 Configure-Request 的参数取值
Configure-Nak	表示对端发送的 Configure-Resuest 参数中的某些取值在本端不被认可
Configure-Reject	表示对端发送的 Configure-Resuest 参数中的某些取值本端不能识别

Configure-Request（配置请求）：链路层协商过程中发送的第一个报文，该报文表明点对点双方开始进行链路层参数的协商。

Configure-Ack（配置响应）：收到对端发来的 Configure-Request 报文，如果参数取值完全接受，则以此报文响应。

Configure-Nak（配置不响应）：收到对端发来的 Configure-Request 报文，如果参数取值不被本端认可，则发送此报文并且携带本端可接受的配置参数。

Configure-Reject（配置拒绝）：收到对端发来的 Configure-Request 报文，如果本端不能识别对端发送的 Configure-Request 中的某些参数，则发送此报文并且携带那些本端不能识别的配置参数。

3）LCP 协商参数

LCP 报文携带的一些常见的配置参数有 MRU，认证协议以及魔术字，如表 4-2 所示。

表 4-2　LCP 报文协商参数及作用

参数	作　用	缺省值
最大接收单元 MRU	PPP 数据帧中 information 和 padding 的总长度	1500 字节
认证协议	认证对端使用的认证协议	不认证
魔术字	表示对端发送的 Configure-Resuest 参数中的某些取值在本端不被认可	

在 VRP 平台上，MRU 参数使用接口上配置的最大传输单元（MTU）值来表示。

常用的 PPP 认证协议有 PAP 和 CHAP，一条 PPP 链路的两端可以使用不同的认证协议认证对端，但是被认证方必须支持认证方要求使用的认证协议并正确配置用户名和密码等认证信息。

LCP 使用魔术字来检测链路环路和其他异常情况。魔术字为随机产生的一个数字，随机机制需要保证两端产生相同魔术字的可能性几乎为 0。

收到一个 Configure-Request 报文之后，其包含的魔术字需要和本地产生的魔术字做比较，如果不同，表示链路无环路，则使用 Configure-Ack 报文确认（其他参数也协商成功），表示魔术字协商成功。在后续发送的报文中，如果报文含有魔术字字段，则该字段设置为协商成功的魔术字。

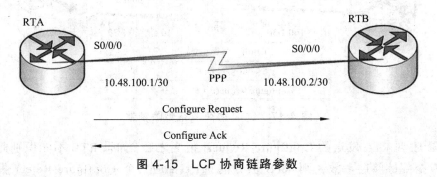

图 4-15　LCP 协商链路参数

如图 4-15 所示，RTA 和 RTB 使用串行链路相连，运行 PPP。当物理层链路变为可用状态之后，RTA 和 RTB 使用 LCP 协商链路参数。本例中，RTA 首先发送一个 Configure-Request 报文，此报文中包含 RTA 上配置的链路层参数。当 RTB 收到此 Configure-Request 报文之后，如果 RTB 能识别并接受此报文中的所有链路层参数，则向 RTA 回应一个 Configure-Ack 报文。RTA 在没有收到 Configure-Ack 报文的情况下，会每隔 3 秒重传一次 Configure-Request 报文，如果连续 10 次发送 Configure-Request 报文仍然没有收到 Configure-Ack 报文，则认为对端不可用，停止发送 Configure-Request 报文，如图 4-16 所示。

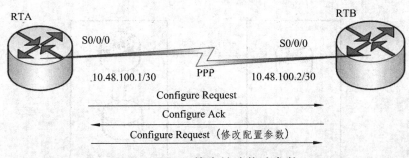

图 4-16　LCP 协商链路修改参数

完成上述过程只是表明 RTB 认为 RTA 上的链路参数配置是可接受的。RTB 也需要向 RTA 发送 Configure-Request 报文，使 RTA 检测 RTB 上的链路参数是不是可接受的。

当 RTB 收到 RTA 发送的 Configure-Request 报文之后，如果 RTB 能识别此报文中携带的所有链路层参数，但是认为部分或全部参数的取值不能接受，即参数的取值协商不成功，则 RTB 需要向 RTA 回应一个 Configure-Nak 报文。

在这个 Configure-Nak 报文中，只包含不能接受的链路层参数，并且此报文所包含的链路层参数均被修改为 RTB 上可以接受的取值（或取值范围）。

在收到 Configure-Nak 报文之后，RTA 需要根据此报文中的链路层参数重新选择本地配置的其他参数，并重新发送一个 Configure-Request，如图 4-17 所示。

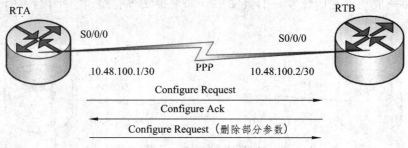

图 4-17　LCP 协商链路删除参数

当 RTB 收到 RTA 发送的 Configure-Request 报文之后，如果 RTB 不能识别此报文中携带的部分或全部链路层参数，则 RTB 需要向 RTA 回应一个 Configure-Reject 报文。在此 Configure-Reject 报文中，只包含不能被识别的链路层参数。

在收到 Configure-Reject 报文之后，RTA 需要向 RTB 重新发送一个 Configure-Request 报文，在新的 Configure-Request 报文中，不再包含不被对端（RTB）识别的参数。

5. PPP 认证

1）PAP 认证

PAP（Password Authentication Protocol，密码认证协议）为两次握手认证，认证过程仅在链路初始建立阶段进行，认证的过程如图 4-18 所示。

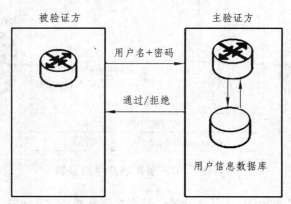

图 4-18　PAP 认证过程

被认证方以明文发送用户名和密码到主认证方。

主认证方核实用户名和密码。如果此用户合法且密码正确，则会给对端发送 ACK 消息，通告对端认证通过，允许进入下一阶段协商；如果用户名或密码不正确，则发送 NAK 消息，通告对端认证失败。

为了确认用户名和密码的正确性，主认证方要么检索本机预先配置的用户列表，要么采用类似 RADIUS 的远程认证协议向网络上的认证服务器查询用户名密码信息。

PAP 认证失败后并不会直接将链路关闭。只有当认证失败次数达到一定值时，链路才会被关闭，这样可以防止因误传、线路干扰等造成不必要的 LCP 重新协商过程。

PAP 认证可以在一方进行，即由一方认证另一方的身份，也可以进行双向身份认证，双向认证可以理解为两个独立的单向认证过程，即要求通信双方都要通过对方的认证程序，否则无法建立二者之间的链路。

在 PAP 认证中，用户名和密码在网络上以明文的方式传递，如果在传输过程中被监听，监听者可以获知用户名和密码，并利用其通过认证，从而可能对网络安全造成威胁。因此，PAP 适用于对网络安全要求相对较低的环境。

PAP 认证的工作原理较为简单，如图 4-19 所示。PAP 认证协议为两次握手认证协议，密码以明文方式在链路上发送。LCP 协商完成后，认证方要求被认证方使用 PAP 进行认证。

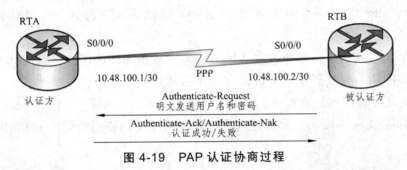

图 4-19　PAP 认证协商过程

被认证方将配置的用户名和密码信息使用 Authenticate-Request 报文以明文方式发送给认证方。

认证方收到被认证方发送的用户名和密码信息之后，根据本地配置的用户名和密码数据库检查用户名和密码信息是否匹配，如果匹配，则返回 Authenticate-Ack 报文，表示认证成功；否则，返回 Authenticate-Nak 报文，表示认证失败。

2）CHAP 认证

CHAP（Challenge-Handshake Authentication Protocol，挑战-握手认证协议）为三次握手认证，CHAP 协议是在链路建立的开始就完成的。在链路建立完成后的任何时间都可以重复发送进行再认证。

CHAP 认证过程如图 4-20 所示：

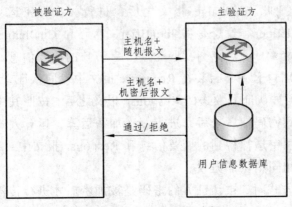

图 4-20　CHAP 认证过程

Challenge：主认证方主动发起认证请求，主认证方向被认证方发送一个随机产生的数值，并同时将本端的用户名一起发送给被认证方。

Response：被认证方接收到主认证方的认证请求后，检查本地密码。如果本端接口上配置了默认的 CHAP 密码，则被认证方选用此密码；如果没有配置默认的 CHAP 密码，则被认证方根据此报文中主认证方的用户名在本端的用户表中查找该用户对应的密码，并选用找到的密码。随后，被认证方利用 MD5 算法对报文 ID、密码和随机数生成一个摘要，并将此摘要和自己的用户名发回主认证方。

Acknowledge or Not Acknowledge：主认证方用 MD5 算法对报文 ID、本地保存的被认证方密码和原随机数生成一个摘要，并与收到的摘要值进行比较。如果相同则向被认证方发送 Acknowledge 消息声明认证通过；如果不同则认证不通过，向被认证方发送 Not aknowledge。

CHAP 单向认证是指一端作为主认证方，另一端作为被认证方。双向认证是单向认证的简单叠加，即两端都是既作为主认证方又作为被认证方。

CHAP 认证过程需要三次报文的交互，如图 4-21 所示。为了匹配请求报文和回应报文，报文中含有 identifier 字段，一次认证过程所使用的报文均使用相同的 identifier 信息。

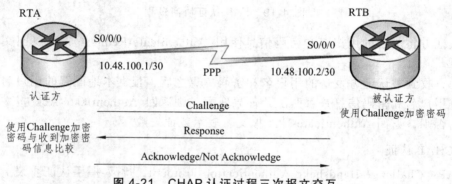

图 4-21　CHAP 认证过程三次报文交互

（1）LCP 协商完成后，认证方发送一个 Challenge 报文给被认证方，报文中含有 identifier 信息和一个随机产生的 Challenge 字符串，此 identifier 即为后续报文所使用的 identifier。

（2）被认证方收到此 Challenge 报文之后，进行一次加密运算，运算公式为 MD5 {Identifier+密码+Challenge）,意思是将 Identifier、密码和 Challenge 三部分连成一个字符串，然后对此字符串做 MD5 运算，得到一个 16 字节长的摘要信息，然后将此摘要信息和端口上配置的 CHAP 用户名一起封装在 Response 报文中发回认证方。

（3）认证方接收到被认证方发送的 Response 报文之后，按照其中的用户名在本地查找相应的密码信息，得到密码信息之后，进行一次加密运算，运算方式和被认证方的加密运算方式相同，然后将加密运算得到的摘要信息和 Response 报文中封装的摘要信息做比较，相同则认证成功，不相同则认证失败。

使用 CHAP 认证方式时，被认证方的密码是被加密后才进行传输的，这样就极大地提高了安全性。

3）PAP 与 CHAP 对比

PPP 支持的两种认证方式 PAP 和 CHAP 区别如下：

PAP 通过两次握手的方式来完成认证，而 CHAP 通过三次握手认证远端节点。PAP 认证由被认证方首先发起认证请求，而 CHAP 认证由主认证方首先发起认证请求。

PAP 密码以明文方式在链路上发送，并且当 PPP 链路建立后，被认证方会不停地在链路上反复发送用户名和密码，直到身份认证过程结束，所以不能防止攻击。CHAP 只在网络上传输用户名，而并不传输用户密码，因此它的安全性要比 PAP 高。

PAP 和 CHAP 都支持双向身份认证。即参与认证的一方可以同时是认证方和被认证方。由于 CHAP 的安全性优于 PAP，其应用更加广泛。

6. 配置 PPP

建立 PPP 链路之前，必须先在串行接口上配置链路层协议。华为 ARG3 系列路由器默认在串行接口上使能 PPP 协议。如果接口运行的不是 PPP 协议，需要运行配置 ppp 命令来使能数据链路层的 PPP 协议。

配置 ppp 命令：

link-protocol ppp
例（见图 4-22）：

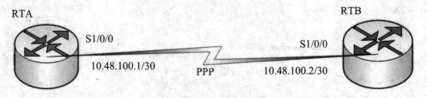

图 4-22　PPP 配置举例

[RTA]interface Serial 1/0/0
[RTA-Serial1/0/0]link-protocol ppp
Warning：The encapsulation protocol of the link will be changed.
Continue？[Y/N]：y
[RTA-Serial1/0/0]ip address 10.48.100.1 30

7. IPCP 地址协商

1）IPCP 静态地址协商

IPCP 使用和 LCP 相同的协商机制、报文类型，但 IPCP 并非调用 LCP，只是工作过程、报文等和 LCP 相同。

IP 地址协商包括两种方式：静态配置协商和动态配置协商。如图 4-23 所示，两端路由器配置的 IP 地址分别为 10.48.100.1/30 和 10.48.100.2/30。

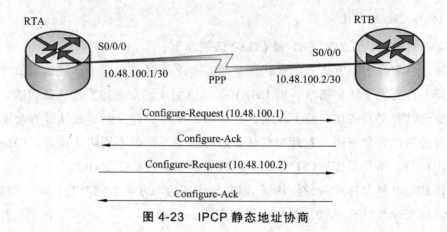

图 4-23　IPCP 静态地址协商

静态 IP 地址的协商过程如下：

（1）每一端都要发送 Configure-Request 报文，在此报文中包含本地配置的 IP 地址。

（2）每一端接收到此 Configure-Request 报文之后，检查其中的 IP 地址，如果 IP 地址是一个合法的单播 IP 地址，而且和本地配置的 IP 地址不同（没有 IP 冲突），则认为对端可以使用该地址，回应一个 Configure-Ack 报文。

2）IPCP 动态地址协商

两端动态协商 IP 地址的过程如下（见图 4-24）：

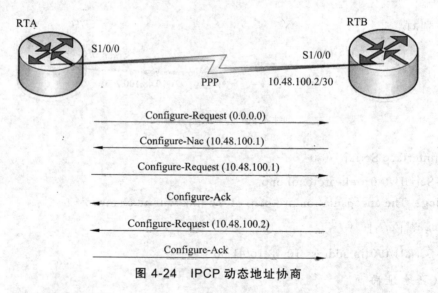

图 4-24　IPCP 动态地址协商

RTA 向 RTB 发送一个 Configure-Request 报文，此报文中会包含一个 IP 地址 10.48.100.0，表示向对端请求 IP 地址；

RTB 收到上述 Configure-Request 报文后，认为其中包含的地址（10.48.100.0）不合法，使用 Configure-Nak 回应一个新的 IP 地址 10.1.1.1；

RTA 收到此 Configure-Nak 报文之后，更新本地 IP 地址，并重新发送一个 Configure-Request 报文，包含新的 IP 地址 10.48.100.1；

RTB 收到 Configure-Request 报文后，认为其中包含的 IP 地址为合法地址，回应一个 Configure-Ack 报文。

同时，RTB 也要向 RTA 发送 Configure-Request 报文请求使用地址 10.48.100.2，RTA 认为此地址合法，回应 Configure-Ack 报文。

8. PPP 认证配置

1）PPP 认证配置命令格式

（1）创建本地用户：

local-user {localusername}　password cipher {password}

关键字"cipher"表示密码信息在配置文件中被加密。

例如：

local-user huawei password ciphcr huawei

命令用于创建一个本地用户，用户名为"huawei"，密码为"huawei"。

（2）设置 PPP 用户类型：

local-user huawei service-type ppp

（3）验证配置：

debugging ppp <认证类型> all

例如：

Debugging ppp pap all

用于验证 ppp 的 Pap 认证配置情况。

2）PAP 认证配置

（1）创建本地用户：

local-user {localusername}　password cipher {password}

关键字"cipher"表示密码信息在配置文件中被加密。

例如：

local-user huawei password cipher huawei

命令用于创建一个本地用户，用户名为"huawei"，密码为"huawei"。

（2）设置 PPP 用户类型：

例如：

local-user huawei service-type ppp

命令用于设置用户"huawei"为 PPP 用户。

（3）开启认证方式：

ppp authentication-mode pap

例如：

ppp authentication-mode pap

命令用于在认证方开启 PAP 认证的功能，即要求对端使用 PAP 认证。

（4）被认证方配置 PAP 使用的用户名和密码信息：

ppp pap local-user huawei password cipher huawei

例如：

ppp pap local-user huawei password cipher huawei
命令用于在被认证方配置 PAP 使用的用户名和密码信息。

3）CHAP 认证配置

（1）创建本地用户：

local-user huawei password cipher huawei
命令用于创建一个本地用户，用户名为"huawei"，密码为"huawei"；关键字"cipher"表示密码信息在配置文件中加密保存。

（2）配置认证用户：

local-user huawei service-type ppp
命令用于设置用户"huawei"为 PPP 用户。

（3）启用 chap 认证：

ppp authentication-mode chap
命令用于在认证方开启 CHAP 认证的功能，即要求对端使用 CHAP 认证。

ppp chap user huawei 命令用于在被认证方设置 CHAP 使用的用户名为"huawei"。

ppp chap password cipher huawei 命令用于在被认证方设置 CHAP 使用的密码为"huawei"。

例（见图 4-25）：

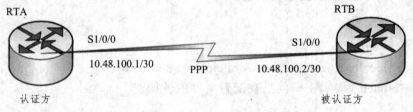

图 4-25　CHAP 认证配置举例

[RTA]aaa

[RTA-aaa]local-user huawei password cipher huawei

[RTA-aaa]local-user huawei service-type ppp

[RTA]interface serial 1/0/0

[RTA-Serial1/0/0]link-protocol ppp

[RTA-Serial1/0/0]ppp authentication-mode chap

[RTB]interface Serial 1/0/0

[RTB-Serial1/0/0]link-protocol ppp

[RTB-Serial1/0/0]ppp chap user huawei

[RTB-Serial1/0/0]ppp chap password cipher huawei

local-user huawei password cipher huawei 命令用于创建一个本地用户，用户名为"huawei"，密码为"huawei"；关键字"cipher"表示密码信息在配置文件中加密保存。

local-user huawei service-type ppp 命令用于设置用户"huawei"为 PPP 用户。

ppp authentication-mode chap 命令用于在认证方开启 CHAP 认证的功能，即要求对端使用 CHAP 认证。

ppp chap user huawei 命令用于在被认证方设置 CHAP 使用的用户名为"huawei"。

ppp chap password cipher huawei 命令用于在被认证方设置 CHAP 使用的密码为"huawei"。

（4）CHAP 认证配置验证。

debugging ppp <认证类型> all

例如：

[RTB]debugging ppp chap all

Aug 3 2016 08：00：12.221.1+00：00 RTB PPP/7/debug2：

PPP State Change：

Serial1/0/0 CHAP：Initial-->ListenChallenge

Aug 3 2016 08：00：12.221.1+00：00 RTB PPP/7/debug2：

PPP State Change：

Serial1/0/0 CHAP：ListenChallenge -->SendResponse

Aug 3 2016 08：00：12.221.1+00：00 RTB PPP/7/debug2：

PPP State Change：

Serial1/0/0 CHAP：SendResponse -->ClientSuccess

4.2.3　帧中继协议

1. 帧中继概念

帧中继（Frame Relay）是在数据链路层用简化的方法传送和交换数据单元的快速分组交换技术。是一种统计复用的协议，它在单一物理传输线路上能够提供多条虚电路，能充分利用网络资源，因此帧中继具有吞吐量高、时延低、适合突发性业务等特点。

帧中继协议是在简化的 X.25 分组交换技术的基础上发展起来的。帧中继技术是在数据链路层用简化的方法转发和交换数据单元的快速分组交换技术。相对于 X.25 协议，帧中继只完成链路层的核心功能，简单而高效。帧中继的重要特点之一是将 X.25 分组交换网中分组节点的差错控制、确认重传和流量控制、防止拥塞等处理过程进行简化，缩短了处理时间，这对有效利用高速数字传输信道十分关键。X.25 分组交换的时延在几十到几百毫秒，而帧中继交换可以减少一个数量级，达到几毫秒。

帧中继协议是一种统计复用的协议，它在单一的理传输线路上能够提供多条 VC（Virtual Circuit，虚电路），有效利用了骨干网络的带宽，降低了成本。

帧中继网络既可以是公用网络或者是某一企业的私有网络，也可以是数据设备之间直接连接构成的网络。在实际应用中，通常由运营商建立帧中继网络为用户提供 PVC（Permanent Virtual Circuit）租用服务，用户可以申请 PVC 连通处于各个不同地理位置的分支站点。

1）帧中继协议特点

帧中继最初是作为在 ISDN 接口上工作的一种协议来涉及的，经发展改进，它已经成为一种交换式数据链路层协议的工业标准。主要应用在广域网中，支持多种数据型业务。

帧中继技术的特点可归纳如下：

帧中继技术主要用于传递数据业务，将数据信息以帧的形式进行传送。

帧中继传送数据使用的传输链路是逻辑连接，而不是物理连接，在一个物理连接上可以复用多个逻辑连接，可以实现带宽的复用和动态分配。

帧中继协议简化了自身的第三层功能，采用物理层和链路层的两级结构，在链路层也只保留了核心功能，将流量控制、纠错等留给智能终端完成，使网络节点的处理大大简化，提高了网络对信息的处理效率。

在链路层可以完成统计复用、帧透明传输和错误检测，但不提供发现错误后的重传操作。省去了帧编号、流量控制、应答和监视等机制，大大节省了交换机的开销，提高了网络吞吐量、降低了通信时延。通常帧中继用户的接入速率在 64 Kb/s ~ 2 Mb/s。

帧中继的交换单元（帧）的信息长度可达到 1600 字节，适合封装局域网的数据单元。

帧中继采用面向连接的分组交换技术。可以提供 SVC（Switched Virtual Circuit）和 PVC（Permanent Virtual Circuit）业务，能充分利用网络资源，因此帧中继具有吞吐量高、时延低、适合突发性业务等特点。

2）与其他协议关系

PPP、HDLC、X.25、FR、ATM 都是常见的广域网技术。PPP 和 HDLC 是一种点到点连接技术，而 X.25、FR 和 ATM 则属于分组交换技术。

X.25 协议主要是描述如何在 DTE 和 DCE 之间建立虚电路、传输分组、建立链路、传输数据、拆除链路、拆除虚电路、同时进行差错控制、流量控制等统计。

帧中继协议是一种简化了 X.25 的广域网协议，它在控制层面上提供了虚电路的管理、带宽管理和防止阻塞等功能。与传统的电路交换相比，它可以对物理电路实行统计时分复用，即在一个物理连接上可以复用多个逻辑连接，实现了带宽的复用和动态分配，有利于多用户、多速率的数据传输，充分利用了网络资源。

帧中继工作在 OSI 参考模型的数据链路层。与 X.25 协议相比，帧中继的一个显著的特点是将分组交换网中差错控制、确认重传、流量控制、拥塞避免等处理过程进行了简化，缩短了处理时间，提高了数字传输通道的利用率。新的技术诸如 MPLS 等的大量涌现，使得帧中继网络的部署逐渐减少。如果企业不得不使用运营商的帧中继网络服务，则企业管理员必须具备在企业边缘路由器上配置和维护帧中继的能力。

3）帧中继连接概念

帧中继网提供了用户设备（如路由器和主机等）之间进行数据通信的能力，如图 4-26 所示。

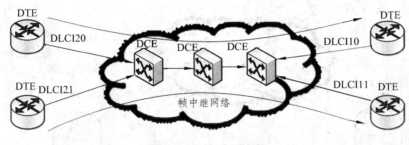

图 4-26　帧中继连接

用户设备被称作数据终端设备 DTE（Data Terminal Equipment）。

为用户设备提供接入的设备，属于网络设备，被称为数据电路终结设备 DCE（Data Circuit terminating Equipment）。

帧中继是一种面向连接的技术，在通信之前必须建立连接，DTE 之间建立的连接称为虚电路。帧中继虚电路有两种类型：PVC 和 SVC。

（1）永久虚电路 PVC（Permanent Virtual Circuit）：是指给用户提供的固定的虚电路，该虚电路一旦建立，则永久生效，除非管理员手动删除。PVC 一般用于两端之间频繁的、流量稳定的数据传输，现在在帧中继中使用最多的方式是永久虚电路方式。

（2）交换虚电路 SVC（Switched Virtual Circuit）：是指通过协议自动分配的虚电路。在通信结束后，该虚电路会被自动取消。一般突发性的数据传输多用 SVC。

2. 数据链路标识（DLCI）

帧中继协议是一种统计复用协议，由于帧中继在单一物理传输线路上能够提供多条虚电路，这就需要用一种方法标识各个虚电路。位于帧中继帧头地址字段中的 DLCI（Data Link Connection Identifier，数据链路连接标识）就是用于这个目的的。在同一条链路上，每条虚电路都用唯一的 DLCI 来标识。

DLCI 是本地有效的，即 DLCI 只在本地接口和与之直接相连的对端接口之间有效，而不具有全局有效性。在帧中继网络中，不同物理接口上相同的 DLCI 并不一定表示同一个虚电路。帧中继网络用户接口上最多可支持 1024 条虚电路，用户可用的 DLCI 的取值范围是 16～1022，其中 1007 到 1022 是保留 DLCI，一些 DLCI 代表特殊的功能，如 DLCI 0 和 DLCI 1023 为 LMI 协议专用。

由于帧中继虚电路是面向连接的，本地不同的 DLCI 连接到不同对端设备，所以可认为本地 DLCI 就是对端设备的"帧中继地址"。

如图 4-27 所示显示了帧中继网络中 DLCI 工作的情况。虽然其中 DLCI 数值有所重复，但由于 DLC 的本地性，并不影响帧中继的工作。帧中继网络提供商负责为用户路由器使用的 PVC 分配 DLCI，即 DLCI 由帧中继 DCE 分配给路由器 DTE。

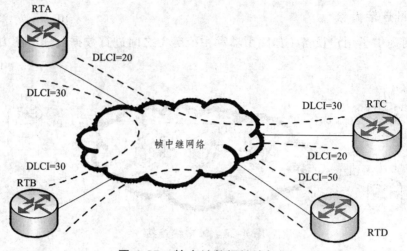

图 4-27　帧中继数据链路标识

3. LMI 协商过程

PVC 方式下，不管是网络设备还是用户设备都需要知道 PVC 的当前状态。监控 PVC 状态的协议叫作本地管理接口 LMI（Local Management Interface）。LMI 协议通过状态查询报文和状态应答报文维护帧中继的链路状态和 PVC 状态。LMI 用于管理 PVC，包括 PVC 的增加、删除，PVC 链路完整性检测，PVC 的状态等。

LMI 协商过程如下（见图 4-28）：

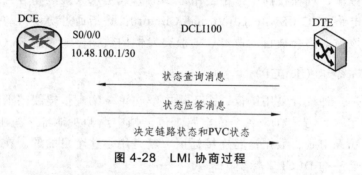

图 4-28　LMI 协商过程

（1）DTE 端定时发送状态查询消息（Status Enquiry）。
（2）DCE 端收到查询消息后，用状态消息（Status）应答状态查询消息。
（3）DTE 解析收到的应答消息，以了解链路状态和 PVC 状态。
（4）当两端设备 LMI 协商报文收发正确的情况下，PVC 状态将变为 Active 状态。

4. Inverse ARP 协商过程

逆向地址解析协议 InARP（Inverse ARP）的主要功能是获取每条虚电路连接的对端设备的 IP 地址。如果知道了某条虚电路连接的对端设备的 IP 地址，在本地就可以生成对端 IP 地址与本地 DLCI 的映射，从而避免手工配置地址映射。

当帧中继 LMI 协商通过，PVC 状态变为 Active 后，就会开始 InARP 协商过程。InARP 协商过程如下：

（1）如果本地接口上已经配置了 IP 地址，那么设备就会在该虚电路上发送 Inverse ARP 请求报文给对端设备。该请求报文包含有本地的 IP 地址；

（2）对端设备收到该请求后，可以获得本端设备的 IP 地址，从而生成地址映射，并发送 Inverse ARP 响应报文进行响应；

（3）本端收到 Inverse ARP 响应报文后，解析报文中的对端 IP 地址，也生成地址映射。例如（见图 4-29）：

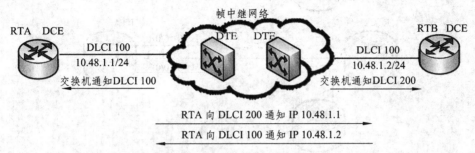

图 4-29　Inverse ARP 协商过程

本例中，RTA 会生成地址映射（10.1.1.2←→100），RTB 会生成地址映射（10.1.1.1←→200）。经过 LMI 和 InARP 协商后，帧中继接口的协议状态将变为 up 状态，并且生成了对端 IP 地址的映射，这样 PVC 上就可以承载 IP 报文了。

5. 帧中继中的水平分割

为了减少路由环路的产生，路由协议的水平分割机制不允许路由器把从一个接口接收到的路由更新信息再从该接口发送出去。水平分割机制虽然可以减少路由环路的产生，但有时也会影响网络的正常通信。例如（见图 4-30）：

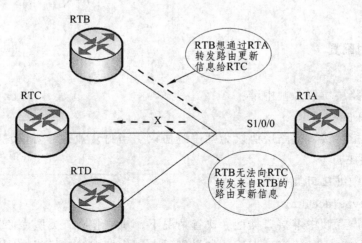

图 4-30　帧中继中的水平分割

本例中，RTB 想通过 RTA 转发路由信息给 RTC，但由于开启了水平分割，RTA 无法通过 S1/0/0 接口向 RTC 转发 RTB 的路由信息。

6. 帧中继子接口

子接口可以解决水平分割带来的问题，一个物理接口可以包含多个逻辑子接口，每一个子接口使用一个或多个 DLCI 连接到对端的路由器。例如（见图 4-31）：

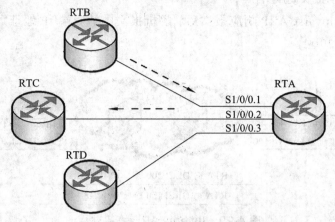

图 4-31　帧中继子接口举例

本例中，RTA 通过子接口 S1/0/0.1 接收到来自 RTB 的路由信息，然后将此信息通过子接口 S1/0/0.2 转发给 RTC。

帧中继的子接口分为两种类型。

点到点（point-to-point）子接口：用于连接单个远端设备。一个子接口只配一条 PVC，不用配置静态地址映射就可以唯一地确定对端设备。

点到多点（point-to-multipoint）子接口：用于连接多个远端设备。一个子接口上配置多条 PVC，每条 PVC 都和它相连的远端协议地址建立地址映射，这样不同的 PVC 就可以到达不同的远端设备。

7. 配　置

1）动态映射配置

配置命令：

（1）指定链路层协议为帧中继：

link-protocol fr

该命令用来指定接口链路层协议为帧中继协议。当封装帧中继协议时，缺省情况下，帧的封装格式为 IETF。

（2）设置帧中继接口类型：

fr interface-type{dce|dte}

该命令用来设置帧中继接口类型。缺省情况下，帧中继接口类型为 DTE。在实际应用中，DTE 接口只能和 DCE 接口直连。如果把设备用作帧中继交换机，则帧中继接口类型应该为 DCE。

（3）使能帧中继逆向地址解析功能：

fr inarp

该命令用来使能帧中继逆向地址解析功能。缺省情况下，该功能已被使能。

例（见图 4-32）：

图 4-32　动态映射配置举例

[RTA]interface Serial 1/0/0

[RTA-Serial1/0/0]link-protocol fr

Warning：The encapsulation protocol of the link will be changed.

Continue？[Y/N]：y

[RTA-Serial1/0/0]fr interface-type dte

[RTA-Serial1/0/0]fr inarp

RTB 也需要动态映射。

2）动态映射配置验证

查看帧中继虚电路的配置和统计信息：

display fr pvc-info

该命令可以用来查看帧中继虚电路的配置情况和统计信息。

例：

[RTA]display fr pvc-info

PVC statistics for interface Serial1/0/0（DTE physical）

　　　DLCI=100，USAGE=UNUSED（00000000），Serial1/0/0

　　　Create time =2016/06/29 08：14：02，status=ACTIVE

　　　InARP=Enable，PVC-GROUP = NONE

　　　In packets = 6，in bytes = 11230

　　　Out packets = 7，out bytes = 500

[RTA]display fr map-info

Map statistics for interface Serial1/0/0（DTE）

DLCI=100，IP INARP 10.1.1.2，Serial1/0/0

Create time =2016/06/29 08：14：02，status=ACTIVE

　　　Encapsulation=ietf，vlink=2，broadcast

在显示信息中，DLCI 表示虚电路的标识符，USAGE 表示此虚电路的来源。LOCAL
表示 PVC 是本地配置的，如果是 UNUSED，则表示 PVC 是从 DCE 侧学习来的。status 表
示虚电路状态。可能的取值有：active——表示虚电路处于激活状态；inactive——表示虚电
路处于未激活状态。InARP 表示是否使能 InARP 功能。

3）静态映射配置

静态映射命令：

fr map ip [destination-address[mask]dlci-number]
命令用来配置一个目的 IP 地址和指定 DLCI 的静态映射。

如果 DCE 侧设备配置静态地址映射，DTE 侧启动动态地址映射功能，则 DTE 侧不需要再配置静态地址映射也可实现两端互通。反之，如果 DCE 配置动态地址映射，DTE 配置静态地址映射，则不能实现互通。

fr map ip [destination-address[mask]dlci-number] broadcast 命令用来配置该映射上可以发送广播报文。

例（见图 4-33）：

图 4-33   静态映射配置举例

[RTA]interface serial 1/0/0

[RTA-Serial1/0/0]link-protocol fr

Warning：The encapsulation protocol of the link be changed.

Continue?（Y/N）：y

[RTA-Serial1/0/0]fr interface-type dte

[RTA-Serial1/0/0]undo fr inarp

[RTA-Serial1/0/0]fr map ip 10.1.1.2 100
RTB 也需要静态映射

4）静态映射配置验证

命令（如下）：

display fr map-info
该命令用来显示帧中继地址映射表，可以显示当前设备上目的 IP 地址和 DLCI 的映射关系。status 表示地址映射的状态。

[RTA]display fr pvc-info
　　DLCI = 100，USAEG = LOCAL（0000100），Serial1/0/0
Create time = 2016/03/28 09：10：06，status = ACTIVE
　　inARP = Disable，PVC-GROUP = NONE
　　in packets = 20，in bytes = 435687
　　out packets = 23，out bytes = 1230
[RTA]display fr map-info

Map Statistics for interface Serial1/0/0（DTE）

    DLCI = 100，IP 10.1.1.2，Serial1/0/0

    Create time = 2016/03/28 12：12：46，status = ACTIVE

Encapsulation = ietf，vlike = 2

思考与练习

1. 帧中继网络中 DLCI 的作用是什么？
2. Inverse ARP 在帧中继中有什么作用？
3. 发送者在发送 Configure-Request 后，收到哪个消息才表示 PPP 链路建立成功？
4. CHAP 认证方式需要交互几次报文？

项目 5　网络安全管理

网络的主要功能是向其他通信实体提供信息传输服务。网络安全技术主要目的是为传输服务实施的全过程提供安全保障。从这个角度来看，网络安全技术主要需要解决两个基本问题：网络应该只为其合法用户提供规定范围之内的数据传输服务；网络应该能够保障它正在传输的信息的安全。对于前者，主要是指网络接入认证技术以及数据过滤技术；对于后者主要是指信息保护技术。下面将讨论用于实现这两个方面安全的技术，包括用于验证、授权和计费的 AAA 技术、用于地址隐藏的地址转换技术 NAT、用于提供私有传输服务的 VPN 技术和用于信息保护的 IPsec 技术。

网络安全是指和网络相关的安全问题。网络的基本功能是为其他通信实体（主机、其他网络等）提供信息传输服务。从这个角度看，网络安全的核心问题就是如何关注以及如何保障网络安全地实施其基本功能：信息传输。当我们从不同角度观察这个功能的实施，就会产生不同的安全问题。例如：

如果把网络看成一种资源，那么就需要对利用这种资源的实体进行验证、授权和计费；

网络正常运行的前提是协议的正常操作：各个协议实体不能被伪造的或其他的非法报文所欺骗，网络必须有能力过滤报文；

作为一种传输基础设施，网络应该对其所传输的数据实施安全保护；

对于具备特定所有权的网络，网络应该有能力提供某种关于其自身的隐私保护的能力。

网络面临的安全问题层出不穷，网络安全技术也处于不断发展当中。用一章的内容很难讲解所有的网络安全问题及其对策，所以本章将针对以上几个问题，重点讨论目前已经成熟并且已经被广泛部署的下面几项安全技术：

AAA（Authentication，Authorization and Accounting：验证、授权和计费）：AAA 定义了实施验证、授权和计费的系统的一般框架。目前使用较多的 AAA 协议是 Radius（Remote authentication Dial-In User Service）协议，其设计目的是为网络提供对于接入用户的验证、授权与计费功能。Radius 协议基于客户机服务器模型，Radius 客户机通常就是控制网络资源的接入设备，Radius 服务器是包含关于网络资源使用权限等 AAA 信息的数据库的设备。Radius 客户机负责将远程设备接入请求、远程设备对于网络资源的使用情况利用 Radius 协议传输给 Radius 服务器，Radius 服务器将产生验证、授权或计费结果，并利用 Radius 协议通知 Radius 客户可以使用的网络资源。

地址转换技术 NAT：地址转换技术的设计目的是为了节省 IP 地址。但是客观上，这种技术对网络外部隐藏了一个网络内部的地址结构，这是本章要讨论的内容之一。地址转换技术的基本原理就是利用某种机制（例如：IP 报文中的 TCP 或 UDP 端口域）来实现大量内网 IP 地址和少量公网 IP 地址之间的映射。

VPN 技术：一个完全私有的网络可以解决许多安全问题，因为很多恶意攻击者根本无法进入网络实施攻击。但是，对于一个普通的地理覆盖范围广的企业或公司，要搭建物理上私有的网络，往往在财政预算上是不合理的。VPN（Virtual Private Network，虚拟私有网络）技术就是为了解决这样一种安全需求的技术，它是将公有网络虚拟成私有网络使用。由于虚拟的网络层次、虚拟的方式不同，目前有多种不同的 VPN 实现方案，后面的内容中我们将介绍几种典型的实现。

IPSEC（Security Architecture for the Internet Protocol，IP 安全体系结构）：IPSEC 体系结构的主要设计目标是为 IP 数据传输提供安全服务，这里的安全服务都是 IP 报文级别的。在 IPSEC 体系下，安全服务是由两个协议 AH（Authentication Header）和 ESP（Encapsulating Security Payload）完成的。正如后面将要讨论的那样，这两个协议的主要区别在于对于数据的保护方式上。

事实上，网络安全技术所涉及的范畴要比上述的范围广阔的多，下面也仅是侧重于网络层的安全问题进行介绍。

任务 5.1　路由器访问控制列表

5.1.1　访问控制列表简介

1. ACL 概述

企业网络中的设备进行通信时，需要保障数据传输的安全可靠和网络的性能稳定。访问控制列表 ACL（Access Control List）可以定义一系列不同的规则，设备根据这些规则对数据包进行分类，并针对不同类型的报文进行不同的处理，从而可以实现对网络访问行为的控制、限制网络流量、提高网络性能、防止网络攻击等。ACL 是应用在网络设备接口的指令列表。这些指令告诉网络设备哪些分组可以接收，哪些分组需要拒绝。接收和拒绝基于一定的条件，例如源地址、目标地址以及 TCP/UDP 端口号等。需要注意的是 ACL 会占用网络设备的 CPU 资源，因为每一个分组都要交给 CPU 处理。

ACL 是由一系列规则组成的集合。设备可以通过这些规则对数据包进行分类，并对不同类型的报文进行不同的处理。

如图 5-1 所示，网关 RTA 允许 192.168.2.0/24（实线）中的主机可以访问 Internet，192.168.1.0/24（虚线）中的主机则被禁止访问 Internet。同时服务器可以被 192.168.1.0/24 中的主机访问，但却禁止 192.168.2.0/24 中的主机访问。

ACL 可以根据需求来定义过滤的条件以及匹配条件后所执行的动作。设备可以依据 ACL 中定义的条件（例如源 IP 地址）来匹配入方向的数据，并对匹配了条件的数据执行相应的动作。图 5-1 示例所述场景中，RTA 依据所定义的 ACL 而匹配到的相对应的流量地址，从而控制用户可以访问的内容（互联网或服务器）。

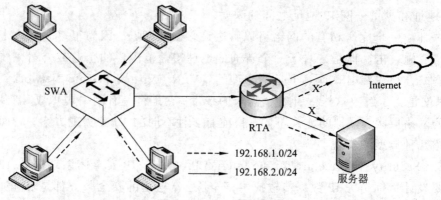

图 5-1　ACL 应用场景

正确配置 ACL 和明确在网络的什么地方放置 ACL 是非常重要的。ACL 在网络中可实现多种功能，一般来说包括以下几方面。

（1）内部过滤分组。

（2）保护内部网络免受来自 Internet 的非法入侵。

（3）限制对虚拟终端端口的访问。

ACL 通过应用访问控制列表到网络设备接口来管理流量和检查特定分组，任何经过该接口的流量都要接受 ACL 中条件的检测。ACL 适用于所有的路由协议，例如 IP、IPX 等，当分组经过路由器时进行过滤。可在路由器上配置 ACL 以控制对某一网络或子网的访问。ACL 通过在路由器接口处控制被路由的分组是被转发还是被阻塞来过滤网络流量，路由器基于 ACL 中指定的条件来决定转发还是丢掉分组。ACL 中的条件可以是流量的源地址、流量的目的地址、上层协议、端口号或应用等。

ACL 的定义必须基于每个协议。换句话说，如果想在某个接口控制某种协议的数据流，必须对该接口处的每一个协议定义单独的 ACL（有些协议也把 ACL 称为过滤器）。例如，如果路由器接口配置成支持 3 种协议（IP、AppleTalk 及 IPX），那么至少需要定义 3 个 ACL。

建立 ACL 的原因很多，主要有以下 4 点：

（1）限制网络流量，提高网络性能。ACL 能够基于分组的协议指定一定分组的级别可被设备优先处理，即排队。排队确保设备不去处理那些不需要的分组，并且限制了网络流量，减少了网络拥塞。

（2）提供流量控制。ACL 能够限定或简化路由器选择更新的内容。这些限定常用于限定关于特定网络的信息通过网络传播。

（3）提供网络访问的基本安全级别。ACL 允许一个主机访问网络的一部分，而阻止其他主机访问相同的区域。如果不在设备上配置 ACL，那么所有经过设备的分组都能够到达网络的所有部分。

（4）在设备接口决定哪种流量被转发或被阻塞。例如，可以允许 E-mail 流量被路由，但同时阻塞所有 Telnet 流量。

2. ACL 的工作原理

ACL 是一组语句，定义了分组的下列行为，以路由器 ACL 为例：

（1）进入入站路由器接口。

（2）通过路由器转发。

（3）流出出站路由器接口。

无论是否使用 ACL，通信处理过程的开始都是一样的。当一个分组进入某一个接口时，路由器首先检查该分组是否可路由或可桥接，然后路由器检查是否在入站接口上应用了 ACL。如果有 ACL，就将该分组与列表中的条件语句相比较。如果分组被允许通过，就继续检查路由器选择表条目以决定转发到的目的接口。ACL 不过滤由路由器本身发出的分组，只过滤别的来源的分组。

下一步，路由器检查目的接口是否应用了 ACL。如果没有应用，分组被直接送到目的接口。例如，如果使用 EO 接口，EO 接口没有应用 ACL，分组就可以直接通过 EO 接口。

ACL 语句按照逻辑次序顺序执行。如果与某个条件语句相匹配，分组就被允许通过或被拒绝通过，而不再检查剩下的条件语句。如果所有的条件语句都没有被匹配，则最后将强加一条拒绝全部流量的默认语句。使用这条拒绝全部流量的语句在 ACL 中最后一行是看不到的，默认的情况下在最后也是拒绝所有的流量。如果分组跟第一条语句相匹配被拒绝通过，分组则被直接丢弃扔，不会再跟 ACL 中其余的任何语句进行比较。如果分组与上一条语句没有匹配将继续与下一条语句进行匹配。

ACL 能够控制哪些客户端可以访问网络。ACL 文件中的条件语句能实现以下两个功能：

（1）筛选出某些主机，允许或者拒绝它们访问网络的某一部分。

（2）允许或拒绝用户访问某种类型的应用，例如 FTP 或 HTTP。

3. ACL 的应用顺序

应用一个 ACL 时，ACL 的语句顺序是至关重要的。当流量流入或流出应用了 ACL 的路由器接口时，操作系统软件会将分组 ACL 中定义的规则相比较。比较判断是按照网络管理员在 ACL 中输入的语句顺序执行的。当比较分组时，一次一句按顺序比较，直到与某一条语句匹配。一旦与某一条语句匹配，就执行匹配的语句行中所指定的动作，不再检查其他条件语句。

例如，如果创建了一个允许所有通信流量通过的条件语句，那么加在它后面的语句将永远不会被检查。如果需要增加另外的语句或是语句需要改变，就必须删除掉该 ACL，然后再重新建立一个带有新语句的 ACL。一个好的办法是使用 PC 上的文本编辑器创建或修改 ACL，然后再通过简易文件协议（TFTP）或超级终端的发送文本文件将 ACL 传到路由器中。

注意当一个 ACL 被创建后，新的语句行都会被加到 ACL 的最后。一般无法删除列表中的单独一行，只能删除整个 ACL 列表。

每个路由器接口都可以为想要过滤的协议创建一个 ACL，对于某些协议，可以建立一个 ACL 来过滤流入的流量，同时建立另一个 ACL 来过滤流出的流量。

在使用了访问组的接口上，当分组跟 ACL 中的语句相匹配时，分组将被接口拒绝通过或允许通过。

4. ACL 的编号

基本 ACL：可以使用报文的源 IP 地址、分片标记和时间段信息来匹配报文，其编号取值范围是 2000～2999。

高级 ACL：可以使用报文的源/目的 IP 地址、源/目的端口号以及协议类型等信息来匹配报文。高级 ACL 可以定义比基本 ACL 更准确、更丰富、更灵活的规则，其编号取值范围是 3000～3999。

二层 ACL：可以使用源/目的 MAC 地址以及二层协议类型等二层信息来匹配报文，其编号取值范围是 4000～4999。

5. ACL 操作基本原则

实际上，访问控制列表命令可能是冗长的字符串。有关创建 ACL 的主要任务包括下列内容。

（1）使用通常的全局配置模式来创建 ACL。

（2）必须小心地选择 ACL 语句，并且要特别注意它们之间的逻辑顺序，以便能实现预期的控制。必须明确指出被允许的网络协议，而所有其他网络协议都将被禁止。

（3）选择所要检查的网络协议，任何其他的网络协议都不能被检查。在这个过程的后期，可以为更高的精确度而指定一个可选的目的端口。

（4）应用 ACL 到接口。

尽管每个协议要求都有自己的一套特定任务和规则来提供流量过滤，一般来说，大部分协议需要两个基本步骤：创建 ACL 定义和把 ACL 应用于某一个接口。

ACL 应用到一个或多个接口上，根据配置和如何被应用来过滤入站或出站的流量。出站 ACL 通常比入站 ACL 更高效，因此优先选用出站 ACL。带有入站 ACL 的路由器在把分组交换到出站接口前必须检查每个分组是否跟 ACL 条件判断语句相匹配。

在路由器上配置 ACL 的时候，必须为每一个协议的 ACL 分配一个唯一的编号，以便标识每个 ACL。如果使用数字来标识 ACL，必须保证这个数字在协议所允许的合理范围之内。

6. ACL 规则

一个 ACL 可以由多条"deny|permit"语句组成，每一条语句描述了一条规则。设备收到数据流量后，会逐条匹配 ACL 规则，看其是否匹配。如果不匹配，则匹配下一条。一旦找到一条匹配的规则，则执行规则中定义的动作，并不再继续与后续规则进行匹配。如果找不到匹配的规则，则设备不对报文进行任何处理。需要注意的是，ACL 中定义的这些规则可能存在重复或矛盾的地方。规则的匹配顺序决定了规则的优先级，ACL 通过设置规则的优先级来处理规则之间重复或矛盾的情形。

一般路由器支持两种匹配顺序：配置顺序和自动排序。

（1）配置顺序按 ACL 规则编号（rule-id）从小到大的顺序进行匹配。设备会在创建 ACL 的过程中自动为每一条规则分配一个编号，规则编号决定了规则被匹配的顺序。例如，如果将步长设定为 5，则规则编号将按照 5、10、15、……这样的规律自动分配。如果步长设定为 2，则规则编号将按照 2、4、6、8、……这样的规律自动分配。通过设置步长，使规则之间留有一定的空间，用户可以在已存在的两个规则之间插入新的规则。一般路由器匹配规则时默认采用配置顺序。

（2）自动排序使用"深度优先"的原则进行匹配，即根据规则的精确度排序。例如 ACL 规则如下：

ACL 2000

rule 5 deny source 192.168.200.0 0.0.0.255

rule 10 deny source 192.168.100.0 0.0.0.255

rule 15 deny source 192.168.1.0 0.0.0.255

网络结构如图 5-2 所示。

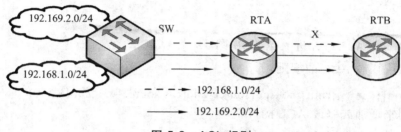

图 5-2　ACL 规则

示例中，RTA 收到了来自两个网络的报文。默认情况下，RTA 会依据 ACL 的配置顺序来匹配这些报文。网络 192.168.1.0/24 发送的数据流量将被 RTA 上配置的 ACL2000 的规则 15 匹配，因此会被拒绝。而来自网络 192.168.2.0/24 的报文不能匹配访问控制列表中的任何规则，因此 RTA 对报文不做任何处理，而是正常转发。

7. any 通配符

any 通配符表示所有的 IP 地址。

例如，要替代下面的用法

[Huawei-acl-basic-2000]rule 5 permit source 0.0.0.0 255.255.255.255

可以用

[Huawei-acl-basic-2000] rule 5 permit source any

8. ACL 应用

ACL 定义好后，要应用到接口上，其基本用法为：

traffic-filter {inbound|outbound|vlan} acl {acl-number}

表示在接口的入方向或出方向或 VLAN 上应用 ACL。

9. 扩展的 IP 访问列表

扩展 ACL 比标准 ACL 使用得更广泛，因为它提供了更大的弹性和控制范围。扩展 ACL 既可检查分组的源地址和目的地址，也可检查协议类型和 TCP 或 UDP 的端口号。

扩展 ACL 可以基于分组的源地址、目的地址、协议类型、端口地址和应用来决定访问是被允许或者拒绝。一旦分组被丢弃，某些协议将返回一个回应分组到源发送端，以表明目的不可达。扩展 ACL 比标准 ACL 提供了更广阔的控制范围和更多的分组处理方法。标准 ACL 只能禁止或拒绝整个协议集，但扩展 ACL 可以允许或拒绝协议集中的某些协议。例如，允许 HTTP 而拒绝 FTP。

5.1.2 访问控制列表配置

以华为系列产品为例说明配置方法：

1. 基本 ACL 配置

（1）创建 ACL：

acl[number]
用来创建一个 ACL，并进入 ACL 视图。

（2）增加或修改 ACL 的规则：

rule[rule-id]{deny|permit} source{source-address source-wildcard1 any}
该命令用来增加或修改 ACL 的规则。

deny 用来指定拒绝符合条件的数据包；

permit 用来指定允许符合条件的数据包；

source 用来指定 ACL 规则匹配报文的源地址信息；

any 表示任意源地址。

（3）在接口上应用 ACL：

traffic-filter{inbound|outbound}acl{acl-number}
该命令用来在接口上配置基于 ACL 对报文进行过滤。

例如 ACL 规则如下（见图 5-3）：

[RTA]ACL 2000

[RTA-acl-basic-2000]rule deny source 192.168.1.0 0.0.0.255

[RTA]interface GigabitEthernet 0/0/0

[RTA-GigabitEthernet 0/0/0]traffic-filter outbound acl 2000

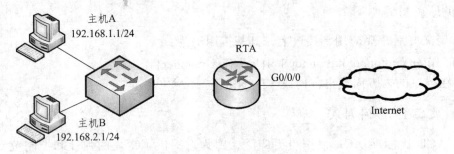

图 5-3　基本 ACL 配置

示例中，主机 A 发送的流量到达 RTA 后，会匹配 ACL2000 中创建的规则 rule deny source 192.168.1.0 0.0.0.255，因而将被拒绝转发到 Internet。主机 B 发送的流量不匹配任何规则，所以会被 RTA 正常转发到 Internet。

2. 基本 ACL 配置确认

（1）验证 ACL 配置命令：

display acl <acl-number>

该命令可以验证配置的基本 ACL。

例如：

[RTA]display acl 2000

Basic ACL 2000，1 rule

Acl's step is 5

Rule 5 deny source 192.168.1.0 0.0.0.255

[RTA]display traffic-filer applied-record

Interface   direction   AppliedRecord

GigabitEthernet 0/0/0   outbound   acl 2000

本例中，所配置的 ACL 只有一条规则，即拒绝源 IP 地址在 192.168.1.0/24 范围的所有 IP 报文。

（2）查看所有基于 ACL 的应用信息：

display traffic-filter applied-record

该命令可以查看设备上所有基于 ACL 进行报文过滤的应用信息，这些信息可以帮助用户了解报文过滤的配置情况并核对其是否正确，同时也有助于进行相关的故障诊断与排查。

3. 高级 ACL 配置

基本 ACL 可以依据源 IP 地址进行报文过滤，而高级 ACL 能够依据源/目的 IP 地址、源/目的端口号、网络层及传输层协议以及 IP 流量分类和 TCP 标记值等各种参数（SYNIACKIFIN 等）进行报文过滤。

例如，高级 ACL 配置（见图 5-4）：

[RTA]acl 3000

[RTA-acl-adv-3000]rule deny tcp source 192.168.1.0 0.0.0.255 destination 10.48.100.1 0.0.0.0 destination-port eq 21

[RTA-acl-adv-3000]rule deny tcp source 192.168.2.0 0.0.0.255 destination 10.48.100.2 0.0.0.0

[RTA-acl-adv-3000]rule permit ip

[RTA-GigabitEthernet 0/0/0]traffic-filter outbound acl 3000

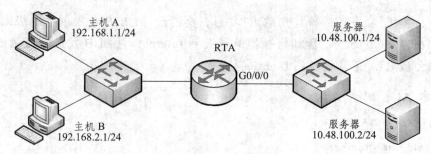

图 5-4 ACL 高级配置

示例中，RTA 上定义了高级 ACL3000，其中第一条规则"rule deny tcp source 192.168.1.0 0.0.0.255 destination 10.48.100.1 0.0.0.0 destination-port eq 21"用于限制源地址范围是 192.168.1.0/24，目的 IP 地址为 10.48.100.1，目的端口号为 21 的所有 TCP 报文；第二条规则"rule deny tcp source 192.168.2.0 0.0.0.255 destination 10.48.100.2 0.0.0.0"用于限制源地址范围是 192.168.2.0/24，目的地址是 10.48.100.2 的所有 TCP 报文；第三条规则"rule permit ip"用于匹配所有 IP 报文，并对报文执行允许动作。

4. 高级 ACL 配置验证

验证高级 ACL 配置可以使用与验证基本 ACL 配置一样的命令：

display acl<acl-number>

只是<acl-number>号在 3000～3999 之间的高级 ACL 号之间，例如：

[RTA]display acl 3000

Advanced ACL 3000，3 rules

Acl's step is 5

rule 5 deny tcp source 192.168.1.0 0.0.0.255 destination 10.48.100.1 0 destination-port eq sftp

rule 10 deny source 192.168.2.0 0.0.0.255 destination 10.48.100.2 0

rule 15 permit ip

[RTA]display traffic applied-record

Interface	Direction	AppliedRecord

| GigabitEthernet 0/0/0 | outbound | acl 3000 |

显示信息说明了 RTA 上一共配置了 3 条高级 ACL 规则。第一条规则用于拒绝来自源 IP 地址 192.168.1.0/24，目的 IP 地址为 10.48.100.1，目的端口为 21（SFTP）的 TCP 报文；第二条规则用于拒绝来自源 IP 地址 192.168.2.0/24，目的 IP 地址为 10.48.100.2 的所有 TCP 报文；第三条规则允许所有 IP 报文通过。

5. ACL 应用于 NAT

ACL 还可用于网络地址转换操作，以便在存在多个地址池的情况下，确定哪些内网地址是通过哪些特定外网地址池进行地址转换的。例如，某企业网络作为客户连接到多个服务供应商网络，企业网络内的用户位于不同的网段/子网，他们期望分别通过某个特定的地址组进行地址转换来实现报文转发。这种情况极有可能发生在连接不同服务供应商网络的路由器上行端口。

命令格式：

nat outbound <acl-number> address-group <address-groupnumber>

可以将 NAT 与 ACL 绑定。

例如，通过 ACL 实现主机 A 和主机 B 分别使用不同的公网地址池实现 NAT（见图 5-5）：

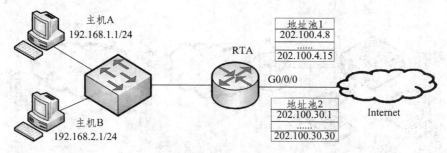

图 5-5 ACL 应用于 NAT

[RTA]nat address-group 1 202.100.4.8 202.100.4.15

[RTA]nat address-group 2 202.200.30.1 202.200.30.30

[RTA]acl 2000

[RTA-acl-basic-2000]rule permit source 192.168.1.0 0.0.0.255

[RTA]acl 2001

[RTA-acl-basic-2001]rule permit source 192.168.2.0 0.0.0.255

[RTA-acl-basic-2001]interface GigabitEthernet 0/0/0

[RTA-GigabitEthernet 0/0/0]nat outbound 2000 address-group 1

[RTA-GigabitEthernet 0/0/0]nat outbound 2001 address-group 2

示例中，192.168.1.0/24 中的主机使用地址池 1 中的公网地址进行地址转换，而 192.168.2.0/24 中的主机使用地址池 2 中的公网地址进行地址转换。

任务 5.2 认证、授权和计费

5.2.1 AAA 简介

AAA 是 Authentication（认证）、Authorization（授权）和 Accounting（计费）的简称，它提供了认证、授权、计费三种安全功能。AAA 可以通过多种协议来实现，目前华为设备支持基于 RADIUS（Remote Authentication Dial-In User Service）协议或 HWTACACS（Huawei Terminal Access Controller Access Control System）协议来实现 AAA。

AAA 是一种提供认证、授权和计费的安全技术。该技术可以用于验证用户账户是否合法，授权用户可以访问的服务，并记录用户使用网络资源的情况。

AAA 不特指某种具体的协议或技术，它只是一个技术框架。具体的验证、授权或计费工作都是由特定的协议或设备来完成。

例如，企业总部需要对服务器的资源访问进行控制，只有通过认证的用户才能访问特定的资源，并对用户使用资源的情况进行记录。在这种场景下，可以按照如图 5-6 所示的方案进行 AAA 部署，NAS（NAS，Network Access Server）为网络接入服务器，负责集中收集和管理用户的访问请求。对于不同的接入网络，NAS 所采用的技术和具体实现会有很多不同。

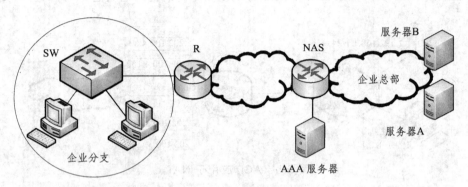

图 5-6　AAA 应用场景

在实际应用中，并不是所有的用户都有权利通过接入服务器访问 Internet，使用了接入服务的用户也需要交纳一定的费用等。即 ISP 必须能够实现用户的授权、认证和计费等功能。图中，NAS 和 AAA 服务器之间是客户机和服务器的关系，负责提供上述功能。以 AAA 功能的验证功能的实现为例：NAS 负责收集用户名、用户密码等信息，并向 AAA 服务器发起"访问请求"，AAA 服务器根据预先配置的用户数据库以及策略决定是否允许该用户访问网络资源，并将认证结果通知 NAS，进而由 NAS 接受或拒绝该用户对于网络的访问请求。

AAA 服务器一般是远端的 Radius 或 HWTACACS 服务器，负责制定认证、授权和计费方案。如果企业分支的员工希望访问总部的服务器，远端的 Radius 或 HWTACACS 服务器会要求员工发送正确的用户名和密码，之后会进行验证，通过后则执行相关的授权策略，接下来，该员工就可以访问特定的服务器了。如果还需要记录员工访问网络资源的行为，网络管理员还可以在 Radius 或 HWTACACS 服务器上配置计费方案。

1. 认　证

AAA 支持三种认证方式：

（1）不认证：完全信任用户，不对用户身份进行合法性检查。鉴于安全考虑，这种认证方式很少被采用。

（2）本地认证：将本地用户信息（包括用户名、密码和各种属性）配置在 NAS 上。本地认证的优点是处理速度快、运营成本低；缺点是存储信息量受设备硬件条件限制。

（3）远端认证：将用户信息（包括用户名、密码和各种属性）配置在认证服务器上。AAA 支持通过 RADIUS 协议或 HWTACACS 协议进行远端认证。NAS 作为客户端，与

RADIUS 服务器或 HWTACACS 服务器进行通信。

如果一个认证方案采用多种认证方式，这些认证方式按配置顺序生效。比如，先配置了远端认证，随后配置了本地认证，那么在远端认证服务器无响应时，会转入本地认证方式，如图 5-7 所示。

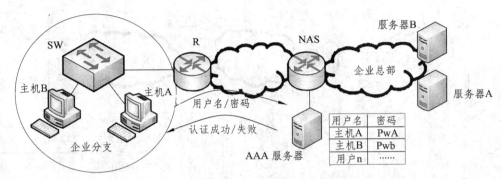

图 5-7　认证

2.授　权

AAA 授权功能赋予用户访问的特定网络或设备的权限，如图 5-8 所示。AAA 支持以下授权方式：

（1）不授权：不对用户进行授权处理。

（2）本地授权：根据 NAS 上配置的本地用户账号的相关属性进行授权。

（3）远端授权：

通过 HWTACACS 授权，使用 TACACS 服务器对用户授权。

通过 RADIUS 授权，对通过 RADIUS 服务器认证的用户授权。RADIUS 协议的认证和授权是绑定在一起的，不能单独使用 RADIUS 进行授权。如果在一个授权方案中使用多种授权方式，这些授权方式按照配置顺序生效。不授权方式最后生效。

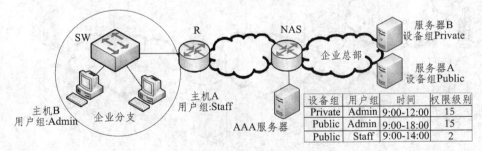

图 5-8　授权

3.计　费

计费功能用于监控授权用户的网络行为和网络资源的使用情况。AAA 支持以下两种计费方式：

（1）不计费：为用户提供免费上网服务，不产生相关活动日志。

（2）远端计费：通过 RADIUS 服务器或 HWTACACS 服务器进行远端计费。RADIUS

服务器或 HWTACACS 服务器具备充足的储存空间，可以储存各授权用户的网络访问活动日志，支持计费功能。

例（见图 5-9）：

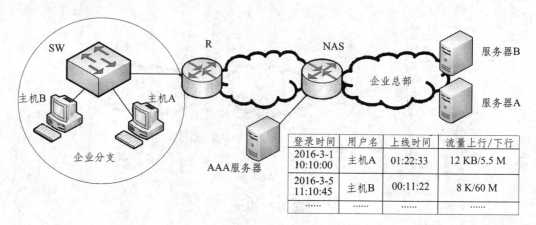

登录时间	用户名	上线时间	流量上行/下行
2016-3-1 10:10:00	主机A	01:22:33	12 KB/5.5 M
2016-3-5 11:10:45	主机B	00:11:22	8 K/60 M
……	……	……	……

图 5-9　计费

本示例中展示了用户计费日志中记录的典型信息。

4. AAA 域（见图 5-10）

设备基于域来对用户进行管理，每个域都可以配置不同的认证、授权和计费方案，用于对该域下的用户进行认证、授权和计费。

每个用户都属于某一个域。用户属于哪个域是由用户名中的域名分隔符@后面的字符串决定。例如，如果用户名是 user@huawei，则用户属于 huawei 域。如果用户名后不带有@，则用户属于系统缺省域 default。

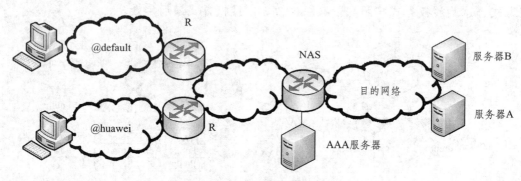

图 5-10　AAA 域

华为路由设备支持两种缺省域：

（1）default 域为普通用户的缺省域。

（2）default admin 域为管理用户的缺省域。

用户可以修改但不能删除这两个缺省域。默认情况下，设备最多支持 32 个域，包括两个缺省域。

5.2.2　AAA 配置

1. AAA 配置

（1）配置域的认证方案：

authentication-scheme authentication-scheme-name
该命令用来配置域的认证方案。缺省情况下，域使用名为"default"的认证方案。

（2）配置认证方式：

authentication-mode {hwtacacs|radius|local}
该命令用来配置认证方式，local 指定认证模方式为本地认证。缺省情况下，认证方式为本地认证。

（3）配置域的授权方案：

authorization-scheme authorization-scheme-name
该命令用来配置域的授权方案。缺省情况下，域下没有绑定授权方案。

（4）配置当前授权方案使用的授权方式：

authorization-mode{[hwtacacs|if-authenticated|local]+[none]}
该命令用来配置当前授权方案使用的授权方式。缺省情况下，授权模式为本地授权方式。

（5）创建域：

domain domain-name
该命令用来创建域，并进入 AAA 域视图。

例如（见图 5-11）：

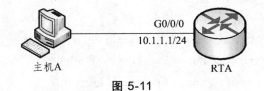

图 5-11

[RTA]aaa
[RTA-aaa]authentication-scheme auth1　　　　　　　　//认证方案
[RTA-aaa-authen-auth1]authentication-mode local　　　//本地认证

[RTA-aaa-authen-auth1]quit
[RTA-aaa]authorization-scheme auth2　　　　　　　　//计费方案
[RTA-aaa-author-auth2]authorization-mode local　　　//本地计费

[RTA-aaa-authen-auth2]quit
[RTA-aaa]domain huawei
[RTA-aaa-domain-huawei]authentication-scheme auth1
[RTA-aaa-domain-huawei]authorization-scheme auth2
[RTA-aaa-domain-huawei]quit

2. 用户配置

（1）创建本地用户：

local-user user-name password cipher password

该命令用来创建本地用户，并配置本地用户的密码。如果用户名中带域名分隔符，如@，则认为@前面的部分是用户名，后面部分是域名。如果没有@，则整个字符串为用户名，域为默认域。

（2）指定本地用户的优先级：

local-user user-name privilege level level

该命令用来指定本地用户的优先级。Leve 为 0～15。

缺省情况下，命令级别分为 0～3 级：

级别 0 即参观级，命令包括网络诊断工具命令（Ping、tracert）、从本设备出发访问外部设备的命令（包括：Telnet 客户端、SSH）等。该级别命令不允许进行配置文件保存的操作。

级别 1 即监控级，用于系统维护，包括 display 命令。该级别命令不允许进行配置文件保存的操作。

级别 2 即配置级，可以使用业务配置命令，包括路由、各个网络层次的命令，向用户提供直接网络服务。

级别 3 即管理级，用于系统基本运行的命令，对业务提供支撑作用，包括文件系统、FTP、TFTP、配置文件切换命令、备板控制命令、用户管理命令、命令级别设置命令、系统内部参数设置命令；用于业务故障诊断的 debugging 命令。

级别 3～15 目前在许多设备中是相同的。

例如：

[RTA-aaa]local-user huawei@huawei password cipher huawei

[RTA-aaa]local-user huawei@huawei service-type telnet

[RTA-aaa]local-user huawei@huawei privilege level 0

[RTA]user-interface vty 0 4　　//开启 vty 0 到 4 等 5 个用户虚拟终端

[RTA-ui-vty0-4]authentication-mode aaa

3. 验证配置

查看域的配置信息：

display domain [name domain-name]

该命令用来查看域的配置信息。

Domain-state 为 Active 表示激活状态。Authentication-scheme-name 表示域使用的认证方案为 auth1。缺省情况下，域使用系统自带的 default 认证方案。

Authorization-scheme-name 表示域使用的授权方案为 auth2。

例如：

[RTA]display domain name huawei

Domain-name　　　　　　　　　　　　: huawei

```
Domain-state                    : Active
Authentication-scheme-name      : auth1
Accounting-scheme-name          : default
Authorization-scheme-name       : auth2
Service-scheme-name             : -
RADIUS-server-template          : -
HWTACACS-server-template        : -
User-group                      : -
```

任务 5.3 虚拟专用网 VPN

VPN 技术属于应用非常普及的远程安全网络构建技术，既能节约成本又能保障安全。VPN 技术实现了信息安全的完整性、保密性和私有性，涉及比较复杂的安全协议，实现方法也多种多样。本章将要围绕 VPN 的功能展开，通过理论与实验的结合，学习 VPN 的概念、作用和系统特性，VPN 的隧道技术和实现方法以及所采用的协议。

5.3.1 VPN 概念

VPN（Virtual Private Network，虚拟专用网）是近年来随着 Internet 的广泛应用而迅速发展起来的一种新技术，实现在公用网络上构建私人专用网络。"虚拟"主要是指这种网络是一种逻辑上的网络。

VPN 对用户透明，用户感觉不到其存在，就好像使用了一条专用线路在自己的计算机和远程的企业内部网络之间，或者在两个异地的内部网络之间建立连接，以进行数据的安全传输。虽然 VPN 建立在公共网络的基础上，但是用户在使用 VPN 时感觉如同在使用专用网络进行通信，所以称之为"虚拟"专用网络。

VPN 的主要系统特性有如下几方面：

1. 安全保障

虽然实现 VPN 的技术和模式很多，但所有的 VPN 均应保证通过公用网络平台传输数据的专用性和安全性。在非面向连接的公用 IP 网络上建立一个逻辑的、点对点的连接，称为建立一个隧道，可以利用加密技术对经过隧道传输的数据进行加密，以保证数据仅被指定的发送者和接收者了解，从而保证了数据的私有性和安全性。在安全性方面，由于 VPN 直接构建在公用网上，尽管实现简单、方便、灵活，但同时其安全问题也更为突出。企业必须确保其 VPN 上传送的数据不被攻击者窥视和篡改，并且要防止非法用户对网络资源或私有信息的访问。Extranet VPN 将企业网扩展到合作伙伴和客户，对安全性提出了更高的要求。

2. 服务质量保证

VPN 网应当为企业数据提供不同等级的服务质量保证（QoS）。不同的用户和业务对服务质量保证的要求差别较大。对于移动办公用户，提供广泛的连接和覆盖性是保证 VPN 服务的一个主要因素；而对于拥有众多分支机构的专线 VPN 网络，交互式的内部企业网应用则要求网络能提供良好的稳定性；对于其他应用（如视频等）则对网络提出了更明确的要求，如网络时延及误码率等。所有以上网络应用均要求网络根据需要提供不同等级的服务质量。在网络优化方面，构建 VPN 的另一重要需求是充分有效地利用有限的广域网资源，为重要数据提供可靠的带宽。广域网流量的不确定性使其带宽的利用率很低，在流量高峰时引起网络阻塞，产生网络瓶颈，使实时性要求高的数据得不到及时发送；而在流量低谷时又造成大量的网络带宽空闲。QoS 通过流量预测与流量控制策略，可以按照优先级分配带宽资源，实现带宽管理，使得各类数据能够被合理地先后发送，并预防阻塞的发生。

3. 可扩充性和灵活性

VPN 必须能够支持通过 Intranet 和 Extranet 的任何类型的数据流，方便增加新的节点，支持多种类型的传输媒介，可以满足同时传输语音、图像和数据等新应用对高质量传输以及带宽增加的需求。

4. 可管理性

从用户角度和运营高角度方面应可方便地进行管理、维护。在 VPN 管理方面，VPN 要求企业将其网络管理功能从局域网无缝隙地延伸到公用网，甚至是客户和合作伙伴。虽然可以将一些次要的网络管理任务交给服务提供商去完成，企业自己仍需要完成许多网络管理任务。所以，一个完善的 VPN 管理系统是必不可少的。VPN 管理的目标为：减小网络风险、使其具有高扩展性、经济性、高可靠性等优点。事实上，VPN 管理主要包括安全管理、设备管理、配置管理、访问控制列表管理、QoS 管理等内容。

VPN 利用现有的 Internet 或其他公共网络的基础设施为用户创建安全隧道，不需要专门的租用线路，如 DDN 和 PSTN，这样就节省了专门线路的租金。如果是采用远程拨号进入内部网络并访问内部资源，需要长途话费；而采用 VPN 技术，只需拨入当地的 ISP 就可以安全地接入内部网络，这样也节省了线路话费。

5.3.2　VPN 原理

虽然 VPN 技术非常复杂，但目前实现 VPN 的几种主要技术及相关协议都已经非常成熟，并且都有广泛应用，尤其以 L2TP、IPSec 和 SSL 协议应用最广，因此作为本节的主要内容。MPLS VPN 是网络运营商提供的服务，不做详细介绍。

1. 隧道技术

为了能够有在公网中形成的企业专用的链路网络，VPN 采用了所谓的隧道（Tunneling）技术，模拟点到点连接技术，依靠 ISP 和其他的网络服务提供商在公网中建立自己专用的"隧道"，让数据包通过隧道传输。

网络隧道技术指的是利用一种网络协议传输另一种网络协议，也就是将原始网络信息进行再次封装，并在多个端点之间通过公共互联网络进行路由，从而保证网络信息传输的安全性。它主要运用网络隧道协议来实现这种功能，具体包括第二层隧道协议（用于传输二层网络协议）和第三层隧道协议（用于传输三层网络协议）。

第二层隧道协议是在数据链路层进行的，先把各种网络协议封装到 PPP 包中，再把整个数据包装入隧道协议中，这种经过两层封装的数据包由第二层协议进行传输。第二层隧道协议有以下几种：

（1）PPTP（Point-to-Point Tunneling Protocol）；

（2）L2F（Layer 2 Forwarding）；

（3）L2TP（Layer Two Tunneling Protocol）。

第三层隧道协议是在网络层进行的，把各种网络协议直接装入隧道协议中，形成的数据包依靠第三层协议进行传输。第三层隧道协议有以下几种：

（1）IPSec（IP Security）是目前最常用地 VPN 解决方案；

（2）GRE（General Routing Encapsulation）。

隧道技术包括了数据封装、传输和解包在内的全过程。

封装是构建隧道的基本手段，它使得 IP 隧道实现了信息隐蔽和抽象。封装器建立封装报头，并将其追加到纯数据包的前面。当封装的数据包到达解包器时，封装报头被转换回纯报头，数据包被传送到目的地。

隧道的封装具有以下特点：

（1）源实体和目的实体不知道任何隧道的存在。

（2）在隧道的两个端点使用该过程，需要封装器和解包器两个新的实体。

（3）封装器和解包器必须相互知晓，但不必知道在它们之间的网络上的任何细节。

2. PPTP 协议

点对点隧道协议（Point-to-Point Tunneling Protocol，PPTP）是常用的协议。这主要是因为微软的服务器操作系统占有很大的市场份额。PPTP 是点对点协议（Point-to-Point Protocol，PPP）的扩展，而 PPP 是为在串行线路上进行拨入访问而开发的。PPTP 是在 1996 年被引入因特网工程任务组织（Internet Engineering Task Force，IETF）的，在 Windows NT 4.0 中就已完全实现了。PPTP 将 PPP 帧封装成 IP 数据报，以便在基于 IP 的互联网上（如因特网，或一个专用的内联网）传输。

PPTP 协议是一个为中小企业提供的 VPN 解决方案，但 PPTP 协议在实现上存在着重大安全隐患。有研究表明，其安全性甚至比 PPP 还弱，因此不用于需要一定安全保证的通信。如果条件允许，用户最好选择完全替代 PPTP 的下一代二层协议 L2TP。L2F 是 Cisco 公司提出的隧道技术，作为一种传输协议，L2F 支持拨号接入服务器，将拨号数据流封装在 PPP 帧内通过广域网链路传送到 L2F 服务器（路由器）。L2F 服务器把数据包解包之后重新注入网络。与 PPTP 和 L2TP 不同，L2F 没有确定的客户方。应当注意，L2F 只在强制隧道中有效。

3. L2TP 协议

根据 IETF 提供的设计标准协议的建议，微软和 Cisco 设计了第二层隧道协议（Layer 2 Tunneling Protocol，L2TP）。从 1996 年开始，在 IETF 采纳这一协议之前，微软和 Cisco

一直领导着 L2TP 的工作，现代的 L2TP 结合了 PPTP 和 Cisco 的 L2F 协议。

二层隧道协议 L2TP 是基于点对点协议 PPP 的。在由 L2TP 构建的 VPN 中，有两种类型的服务器，一种是 L2TP 访问集中器 LAC（L2TP Access Concentrator），它是附属在网络上的具有 PPP 端系统和 L2TP 协议处理能力的设备，LAC 一般就是一个网络接入服务器，用于为用户提供网络接入服务；另一种是 L2TP 网络服务器 LNS（L2TP Network Server），是 PPP 端系统上用于处理 L2TP 协议服务器端部分的软件。

L2TP 层的数据传输具有非常强的扩展性和可靠性。控制消息中的参数用 AVP 值对（Attribute Value Pair）来表示，使得协议具有很好的扩展性；控制消息的传输过程中应用了消息丢失重传和定时检测通道连通性等机制来保证 L2TP 层传输的可靠性。数据消息用于承载用户的 PPP 会话数据包。

L2TP 构建 VPN 除了上述的优点外还有如下优势：

1）灵活的身份验证机制以及高度的安全性

L2TP 是基于 PPP 协议的，因此它除继承了 PPP 的所有安全特性外，还可以对隧道端点进行验证，这使得通过 L2TP 所传输的数据更加难以被攻击。而且根据特定的网络安全要求，还可以方便地在 L2TP 上采用隧道加密、端对端数据加密或应用层数据加密等方案来提高数据的安全性。

2）内部地址分配支持

LNS 可以放置在企业网的防火墙之后，它可以对于远端用户的地址进行动态的分配和管理，可以支持 DHCP 和私有地址应用。远端用户所分配的地址不是 Internet 地址而是企业内部的私有地址，这样方便了地址的管理并可以增加安全性。

3）网络计费的灵活性

L2TP 能够提供数据传输的出入包数、字节数及连接的起始、结束时间等计费数据，根据这些数据可以方便地进行网络计费。

4）可靠性

L2TP 协议可以支持备份 LNS，当一个主 LNS 不可达之后，LAC 可以重新与备份 LNS 建立连接，这样增加了 VPN 服务的可靠性和容错性。

5）统一的网络管理

L2TP 协议将很快成为标准的 RFC 协议，有关 L2rIP 的标准 MIB 也将很快得到制定，这样可以统一地采用 SNMP 网络管理方案进行方便的网络维护与管理。

5.3.3　IPSec VPN 原理和配置

1. 概　述

IPSec 是 IETF 定义的一个协议组，是一个第三层 VPN 协议标准，它支持信息通过 IP 公网的安全传输。IPSec 可有效保护 IP 数据报的安全，通信双方在 IP 层通过加密、完整性校验、数据源认证等方式，保证了 IP 数据报文在网络上传输的机密性、完整性和防重放。

（1）机密性（Confidentiality）指对数据进行加密保护，用密文的形式传送数据。

（2）完整性（Data integrity）指对接收的数据进行认证，以判定报文是否被篡改。

（3）防重放（Anti-replay）指防止恶意用户通过重复发送捕获到的数据包所进行的攻击，即接收方会拒绝旧的或重复的数据包。

IPSec 在任何通信开始之前，要在两个 VPN 节点或网关之间协商一个安全联盟（SA），安全联盟在两个需要保证通信安全的设备之间建立将要进行的安全通信时所需要的参数，包括是否加密、是否进行认证或两者都进行，同时还要指明端点使用的加密和认证协议，例如，用 DES 进行加密、MD5 进行认证、在算法中使用的密钥和其他安全参数。SA 是单向的，如果需要一个对等的关系用于双向的安全交换，就要有两个 SA。

2. IPSec 构架

IPSec VPN 体系结构主要由 AH（Authentication Header）、ESP（Encapsulating Security Payload）和 IKE（Internet Key Exchange）等协议套件组成，如图 5-12 所示。

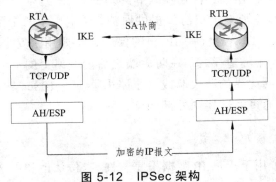

图 5-12　IPSec 架构

（1）AH 协议：主要提供的功能有数据源验证、数据完整性校验和防报文重放功能。然而，AH 并不加密所保护的数据报。

（2）ESP 协议：提供 AH 协议的所有功能外（但其数据完整性校验不包括 IP 头），还可提供对 IP 报文的加密功能。

（3）IKE 协议：用于自动协商 AH 和 ESP 所使用的密码算法。

IPSec 架构中各协议之间的关系如图 5-13 所示。

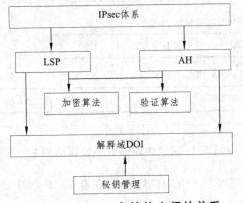

图 5-13　IPSec 各协议之间的关系

（1）AH 为 IP 数据包提供无连接的数据完整性和数据源身份认证，同时具有防重放攻击的能力。数据完整性校验通过消息认证码（如 MD5）产生的校验值来保证；数据源身份认证通过在待认证的数据中加入一个共享密钥来实现；AH 报头中可以防止重放攻击。

（2）ESP 为 IP 数据包提供数据的保密性（通过加密机制）、无连接的数据完整性、数据源身份认证以及防重放攻击保护。与 AH 相比，数据保密性是 ESP 的新增功能，数据源身份认证、数据完整性检验以及重放保护都是 AH 可以实现的。

（3）AH 和 ESP 可以单独使用，也可以配合使用。通过这些组合模式，可以在两台主机、两台安全网关（防火墙和路由器）或者主机与安全网关之间配置多种灵活的安全机制。

（4）解释域 DOI 将所有的 IPSec 协议捆绑在一起，是 IPSec 安全参数的主要数据库。

（5）密钥管理包括 IKE 协议和安全联盟（SA）等部分。IKE 在通信系统之间建立安全联盟，提供密钥管理和密钥确定的机制，是一个产生和交换密钥材料并协调 IPSec 参数的框架。IKE 将密钥协商的结果保留在 SA 中，供 AH 和 ESP 以后通信时使用。

AH 和 ESP 都支持两种模式：传输模式和隧道模式。

（1）传输模式 IPSec 主要对上层协议提供保护，通常用于两个主机之间端到端的通信。

（2）隧道模式 IPSec 提供对所有 IP 包的保护，主要用于安全网关之间，可以在公共 Internet 上构成 VPN。使用隧道模式，在防火墙之后的网络上的一组主机可以不实现 IPSec 而参加安全通信。局域网边界的防火墙或安全路由器上的 IPSec 软件会建立隧道模式 SA，主机产生的未保护的包通过隧道连到外部网络。

3. 认证头（AH）协议

IPSec 认证头是一个用于提供 IP 数据报完整性、身份认证和可选的抗重放保护的机制，但不提供数据机密性保护。其完整性是保证数据包不被无意的或恶意的方式改变，而认证则是验证数据的来源（识别主机，用户、网络等）。AH 为 IP 包提供尽可能多的身份认证保护，认证失败的包将被丢弃，不交给上层协议，这种操作方式可以减少拒绝服务攻击成功的机会。AH 提供 IP 头认证，也可以为上层协议提供认证。AH 可单独使用，也可以和 ESP 结合使用。

AH 的工作模式有传输模式和隧道模式两种。

（1）传输模式 AH 使用原来的 IP 报头，把 AH 插在 IP 报头的后面，如图 5-14 所示。

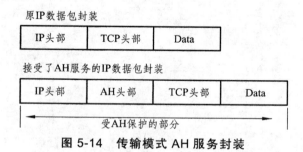

图 5-14 传输模式 AH 服务封装

（2）隧道模式 AH 把需要保护的 IP 包封装在新的 IP 包中，作为新报文的载荷，然后把 AH 插在新的 IP 报头的后面，如图 5-15 所示。

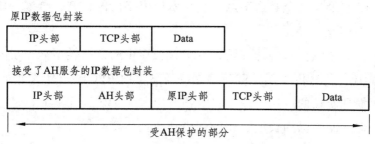

图 5-15　AH 隧道模式 AH 服务封装

4. 封装载荷（ESP）协议

ESP 为 IP 数据包提供数据的保密性（加密）、无连接的数据完整性、数据源身份认证以及防重放攻击保护。其中数据保密性是 ESP 的基本功能，而数据源身份认证、数据完整性检验以及重放保护都是可选的。

1）ESP 协议头格式

ESP 协议的头格式如图 5-16 所示。

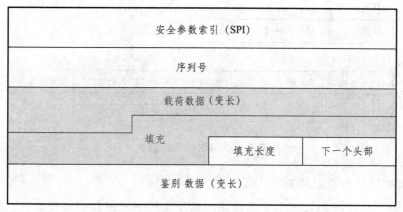

图 5-16　ESP 协议的头格式

（1）SPI 是 32 位的必选字段，与目标地址和协议（ESP）结合起来唯一标识处理数据包的特定 SA。数值可任选，一般是在 IKE 交换过程中由目标主机设定。SPI 经过验证，但是不加密。

（2）序列号是 32 位的必选字段，是一个单向递增的计数器。对序列号的处理由接收端确定。当建立一个 SA 时，发送者和接收者的序列号都设置为 0。如果使用抗重放服务，传送的序列号不允许循环。序列号经过验证，但是不加密。

（3）载荷数据是变长的必选字段，整字节数长，包含有下一个报头字段描述的数据。加密同步数据，可能包含加密算法需要的初始化向量（IV），IV 是没有加密的。

（4）由于加密算法可能要求整数倍字节数，而且为了保证认证数据字段对齐以及隐藏载荷的真实长度，实现部分通信流保密，那么就需要填充项。填充内容与指定提供机密性的加密算法有关。发送者可添加 0～255 B。

（5）填充长度字段是一个必选字段，它表示填充字段的长度，合法的填充长度是 0 ~ 255 B，0 表示没有填充。

（6）下一个头是 8 位长的必选字段，表示在载荷中的数据类型。通道模式下，这个值是 4，表示 IP-in-IP；传送模式下是载荷数据的类型，由 RFC1700 定义，如 TCP 为 6。

（7）验证数据是变长的可选字段，只有 SA 中包含了认证业务时，才包含这个字段。认证算法必须指定认证数据的长度、比较规则和验证步骤。

2）ESP 的工作模式

ESP 的工作模式也包括传输模式和隧道模式两种。

（1）传输模式 ESP 用于对 IP 携带的数据（例如 TCP 报文段）进行加密和可选的鉴别，显示在图 5-17 中。对于使用 IPv4 的情况，ESP 报头被插在 IP 包中紧靠传输层报头（例如 TCP、UDP 和 ICMP）之前的位置，而 ESP 尾部（填充、填充长度和下个报头字段）被放置在 IP 包之后；如果选择了鉴别服务，则 ESP 鉴别数据字段被附加在 ESP 尾部之后。整个传输级报文段加上 ESP 尾部被加密，鉴别覆盖了所有的密文与 ESP 报头。

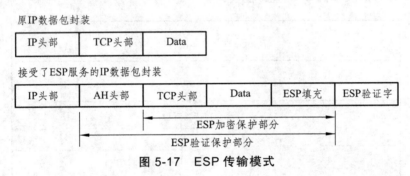

图 5-17 ESP 传输模式

传输模式的操作可以总结如下：

① 在源站，由 ESP 尾部加上整个传输级的报文段组成的数据块被加密，这个数据块的明文被其密文所代替，以形成用于传输的 IP 包。如果"鉴别"选项被选中，还要加上鉴别。

② 然后包被路由到目的站。每个中间路由器都需要检查和处理 IP 报头加上任何明文的 IP 扩展报头，但是不需要检查密文。

③ 目的节点检查和处理 IP 报头加上任何明文的 IP 扩展报头。然后，在 ESP 报头的 SPI 基础上目的节点对包的其他部分进行解密以恢复明文的传输层报文段。

④ 传输模式操作为使用它的任何应用程序提供了机密性,因此避免了在每一个单独的应用程序中实现机密性，这种模式的操作也是相当有效的，几乎没有增加 IP 包的总长度。这种模式的一个缺陷在于对传输的包进行通信量分析是可能的。

（2）隧道模式的 ESP 用于对整个 IP 包进行加密，如图 5-18 所示。在这种模式下，在包的前面加上 ESP 报头，然后对包加上 ESP 的尾部进行加密。这种模式可以用来对抗通信量分析。

原IP数据包封装

IP头部	TCP头部	Data

接受了EPS服务的IP数据包封装

新IP头部	ESP头部	原IP头部	TCP头部	Data	ESP填充	ESP验证字

ESP加密保护部分

ESP验证保护部分

图 5-18 ESP 隧道模式

因为 IP 报头中包含了目的地址、可能的源站路由选择指示和逐跳选项信息，所以简单的传输前面附加了 ESP 报头加密的 IP 包是不可能的。中间的路由器不能处理这样的包，因此用一个新的 IP 报头来包装整个块（ESP 报头加上密文，再加上可能存在的鉴别数据），这个新的 IP 报头将包含用于路由选择的足够信息，但不能进行通信量分析。

传输模式对于保护两个支持 ESP 特征的主机之间的连接是合适的，而隧道模式对于那些包含了防火墙或其他种类的安全网关（用于从外部网络保护一个被信赖的网络）的配置是有用的。在后一种情况下，加密只发生在外部的主机和安全网关之间或者在两个安全网关之间，这样使得内部网络的主机解脱了处理加密的责任，并且通过减少需要密钥的数量而简化了密钥分配任务。而且它阻碍了基于最终目的地址的通信量分析。

考虑这样一种情况：外部主机想要与被防火墙保护的内部网络上的主机进行通信，并且在外部主机和防火墙上都实现了 ESP。当从外部主机向内部主机传输传输层的报文段时，其步骤如下：

（1）源主机准备目的地址是目标内部主机的内部 IP 包。在这个包的前面加上 ESP 报头，然后对包和 ESP 尾部进行加密形成整个数据。再用目的地址是防火墙的新的 IP 报头对结果数据块进行包装，这样就形成了外部的 IP 包。

（2）外部包被路由到目的防火墙。每个中间路由器都要检查和处理外部 IP 报头加上任何外部 IP 扩展报头，但不需要检查密文。

（3）目的防火墙检查和处理外部 IP 报头加上任何外部 IP 扩展报头。然后，在 ESP 报头 SPI 字段的基础上，目的防火墙对包的剩余部分进行解密，以恢复明文的内部 IP 包。然后，这个包在内部网络中传输。

（4）内部包在内部网络中经过零个或多个路由器到达了目的主机。

5. IPSec 配置

配置 IPSec VPN 的步骤如下：

（1）首先需要检查报文发送方和接收方之间的网络层可达性，确保双方只有建立 IPSec VPN 隧道才能进行 IPSec 通信。

（2）第二步是定义数据流。因为部分流量无需满足完整性和机密性要求，所以需要对流量进行过滤，选择出需要进行 IPSec 处理的兴趣流。可以通过配置 ACL 来定义和区分不同的数据流。

（3）第三步是配置 IPSec 安全协议。IPSec 提议定义了保护数据流所用的安全协议、认证算法、加密算法和封装模式。安全协议包括 AH 和 ESP，两者可以单独使用或一起使用。AH 支持 MD5 和 SHA-1 认证算法，ESP 支持两种认证算法（MD5 和 SHA-1）和三种加密算法（DES、3DES 和 AES）。为了能够正常传输数据流，安全隧道两端的对等体必须使用相同的安全协议、认证算法、加密算法和封装模式。如果要在两个安全网关之间建立 IPSec 隧道，建议将 IPSec 封装模式设置为隧道模式，以便隐藏通信使用的实际源 IP 地址和目的 IP 地址。

（4）第四步是配置 IPSec 安全策略。IPSec 策略中会应用 IPSec 提议中定义的安全协议、认证算法、加密算法和封装模式。每一个 IPSec 安全策略都使用唯一的名称和库号来标识。IPSec 策略可分成两类：手工建立 SA 的策略和 IKE 协商建立 SA 的策略。

（5）第五步是在一个接口上应用 IPSec 安全策略。

例（见图 5-19）：

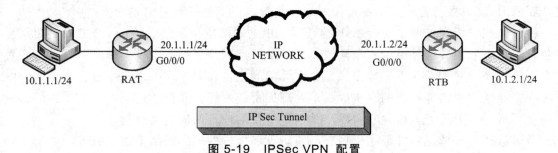

图 5-19　IPSec VPN 配置

[RTA]ip route-static 10.1.2.0 24 20.1.1.2

[RTA]acl number 3001

[RTA-acl-adv-3001]rule 5 permit ip source 10.1.1.0 0.0.0.255 destination 10.1.2.0 0.0.0.255

[RTA]ipsec proposal tran1

[RTA-ipsec-proposal-tran1]esp authentication-algorithm sha1

本示例中的 IPSec VPN 连接是通过配置静态路由建立的，下一跳指向 RTB。需要配置两个方向的静态路由确保双向通信可达。建立一条高级 ACL，用于确定哪些感兴趣流需要通过 IPSec VPN 隧道。高级 ACL 能够依据特定参数过滤流量，继而对流量执行丢弃、通过或保护操作。执行 ipsec proposal 命令，可以创建 IPSec 提议并进入 IPSec 提议视图。

配置 IPSec 策略时，必须引用 IPSec 提议来指定 IPSec 隧道两端使用的安全协议、加密算法、认证算法和封装模式。缺省情况下，使用 ipsecproposal 命令创建的 IPSec 提议采用 ESP 协议、MD5 认证算法和隧道封装模式。在 IPSec 提议视图下执行下列命令可以修改这些参数。

执行 transform [ah|ah-esp|esp]命令，可以重新配置隧道采用的安全协议。

执行 encapsulation-mode {transport|tunnel}命令，可以配置报文的封装模式。

执行 esp authentication-algorithm [md5|sha1|sha2-256|sha2-384|sha2-512]命令，可以配置 ESP 协议使用的认证算法。

执行 esp encryption-algorithm [des|3des|aes-128|aes-192|aes-256]命令，可以配置 ESP 加密算法。

执行 ah authentication-algorithm [md5|shal|sha2-256|sha2-384|sha2-512]命令，可以配置 AH 协议使用的认证算法。

6. 验证配置

执行 display ipsec proposal [name <proposal-name>]命令，可以查看 IPSec 提议中配置的参数。

Number of proposals 字段显示的是已创建的 IPSec 提议的个数。

IPSec proposal name 字段显示的是已创建 IPSec 提议的名称。

Encapsulation mode 字段显示的指定提议当前使用的封装模式，其值可以为传输模式或隧道模式。

Transform 字段显示的是 IPSec 所采用的安全协议，其值可以是 AH、ESP 或 AH-ESP。

ESP protocol 字段显示的是安全协议所使用的认证和加密算法。

例：

[RTA]display ipsec proposal

Number of proposals：1

IPSec proposal name：tran1

Encapsulation mode：Tunnel

Tranform　　　：esp-new

ESP protocol　：Authentication SHA1-HMAC-96

　　　　　　　　Encryption　　　DES

1）创建一条 IPSec 策略

执行 ipsec policy policy-name seq-number 命令用来创建一条 IPSec 策略，并进入 IPSec 策略视图。安全策略是由 policy-name 和 seq-number 共同来确定的，多个具有相同 policy-name 的安全策略组成一个安全策略组。在一个安全策略组中最多可以设置 16 条安全策略，而 seq-number 越小的安全策略，优先级越高。在一个接口上应用了一个安全策略组，实际上是同时应用了安全策略组中所有的安全策略，这样能够对不同的数据流采用不同的安全策略进行保护。

例：

[RTA]ipsec policy P1 10 manual

[RTA-ipsec-policy-manual-10]security acl 3001

[RTA-ipsec-policy-manual-10]proposal tran1

[RTA-ipsec-policy-manual-10]tunnel remote 20.1.1.2

[RTA-ipsec-policy-manual-10]tunnel local 20.1.1.1

[RTA-ipsec-policy-manual-10]sa spi outbound esp 54321

[RTA-ipsec-policy-manual-10]sa spi inbound esp 12345

[RTA-ipsec-policy-manual-10]sa string-key outbound esp simple HUAWEI

[RTA-ipsec-policy-manual-10]sa string-key inbound esp simple HUAWEI

IPSec 策略除了指定策略的名称和序号外，还需要指定 SA 的建立方式。

如果使用的是 IKE 协商，需要执行 ipsec-policy-template 命令配置指定参数。如果使用的是手工建立方式，所有参数都需要手工配置。本示例采用的是手工建立方式。

security acl acl-number 命令用来指定 IPSec 策略所引用的访问控制列表。

proposal proposal-name 命令用来指定 IPSec 策略所引用的提议。

tunnel local{ip-address|binding-interface}命令用来配置安全隧道的本端地址。

tunnel remote ip-address 命令用来设置安全隧道的对端地址。

sa spi{inbound|outbound}{ah|esp} spi-number 命令用来设置安全联盟的安全参数索引 SPI。在配置安全联盟时，入方向和出方向安全联盟的安全参数索引都必须设置，并且本端的入方向安全联盟的 SPI 值必须和对端的出方向安全联盟的 SPI 值相同，而本端的出方向安全联盟的 SPI 值必须和对端的入方向安全联盟的 SPI 值相同。

sastring-key{inbound|outbound} {ah|esp} {simple|cipher}string-key}命令用来设置安全联盟的认证密钥。入方向和出方向安全联盟的认证密钥都必须设置，并且本端的入方向安全联盟的密钥必须和对端的出方向安全联盟的密钥相同。同时，本端的出方向安全联盟密钥必须和对端的入方向安全联盟的密钥相同。

2）IPSec 策略应用

执行 ipsec policy policy-name 命令用来在接口上应用指定的安全策略组。手工方式配置的安全策略只能应用到一个接口。

例：同图 5-19。

[RTA]interface GigabitEthernet0/0/1

[RTA-GigabitEthernet0/0/1]ipsec policy P1

3）配置验证

执行 display ipsec policy [brief|name policy-name[seq-number]]命令，可以查看指定 IPSec 策略或所有 IPSec 策略。命令的显示信息中包括策略名称、策略序号、提议名称、ACL、隧道的本端地址和隧道的远端地址等。

例：

[RTA]display ipsec policy

===

IPSec policy group "P1"

Using interface：GigabitEthernet 0/0/1

===

Sequence number：10

Security data flow：3001

Tunnel local address：20.1.1.1

Tunnel remote address：20.1.1.2

Qos pre-classify：Disable

Proposal name：tran1

……

执行 display ipsec policy 命令，还可以查看出方向和入方向 SA 相关的参数。

例：

…

Inbound ESP setting：

    ESP SPI：12345（0x3039）

    ESP string-key：HUAWEI

    ESP Encryption hex key：

    ESP authentication hex key：

Outbound ESP setting：

    ESP SPI：54321（0xd431）

    ESP string-key：HUAWEI

    ESP Encryption hex key：

    ESP authentication hex key：

…

5.3.4　SSL VPN 原理和配置

1. SSL 的概念

SSL 的英文全称是"Secure Sockets Layer"，中文名为"安全套接层协议层"，它是 Netscape 公司提出的基于 Web 座用的安全协议。SSL 是一种在 Web 服务协议（HTTP）和 TCP/IP 之间提供数据连接安全性的协议。它为 TCP/IP 连接提供数据加密、用户和服务器身份验证以及消息完整性验证。SSL 被视为因特网上 Web 浏览器和服务器的安全标准。

2. SSL VPN 的功能

SSL 安全协议主要提供 3 方面的服务。

1）用户和服务器的合法性认证

认证用户和服务器的合法性，使得它们能够确信数据将被发送到正确的客户机和服务器上。客户机和服务器都有各自的识别号，这些识别号由公开密钥进行编号，为了验证用户是否合法，安全套接层协议要求在握手交换数据时进行数字认证，以此来确保用户的合法性。

2）加密数据以隐藏被传送的数据

安全套接层协议所采用的加密技术既有对称密钥技术，也有公开密钥技术。在客户机与服务器进行数据交换之前，交换 SSL 初始握手信息，在 SSL 握手信息中采用了各种加密技术对其加密，以保证其机密性和数据的完整性，并且用数字证书进行鉴别，这样就可以防止非法用户破译。

3）保护数据的完整性

安全套接层协议采用 Hash 函数和机密共享的方法提供信息的完整性服务，建立客户机与服务器之间的安全通道，使所有经过安全套接层协议处理的业务在传输过程中能够全部完整准确无误地到达目的地。

3. SSL VPN 的工作机制

SSL 包括两个阶段：握手和数据传输。在握手阶段，客户端和服务器用公钥加密算法计算出私钥。在数据传输阶段，客户端和服务器都用私钥来加密和解密传输过来的数据。

SSL 客户端在 TCP 链接建立之后，发出一个 Hello 消息来发起握手，这个消息里面包括了自己可实现的算法列表和其他需要的消息。SSL 的服务器回应一个类似 Hello 的消息，这里面确定了此次通信所需要的算法，然后发送自己的证书。客户端在收到这个消息后会生成一个消息，用 SSL 服务器的公钥加密后传送过去，SSL 服务器用自己的私钥解密后，会话密钥协商成功，双方可以用私钥算法来进行通信。

证书实质上是标明服务器身份的一组数据，一般第三方作为 CA，生成证书，并验证它的真实性。为获得证书，服务器必须用安全信道向 CA 发送它的公钥。CA 生成证书，包括它自己的 ID、服务器的 ID、服务器的公钥和其他信息。然后 CA 利用消息摘要算法生成证书指纹，最后，CA 用私钥加密指纹生成证书签名。

为证明服务器的证书合法，客户端首先利用 CA 的公钥解密签名读取指纹，然后计算服务器发送的证书指纹，如果两个指纹不相符，说明证书被篡改过。当然，为解密签名，客户端必须事先可靠地获得 CA 的公钥。客户端保存一个可信赖的 CA 和它们的公钥的清单。当客户端收到服务器的证书时，要验证证书的 CA 在它所保存的清单之列。CA 的数量很少，一般通过网站公布它们的金钥，很多浏览器把主要的 CA 的公钥直接编入到它们的源码中。一旦服务器通过了客户端的鉴别，两者就已经通过公钥算法确定了私钥信息。当两边均表示做好了私钥通信的准备后，用完成（Finished）消息来结束握手过程，它们的连接进入数据传输阶段。在数据传输过程中，两端都将发送的消息拆分成片断，并附上 MAC（散列值）。传送时，客户端和服务器将数据片断、MAC 和记录头结合起来并用密钥加密形成完整的 SSL；接收时，客户端和服务器解密数据包，计算 MAC，并比较计算得到的 MAC 和接收到的 MAC。

4. SSL VPN 的主要优势和不足

SSL VPN 就像任何新技术的产生一样，相对传统的技术肯定会存在一些突出的优点，当然不足之处也是存在的，下面就分别予以介绍。

1）SSL VPN 的主要优点

目前 SSL VPN 技术的应用正逐渐呈上升趋势，下面从几个主要的方面介绍这种 VPN 技术的优势。

（1）无需安装客户端软件。大多数执行基于 SSL 协议的远程访问不需要在远程客户端设备上安装软件。只需通过标准的 Web 浏览器连接因特网，即可以通过网页访问到企业总部的网络资源。这样无论是从软件协议购买成本上，还是从维护、管理成本上都可以节省一大笔资金，特别是对于大、中型企业和网络服务提供商更是如此。

（2）适用于大多数设备。基于 Web 访问的开放体系在运行标准的浏览器下可以访问任何设备，包括非传统设备，如可以上网的电话和 PDA 通信产品。这些产品目前正在逐渐普及，因为它们在不进行远程访问时也是一种非常理想的现代通信工具。

（3）适用于大多数操作系统。可以运行标准的因特网浏览器的大多数操作系统都可以用来进行基于 Web 的远程访问，不管操作系统是 Windows、Macintosh、UNIX 还是 Linux。可以对企业内部网站和 Web 站点进行全面的访问。用户可以非常容易地得到基于企业内部网站的资源，并进行应用。

（4）支持网络驱动器访问。用户通过 SSL VPN 通信可以访问网络驱动器上的资源。

（5）良好的安全性。用户通过基于 SSL 的 Web 访问并不是网络的真实节点，就像 IPSec 安全协议一样。而且还可代理访问公司的内部资源。因此，这种方法可以非常安全，特别是对于外部用户的访问。

（6）较强的资源控制能力。基于 Web 的代理访问允许公司为远程访问用户进行详尽的资源访问控制。

（7）减少费用。为方便远程访问用户（仅需进入公司内部网站或者进行 E-mail 通信），基于 SSL 的 VPN 网络可以非常经济地提供远程访问服务。

（8）可以绕过防火墙和代理服务器进行访问。基于 SSL 的远程访问方案中，使用 NAT（网络地址转换）服务的远程用户或者因特网代理服务的用户可以从中受益。因为这种方案可以绕过防火墙和代理服务器访问公司资源，这是采用基于 IPSec 安全协议的远程访问很难或者根本做不到的。

2）SSL VPN 的主要不足之处

虽然 SSL VPN 技术具有很多优势，但并不是所有用户都使用 SSL VPN，且据权威调查机构调查显示，目前绝大多部分企业仍采用 IPSec VPN，这是由于 SSL VPN 仍存在不足之处。下面介绍 SSL VPN 的主要不足之处。

（1）必须依靠因特网进行访问。为了通过基于 SSL VPN 进行远程工作，必须与因特网保持连通性。因为此时 Web 浏览器实质上是扮演客户服务器的角色，远程用户的 Web 浏览器依靠公司的服务器进行所有进程。正因如此，如果因特网没有连通，远程用户就不能与总部网络进行连接，只能单独工作。

（2）对新的或者复杂的 Web 技术提供有限支持。基于 SSL 的 VPN 方案是依赖于反代理技术来访问公司网络的。因为远程用户是从公用因特网来访问公司网络的，而公司内部网络信息通常不仅处于防火墙后面，而且通常处于没有内部网 IP 地址路由表的空间中。反代理的工作就是翻译出远程用户 Web 浏览器的需求，通常使用常见的 URL 地址重写方法。例如，内部网站也许使用内部 DNS 服务器地址链接到其他的内部网链接，而 URL 地址重写必须完全正确地读出以上链接信息，并且重写这些 URL 地址，以便这些链接可以通过反代理技术获得路由，当有需要时，远程用户可以轻松地通过点击路由进入公司内部网络。对于 URL 地址重写器完全正确理解所传输的网页结构是极其重要的，只有这样才可正确显示重写后的网页，并在远程用户计算机浏览器上进行正确的操作。

（3）只能有限地支持 Windows 应用或者其他非 Web 系统。因为大多数基于 SSL 的 VPN 都是基于 Web 浏览器工作的，运程用户不能在 Windows、UNIX、Linux、AS400 或者大型系统上进行非基于 Web 界面的应用。虽然有些提供商已经开始合并终端服务来提供上述非 Web 应用，但不管如何，目前 SSL VPN 还未正式提出全面支持，这一技术还有待讨论，也可算是一个挑战。

（4）只能为访问资源提供有限安全保障。当使用基于 SSL 协议通过 Web 浏览器进行 VPN 通信时，对用户来说外部环境并不是完全安全、可达到无缝连接的。因为 SSL VPN 只对通信双方的某个应用通道进行加密，而不是对在通信双方的主机之间的整个通道进行加密。通信时，在 Web 页面中呈现的文件也基本无法保证只出现类似于上传的文件和邮件附件等简单的文件，这样就很难保证其他文件不被暴露在外部，存在一定的安全隐患。

5. SSL VPN 与 IPSec VPN 的比较列表

如表 5-1 所示是 SSL VPN 与 IPSec VPN 主要性能比较，从表中可以看出各自的主要优势与不足。

表 5-1　SSL VPN 与 IPSec VPN 主要性能比较

选项	SSL VPN	IPSec VPN
身份验证	单向身份验证 双向身份验证 数字证书	双向身份验证 数字证书
加密	强加密 基于 Web 浏览器	强加密 依靠执行
全程安全性	端到端安全 从客户到资源端全程加密	网络边缘到客户端 仅对从客户到 VPN 网关之间的通信加密
可访问性	适合于任何时间、任何地点访问	适用于受控用户的访问
费用	低（无需附加任何客户软件）	高（需要管理客户端软件）
安装	即插即用安装 无需安装任何附加的客户端软、硬件	通常需要长时间的配置，还需要客户端软件或者硬件
用户的易使用性	对用户非常友好，使用非常熟悉的 Web 浏览器无需终端用户的培训	对没有相应技术的用户比较困难需要培训
支持的应用	基于 Web 的应用 文件共享、E-mail	所有基于 IP 协议的服务
用户	客户、合作伙伴用户、远程用户、供应商等	更适用于企业内部
可伸缩性	容易配置和扩展	在服务器端容易实现自由伸缩，在客户端比较困难

任务 5.4 网络地址转换 NAT

5.4.1 NAT 简介

1. 概 述

随着 Internet 的发展和网络应用的增多，IPv4 地址逐渐出现了一些情况。

首先是 IPv4 地址不够用的情况，权宜之计是分配可重复使用的各内网地址段给企业内部或家庭使用，但是私有地址不能在公网中路由，即内网主机不能与公网通信，也不能通过公网与另外一个内网通信。尽管 IPV6 可以从根本上解决 IPv4 地址空间不足的问题，但目前众多的网络设备和网络应用仍是基于 IPv4 的，因此在 IPv6 广泛应用之前，一些过渡技术的使用是解决这个问题的主要技术手段。

其次，很多组织都希望自己的内部网络地址结构不为外界知晓从而确保安全性，从网络内部和外部互相访问的特性来看，希望内部主动访问外部网络限制少些，而外部网络主动对内部网络的访问限制多些。

地址转换（NAT，Network Address Translation）技术是满足上述需求的一个好办法。网络地址转换技术主要用于实现位于内部网络的主机访问外部网络的功能。当局域网内的主机需要访问外部网络时，通过 NAT 技术可以将内网地址转换为公网地址，并且多个内网用户可以共用一个公网地址，这样既可保证网络互通，又节省了公网地址，如图 5-20 所示。

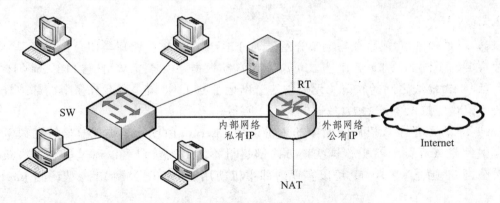

图 5-20 NAT 应用场景

NAT 是将 IP 数据报报头中的 IP 地址转换为另一个 IP 地址的过程，主要用于实现内部网络（私有 IP 地址）访问外部网络（公有 IP 地址）的功能。NAT 一般部署在连接内网和外网的网关设备上。当收到的报文源地址为内网地址、目的地址为公网地址时，NAT 可以将源内网地址转换成一个公网地址。这样公网目的地就能够收到报文，并做出响应。此外，网关上还会创建一个 NAT 映射表，以便判断从公网收到的报文应该发往的内网目的地址。

地址转换技术有多种形式，目前被广泛实现在路由器、安全网关、代理服务器上。目前被大量部署的是被称为 NAPT（基于端口的地址转换技术，Network Address Port Translation）的地址转换技术，这里只介绍这种技术。

2. NAPT

网络地址端口转换 NAPT 允许多个内部地址映射到同一个公有地址的不同端口。例（见图 5-21）：

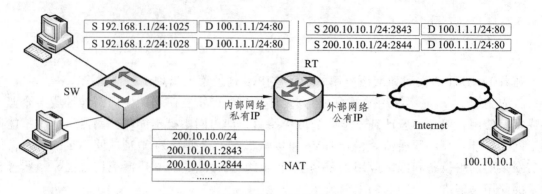

图 5-21　NAPT

本例中，RT 收到一个私网主机发送的报文，源 IP 地址是 192.168.1.1，源端口号是 1025，目的 IP 地址是 100.1.1.1，目的端口是 80。RT 会从配置的公网地址池中选择一个空闲的公网 IP 地址和端口号，并建立相应的 NAPT 表项。这些 NAPT 表项指定了报文的私网 IP 地址和端口号与公网 IP 地址和端口号的映射关系。之后，RT 将报文的源 IP 地址和端口号转换成公网地址 200.10.10.1 和端口号 2843，并转发报文到公网。当网关 RT 收到回复报文后，会根据之前的映射表再次进行转换之后转发给主机 A。主机 B 同理。

3. Easy IP

Easy IP 方式的实现原理与上节介绍的地址池 NAPT 转换原理类似，可以算是 NAPT 的一种特例，不同的是 Easy IP 方式可以实现自动根据路由器上 WAN 接口的公网 IP 地址实现与私网 IP 地址之间的映射（无需创建公网地址池），也就是说允许多个内部地址映射到网关出接口地址上不同的端口。如图 5-22 所示。

Easy IP 适用于小规模局域网中的主机访问 Internet 的场景。小规模局域网通常部署在小型的网吧或者办公室中，这些地方内部主机不多，出接口可以通过拨号方式获取一个临时公网 IP 地址。Easy IP 可以实现内部主机使用这个临时公网 IP 地址访问 Internet。例如：

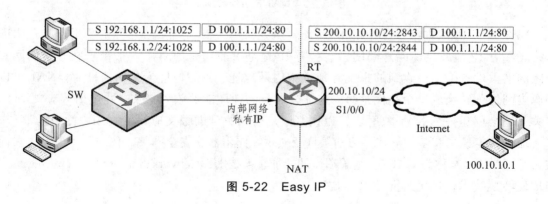

图 5-22　Easy IP

本示例说明了 Easy IP 的实现过程。RT 收到一个主机 A 访问公网的请求报文，报文的源 IP 地址是 192.168.1.1，源端口号是 1025。RT 会建立 Easy IP 表项，这些表项指定了源 IP 地址和端口号与出接口的公网 IP 地址和端口号的映射关系。之后，根据匹配的 Easy IP 表项，将报文的源 IP 地址和端口号转换成出接口的 IP 地址和端口号，并转发报文到公网。报文的源 IP 地址转换成 200.10.10.10/24，相应的端口号是 2843。

路由器收到回复报文后，会根据报文的目的 IP 地址和端口号，查询 EasyIP 表项。路由器根据匹配的 Easy IP 表项，将报文的目的 IP 地址和端口号转换成私网主机的 IP 地址和端口号，并转发报文到主机。

4. 静态 NAT

NAT 的实现方式有多种，适用于不同的场景。

静态 NAT 实现了私有地址和公有地址的一对一映射。如果希望一台主机优先使用某个关联地址，或者想要外部网络使用一个指定的公网地址访问内部服务器时，可以使用静态 NAT。但是在大型网络中，这种一对一的 IP 地址映射无法缓解公用地址短缺的问题。例（见图 5-23）：

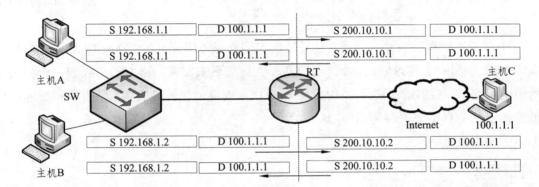

图 5-23　静态 NAT

在本示例中，源地址为 192.168.1.1 的报文需要发往公网地址 100.1.1.1。在网关 RT 上配置了一个私网地址 192.168.1.1 到公网地址 200.10.10.1 的映射。当网关收到主机 A 发送的数据包后，会先将报文中的源地址 192.168.1.1 转换为 200.10.10.1，然后转发报文到目的设备。目的设备回复的报文目的地址是 200.10.10.1。当网关收到回复报文后，也会执行静态地址转换，将 200.10.10.1 转换成 192.168.1.1，然后转发报文到主机 A。和主机 A 在同一个网络中其他主机，如主机 B，访问公网的过程也需要网关 RT 做静态 NAT 转换。

5. 动态 NAT

动态 NAT 通过使用地址池来实现。例如（见图 5-24）：

当内部主机 A 和主机 B 需要与公网中的目的主机通信时，网关 RT 会从配置的公网地址池中选择一个未使用的公网地址与之做映射。每台主机都会分配到地址池中的一个唯一地址。当不需要此连接时，对应的地址映射将会被删除，公网地址也会被恢复到地址池中待用。当网关收到回复报文后，会根据之前的映射再次进行转换之后转发给对应主机。

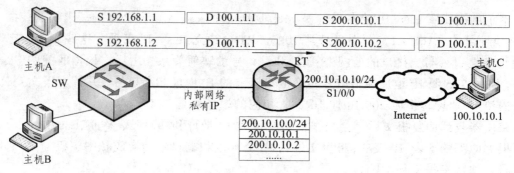

图 5-24 动态 NAT

动态 NAT 地址池中的地址用尽以后，只能等待被占用的公用 IP 被释放后，其他主机才能使用它来访问公网。

6. NAT 服务器（反向 NAT）

NAT 在使内网用户访问公网的同时，也屏蔽了公网用户访问私网主机的需求。当一个私网需要向公网用户提供 Web 和 SFTP 服务时，私网中的服务器必须随时可供公网用户访问。

NAT 服务器可以实现这个需求，它通过事先配置好的服务器的"公网 IP 地址+端口号"与服务器的"私网 IP 地址+端口号"间的静态映射关系来实现。路由器在收到一个公网主机的请求报文后，根据报文的目的 IP 地址和端口号查询地址转换表项。路由器根据匹配的地址转换表项，将报文的目的 IP 地址和端口号转换成私网 IP 地址和端口号，并转发报文到私网中的服务器。

例（见图 5-25）：

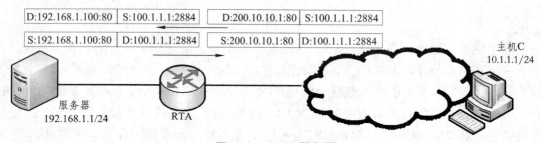

图 5-25 NAT 服务器

本例中，主机 C 需要访问私网服务器，发送报文的目的 IP 地址是 200.10.10.1，目的端口号是 80。RTA 收到此报文后会查找地址转换表项，并将目的 IP 地址转换成 192.168.1.1，目的端口号保持不变。服务器收到报文后会进行响应，RTA 收到私网服务器发来的响应报文后，根据报文的源 IP 地址 192.168.1.1 和端口号 80 查询地址转换表项。然后，路由器根据匹配的地址转换表项，将报文的源 IP 地址和端口号转换成公网 IP 地址 200.10.10.1 和端口号 80，并转发报文到目的公网主机。

5.4.2   NAT 配置

1. 静态 NAT 配置

nat static global{global-address} inside {host-address}命令用于创建静态 NAT。

global 参数用于配置外部公网地址。

inside 参数用于配置内部私有地址。

例（见图 5-26）：

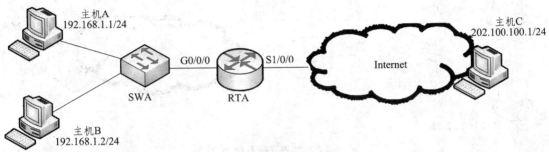

主机A
192.168.1.1/24

G0/0/0   S1/0/0

SWA   RTA

Internet

主机C
202.100.100.1/24

主机B
192.168.1.2/24

图 5-26   静态 NAT 配置举例

[RTA]interface GigabitEthernat0/0/1

[RTA-GigabitEthernet0.0.1]ip address 192.168.1.254 24

[RTA-GigabitEthernet0.0.1]interface Serial1/0/0

[RTA-Serial1/0/0]ip address 202.100.100.2 24

[RTA-Serial1/0/0]nat static global 202.100.100.1 inside 192.168.1.1

[RTA-Serial1/0/0]nat static global 202.100.100.2 inside 192.168.1.2

2. 静态 NAT 配置验证

命令 display nat static 用于查看静态 NAT 的配置。

例：

[RTA]display static nat

    Static Nat Information：

Interface：Serial1/0/0

    Global IP/Port   ：202.100.100.1/----

    Inside IP/Port   ：192.168.1.1/----

    ……

    Global IP/Port   ：202.100.100.2/----

    Inside IP/Port   ：192.168.1.2/----

    ……

Total：2

Global IP/Port 表示公网地址和服务端口号。

Inside IP/Port 表示私有地址和服务端口号。

3. 动态 NAT 配置

nat outbound 命令用来将一个访问控制列表 ACL 和一个地址池关联起表示 ACL 中规定的地址可以使用地址池进行地址转换。ACL 用于指定个规则，用来过滤特定流量。后续将会介绍有关 ACL 的详细信息。

nat address-group 命令用来配置 NAT 地址池。

例（见图 5-27）：

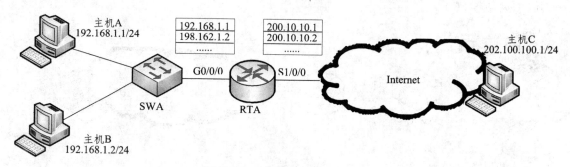

图 5-27　动态 NAT 配置举例

[RTA]nat address-group 1 200.10.10.1 200.10.10.200

[RTA]acl 2000

[RTA-acl-basic-2000]rule 5 permit source 192.168.1.0 0.0.0.255

[RTA-acl-basic-2000]quit

[RTA]interface serial1/0/0

[RTA-Serial1/0/0]nat outbound 2000 address-group 1 no-pat

本示例中使用 nat outbound 命令将 ACL 2000 与待转换的 192.168.1.0/24 网段的流量关联起来，并使用地址池 1（address-group1）中的地址进行地址转换。no-pat 表示只转换数据报文的地址而不转换端口信息。

4. 动态 NAT 配置验证

display nat address-group group-index 命令用来查看 NAT 地址池配置信息，display nat outbound 命令用来查看动态 NAT 配置信息。

可以用这两条命令验证动态 NAT 的详细配置。

例：

[RTA]display nat address-group 1

Nat Address-Group Information：

Index	Start-address	End-address
1	200.10.10.1	200.10.10.200

[RTA]display nat outbound

Nat Outbound Information：

Interface	Acl	Address-group/IP/Interface	Type
Serial1/0/0	2000	1	no-pat
Total：	1		

在本例中，指定接口 Serial 1/0/0 与 ACL 关联在一起，并定义了用于地址转换的地址池 1。参数 no-pat 说明没有进行端口地址转换。

5. EasyIP 配置

nat outbound acl-number 命令用来配置 Easy-IP 地址转换。Easy IP 的配置与动态 NAT 的配置类似，需要定义 ACL 和使用 nat outbound 命令，主要区别是 Easy IP 不需要配置地址池，所以 nat outbound 命令中不数需要配 address-group。

例（见图 5-28）：

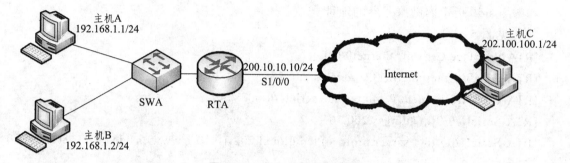

图 5-28　EasyIP 配置举例

[RTA]acl 2000

[RTA-acl-basic-2000]rule 5 permit source 192.168.1.0 0.0.0.255

[RTA-acl-basic-2000]quit

[RTA]interface serial 1/0/0

[RTA-Serial1/0/0]net outbound 2000

在本示例中，命令 nat outbound 2000 表示对 ACL 2000 定义的地址段进行地址转换，并且直接使用 Serial1/0/0 接口的 IP 地址作为 NAT 转换后的地址。

6. Easy IP 配置验证

命令 display nat outbound 用于查看命令 nat outbound 的配置结果。

Address-group/IP/lnterface 表项表明接口和 ACL 已经关联成功，type 表项表明 Easy IP 已经配置成功。

例：

[RTA]display nat outbound

NAT Outbound Information：

Interface	Acl	Address-group/IP/Interface	Type

```
------------------------------------------------------------
Serial1/0/0        2000          200.10.10.1              easyip
------------------------------------------------------------
```

Total： 1

7. NAT 服务器配置

nat server[protocol {protocol-number|icmp|tcp|udp}global{global-address}] current-interface global-port inside {host-addresshost-port} vpn-instancevpn-instance-name acl acl-number description description]命令用来定义一个内部服务器的映射表，外部用户可以通过公网地址和端口来访问内部服务器。

参数 protocol 指定一个需要地址转换的协议；

参数 global-address 指定需要转换的公网地址；

参数 inside 指定内网服务器的地址。

例（见图 5-29）：

[RTA]interface GigabitEthernet0/0/1

[RTA-GigabitEthernet0/0/1]ip address 192.168.1.254 24

[RTA-GigabitEthernet0/0/1]interface serial1/0/0

[RTA-Serial1/0/0]ip address 200.10.10.2 24

[RTA-Serial1/0/0]net server protocol tcp global 202.10.10.1 www inside 192.168.1.1 8080

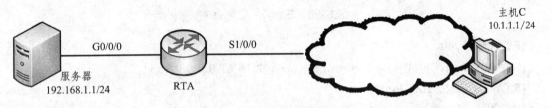

图 5-29　NAT 服务器配置

8. NAT 服务器配置验证

display nat server 命令用于查看详细的 NAT 服务器配置结果。

可以通过此命令验证地址转换的接口、全局和内部 IP 地址以及关联的端口号。

例：

[RTA]display net server

NAT Server Information：

Interface： Serial1/0/0

　　Golbal IP/Port　　　　　： 202.10.10.1/80（www）

　　Inside IP/Port　　　　　： 192.168.1.1/8080

　　Protocol ： 6（tcp）

　　VPN Instance-name　　： ----

　　Acl　number　　　　　： ----

Description   : ----
Total：1

在本示例中，全局地址 202.10.10.1 和关联的端口号 80（www）分别被转换成内部服务器地址 192.168.1.1 和端口号 8080。

思考与练习

总结

1. 哪种 NAT 转换允许服务器既能被内部访问又能被外部访问？

2. NAPT 有什么功能特点？

3. 安全联盟的作用是什么？

4. IPSec VPN 会对过滤后的感兴趣数据流如何操作？

5. ARG3 系列路由器上支持配置哪些 AAA 方案？

6. 如果在 ARG3 系列路由器上创建用户时，没有关联自定义的域，则该用户属于哪个域？

7. 高级 ACL 可以基于哪些条件来定义规则？

8. 公司有 202.38.160.101～202.38.160.103 三个合法的公网 IP 地址。内部 FTP 服务器地址为 10.110.10.1，使用 202.38.160.101 的公网地址；内部 WWW 服务器 1 地址为 10.110.10.2，内部 WWW 服务器 2 的地址为 10.110.10.3，采用 8080 端口，两台 WWW 服务器都使用 202.38.160.102 的公网地址。内部 SMTP 服务器地址为 10.110.10.4，并希望可对外提供统一的服务器的 IP 地址，使用 202.38.160.103 的公网地址。内部 10.110.10.0/24 网段的 PC 机可访问 Internet，其他网段的 PC 机则不能访问 Internet。外部 PC 机可以访问内部的服务器。

项目 6 网络管理及故障处理

任务 6.1 网络管理概述

随着网络技术的发展，网络的规模日益扩大，结构更加复杂，支持更多的用户以及提供更多的服务，人们越来越意识到网络管理的重要性。与早期设备类型单一、应用简单的小型网络的分布式管理不同，网络管理提供了对复杂网络的集中维护，远程监控等功能，对大型网络中的设备提供统一管理的平台。SNMP（Simple Network Management Protocol，简单网络管理协议）和相关的 RMON（Remote Network Monitoring，远程网络监视）规范就是在网络管理的需求下产生的标准，各个厂家通过这些标准完成网络管理软件的开发和应用。

6.1.1 网络管理功能

在网络规模较小的时候，网络管理员承担着网络管理的角色，负责完成网络中设备的配置维护，网络故障的排除，网络的扩展和优化。随着网络规模的增大和网络中设备种类的日益增多，能更加有效地保证网络设备的可靠运行，使网络的性能达到用户满意，但这样使得网络管理者工作的范围和复杂程度也不断增长，需要对大量的网络信息进行管理与维护等。为了网络管理者更好地完成这些工作，逐渐出现了网络管理系统的概念，即网络的管理工作不再是全部由网络管理员完成，而是通过网络管理系统的运行，提高网络维护效率，实现智能化网络管理。

网络管理系统由一系列软件组成。网络设备厂商通过开发网络管理系统完善客户对设备的管理，由此带来的问题是不同厂商网络设备的管理互通问题。因此各设备厂商在增强对网络管理有关标准支持的同时，提供一些开放的管理接口，部分的实现对第三方厂商产品的管理和与其他管理系统交换管理信息。

各设备厂商按照网络管理的标准协议进行网络管理系统的开发。当前网络管理标准化活动主要基于国际标准化组织（ISO，International Organization for Standardization）定义的 OSI 网络管理框架，划分了五个网络管理的功能领域，即网络管理实现五个基本功能，包括：

故障管理；
配置管理；
安全管理；
性能管理；
计费管理。

1. 故障管理

网络故障的发生，将影响网络不能达到正常的运行指标。故障管理即是对网络环境中的问题和故障进行定位的过程。网络管理提供的故障管理功能通过检测异常事件来发现故障，通过日志记录故障情况，根据故障现象采取相应的跟踪、诊断和测试措施。网络管理者通过该功能，可以快速的发现问题、定位问题和解决问题。

网络管理系统执行监控过程和周期性地生成异常报告，从而帮助网络管理员了解网络运行状态，及时发现故障。比如通过预设门限动态监控状态变化，预测潜在的故障，常见的有：监视线路利用率和网络拥塞情况，监控受管设备的温度等。有的网络管理系统可以启动诊断测试程序，同时还可以以日志的形式记录告警、诊断和处理结果。

2. 配置管理

配置管理的主要作用是它可以增强网络管理者对网络配置的能力。通过它，网络管理者可以很方便地查询网络当前的配置信息，并且根据需要方便地修改配置，实现对设备的配置功能。

3. 安全管理

安全管理提供安全策略，通过该策略，确保只有授权的合法用户可以访问受限的网络资源。比如规定什么样的用户可以接入网络，哪些信息可以被用户获取等。

安全管理功能主要包括防止非法用户访问，在敏感的网络资源和用户之间建立映射关系；提供对数据链路加密和密钥的分配管理功能，同时可以记录安全日志信息，提供审计跟踪和声音报警方法，提醒管理者预防潜在的安全隐患问题；良好的安全管理措施可以预防病毒，提供灾难恢复功能。

4. 性能管理

性能管理功能包括选择网络中测量的对象和方式，收集和分析统计数据，并根据统计结果和分析进行调整，以控制网络性能。测量的对象可以是硬件、软件和媒体等性能；测量的项目可能有：吞吐量、利用率、错误率和响应时间等。网络管理者通过这些数据分析网络的运行趋势，保证网络性能控制在一个可接受的水平。比如网络管理者通过性能分析可以获得网络在不同时间段的利用率，从而可以选择在合适的时间安排大量的数据传输。

5. 计费管理

计费管理负责监视和记录用户对网络资源的使用，对其收取合理的费用。其主要功能包括收集计费记录，计算用户账单，提供运行和维护网络的相关费用的合理分配，同时可以帮助管理者进行网络经营预算，考察资费变更对网络运营的影响。

6.1.2　网络管理系统模型

实际上可以把一个网络中的网络设备看作被管理的对象，网络中有一台主机用来作为网络管理主机或管理者，在管理者和被管理者上都运行网络管理软件，通过二者之间的接口建立通信连接，实现网络管理信息的传递和处理。这些包含网络管理软件的设备称为 NME（Network Management Entity，网络管理实体），一般被管理系统的 NME 被认为是代理模块（agent module），或简称代理（agent），管理者和被管理系统的通信通过应用程序级别的网络管理协议来实现的。图 6-1 示意了网络管理系统的管理模型。

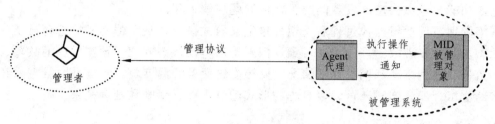

图 6-1 网络管理系统模型示意

从图中可以看出，网络管理模型包含以下一些主要元素：

管理者；

管理代理；

管理信息库 MIB；

网络管理协议。

管理者可以是工作站，微机等，一般位于网络的主干或接近主干的位置，它是网络管理员到网络管理系统的接口。它应该具有网络管理应用软件，同时负责发出管理操作的命令，并接收来自代理的信息。

代理位于被管理设备的内部，把来自管理者的命令或信息请求转换为被管理设备特有的指令，完成管理者的指示，或返回它所在设备的信息。另外，代理也可以把自身系统中发生的事件主动通知给管理者。管理者将管理要求通过指令传送给位于被管理系统中的代理，代理则直接管理被管理设备。代理也可能因为某种原因，比如安全，拒绝管理者的指令。从图 6-1 中可以看到管理者和代理之间的信息交换是双向的，通过简单网络管理协议（SNMP，Simple Network Management Protocol）实现它们的信息交换。有一点需要明确的是一个管理者可以和多个代理进行信息交换，而一个代理也可以接受来自多个管理者的管理操作，但在这种情况下，代理需要处理来自多个管理者的多个操作之间的协调问题。

网络管理需要通过访问一个 MIB（Management Information Base，管理信息库）来完成，MIB 是表示网络特征的对象的集合，这些对象被标准化。它也是网络管理协议的一个重要组成部分。管理者通过获取 MIB 对象的值来执行监视功能。关于网络管理协议和 MIB 的内容将在下一节重点讨论。

任务 6.2 网络管理协议

6.2.1 网络管理协议

网络管理中一般采用管理者-代理模型，如果各个厂商提供的管理者和代理之间的通信方式各不相同，将会大大地影响网络管理系统的通用性，影响不同厂商设备间的互联。因此需要制定一个管理者和代理之间通信的标准，这就是网络管理协议。比如一个网络中有多个厂家的设备，则分别由各厂家的网络管理平台进行管理，采用统一的标准协议之后，多个厂家的设备可以在一个统一的平台下进行管理。下面将介绍网络管理协议的发展，重点介绍 SNMP 协议。

1. 网络管理协议发展

在 TCP/IP 协议的发展历程中，直到 80 年代才出现了网络管理协议。早期网络管理人员可以使用互联网控制信息协议（ICMP，Internet Control Message Protocol）来检测网络运行的状况，如 Ping（Packet Internet Groups）即是其中的一个典型应用。随着网络复杂性的增长，促进了网络管理标准化协议的产生，如 1987 年 11 月推出的 SGMP（Simple Gateway Management Protocol，简单网关管理协议），1988 年 8 月发布 SNMP v1 协议。不论是 SNMP 还是 OSI 网络管理协议都定义了一种 SMI（Structure of Management Information，管理信息结构）和 MIB（Management Information Base，管理信息库），要求在所有被管理的设备中使用同样的监视控制变量和格式。

RMON（Remote Monitoring，远程监视）规范定义了对 SNMP MIB 的补充，RMON 使网络管理员可以把子网视为一个整体来监视，使得 SNMP 的功能得到了十分重要的增强。

针对 SNMP 协议的缺陷，SNMP 协议在新版本中做了改进，目前，SNMP 有 V1、V2 和 V3 三个版本，下面进行简单介绍。

2. SNMP 协议

随着网络技术的飞速发展，企业中网络设备的数量成几何级数增长，网络设备的种类也越来越多，这使得企业网络的管理变得十分复杂。

简单网络管理协议 SNMP（Simple Network Management Protocol）可以实现对不同种类和不同厂商的网络设备进行统一管理，大大提升了网络管理的效率。

SNMP 是广泛应用于 TCP/IP 网络的一种网络管理协议。SNMP 提供了一种通过运行网络管理软件 NMS（Network Management System）的网络管理工作站来管理网络设备的方法。

SNMP 支持以下几种操作：

（1）NMS 通过 SNMP 协议给网络设备发送配置信息。

（2）NMS 通过 SNMP 来查询和获取网络中的资源信息。

（3）网络设备主动向 NMS 上报告警消息，使得网络管理员能够及时处理各种网络问题。

SNMP 工作流程如图 6-2 所示。

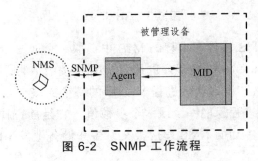

图 6-2　SNMP 工作流程

（1）NMS 是运行在网管主机上的网络管理软件。网络管理员通过操作 NMS 向被管理设备发出请求，从而可以监控和配置网络设备。

（2）Agent 是运行在被管理设备上的代理进程。被管理设备在接收到 NMS 发出的请求后，由 Agent 作出响应操作。Agent 的主要功能包括收集设备状态信息、实现 NMS 对设备的远程操作、向 NMS 发送告警消息。

（3）管理信息库 MIB（Management Information Base）是一个虚拟的数据库，是在被管理设备端维护的设备状态信息集。Agent 通过查找 MIB 来收集设备状态信息。

SNMP 主要版本及特点：

（1）SNMPv1：网管端工作站上的 NMS 与被管理设备上的 Agent 之间，通过交互 SNMPv1 报文，可以实现网管端对被管理设备的管理。SNMPv1 基本上没有什么安全性可言。

（2）SNMPv2c 在继承 SNMPv1 的基础上，其性能、安全性、机密性等方面都有了大的改进。

（3）SNMPv3 是在 SNMPv2 基础之上增加、完善了安全和管理机制。SNMPv3 体系结构体现了模块化的设计思想，使管理者可以方便灵活地实现功能的增加和修改。SNMPv3 的主要特点在于适应性强，可适用于多种操作环境，它不仅可以管理最简单的网络，实现基本的管理功能，也可以提供强大的网络管理功能，满足复杂网络的管理需求。

1）SNMPv1

SNMPv1 定义了 5 种协议操作（见图 6-3）：

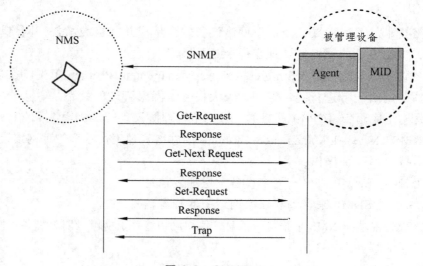

图 6-3　SNMPv1

（1）Get-Request：NMS 从代理进程的 MIB 中提取一个或多个参数值。

（2）Get-Next-Request：NMS 从代理进程的 MIB 中按照字典式排序提取下一个参数值。

（3）Set-Request：NMS 设置代理进程 MIB 中的一个或多个参数值。

（4）Response：代理进程返回一个或多个参数值，它是前三种操作的响应操作。

（5）Trap：代理进程主动向 NMS 发送报文，告知设备上发生的紧急或重要事件。

2）SNMPv2

SNMPv2c 新增了 2 种协议操作（见图 6-4）：

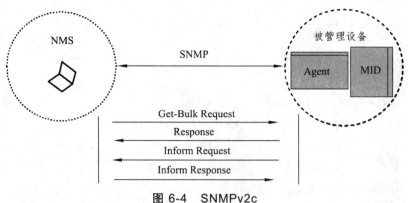

图 6-4　SNMPv2c

（1）GetBulk：相当于连续执行多次 GetNext 操作。在 NMS 上可以设置被管理设备在一次 GetBulk 报文交互时，执行 GetNext 操作的次数。

（2）Inform：被管理设备向 NMS 主动发送告警。与 trap 告警不同的是，被管理设备发送 Inform 告警后，需要 NMS 进行接收确认。如果被管设备没有收到确认信息则会将告警暂时保存在 Inform 缓存中，并且会重复发送该告警，直到 NMS 确认收到了该告警或者发送次数已经达到了最大重传次数。

3）SNMPv3

SNMPv3 的实现原理和 SNMPv1/SNMPv2c 基本一致，主要的区别是 SNMPv3 增加了身份验证和加密处理，如图 6-5 所示。

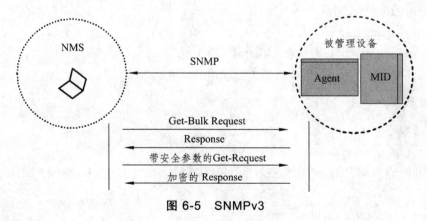

图 6-5　SNMPv3

（1）NMS 向 Agent 发送不带安全参数的 Get 请求报文，向 Agent 获取安全参数等信息。

（2）Agent 响应 NMS 的请求，向 NMS 反馈所请求的参数。

（3）NMS 向 Agent 发送带安全参数的 Get 请求报文。

（4）Agent 对 NMS 发送的请求消息进行认证，认证通过后对消息进行解密，解密成功后，向 NMS 发送加密的响应。

6.2.2 SNMP 配置

1. 配　置

（1）使能 SNMP 代理：

snmp-agent

该命令用来使能 SNMP 代理。

（2）配置 SNMP 系统信息：

snmp-agent sys-info version[[v1|v2c|v3]|all]

该命令可以配置 SNMP 系统信息，其中 version[[v1|v2c|v3]|all]指定设备运行的 SNMP 版本。目前大多数厂家设备都支持支持 SNMPv1、SNMPv2c、SNMPv3 版本。

（3）使能代理向 NMS 发送警告信息：

snmp-agent trap enable

该命令可以激活代理向 NMS 发送告警消息的功能，这一功能激活后，设备将向 NMS 上报任何异常事件。另外，还需要指定发送告警通告的接口。

例（见图 6-6）：

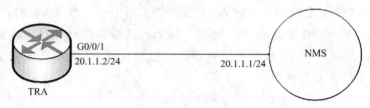

图 6-6　snmp 配置举例

[RTA]snmp-agent

[RTA]snmp-agent sys-info v2c

[RTA]snmp-agent trap enable

[RTA]snmp-agent source GigabitEthernet0/0/1

本示例中指定的是与 NMS 相连的 GigabitEthernet 0/0/1 接口。

2. 配置验证

配置验证命令：

display snmp-agent sys-info

该命令可以查看系统维护的相关信息，包括设备的物理位置和 SNMP 版本。

例：

[RTA]display snmp　agent sys-info

　　The contact person for this managed node：

　　　　R&D Shenzhen，huawei technologies Co.，Ltd.

　　The physical location of this node：

　　　　Shenzhen China

　　SNMP version running in the system：

　　　　SNMP v2c

252

任务 6.3　网络故障处理

计算机网络使用过程中基本支持很多网络协议，例如局域网协议、广域网协议、TCP/IP协议、路由协议以及安全可靠性协议等协议。计算机网络的传输介质也多种多样：同轴电缆、各类双绞线、光纤、无线电波等。同时网络的规模也不断扩张，从基于简单协议的网络和使用点到点连接的校园网络到高度复杂的、大型的跨国广域网络。而且现代的互联网络要求支持更广泛的应用，从过去的数据传输服务到现在的包括数据、语音、视频的基于IP的集成传输。相应地新业务的应用对网络带宽和网络传输技术也提出了更高要求，导致网络带宽不断增长，新网络协议不断出现。例如：十兆以太网向百兆、千兆以太网和万兆以太网的演进；MPLS，组播和 QoS 等技术的出现。新技术的应用同时还要兼顾传统的技术。例如，传统的 SNA 体系结构仍在金融证券领域得到广泛使用，为了实现 TCP/IP 协议和 SNA 架构的兼容，DLSw 作为通过 TCP/IP 承载 SNA 的一种技术而被应用。可以说，当今的计算机网络互联环境是十分复杂的。

因此，现代计算机网络是协议、技术、介质和拓扑的混合体。计算机网络的环境越复杂，意味着网络的连通性和性能故障发生的可能性越大，而且引发故障的原因也越发难以确定。同时，由于人们越来越多地依赖网络处理日常的工作和事务，一旦网络故障不能及时修复，其所造成的损失可能很大，甚至是灾难性的。

能够正确地维护网络，并确保在网络出现故障之后能够迅速、准确地定位问题并排除故障，对网络维护人员和网络管理人员来说是都是有一定的难度的，这不但要求对网络协议和技术有着深入的理解，更重要的是要建立一个系统化的故障排除思想，并合理应用于实践中，从而将一个复杂的问题隔离、分解或缩减排错范围，进而及时修复网络故障。

下面结合实例介绍网络故障排除的通用方法和流程，以及排除网络故障经常使用的工具软件。

6.3.1　网络故障分类

网络故障是进行网络操作过程中常见的问题，任何一个网络在其维护过程中总会遇到各种各样的问题。根据网络故障的分类、各类故障常见的现象，有助于找到问题并解决问题。

按网络故障的性质、网络故障的对象或者网络故障出现的区域等来划分，网络故障有不同的分类。

1. 按照故障性质的不同分类

按照故障的性质，网络故障可分为物理故障与逻辑故障两种。

1）物理故障

物理故障也称为硬故障，是指由硬件设备引起的网络故障。硬件设备或线路损坏、不匹配、错接、接触不良、插头松动、受到污染、线路受到严重电磁干扰等情况均会引起物理故障。物理故障一般可以通过观察硬设备的运行指示灯或借助于仪器排除。除设备的错误连接等人为因素外，物理故障发生的概率相对要小一些，例如设备之间的链接错误、不同速率的设备连接等。

2）逻辑故障

逻辑故障也称为软故障，是指由软配置或软件错误等引起的网络故障。配置参数、网络端口、网络地址、用户权限等错误情况均会引起逻辑故障。如路由器端口参数设定错误，或因路由器路由配置错误引起路由环路或找不到远端地址，或路由掩码设置错误等原因引发的故障即为逻辑故障。逻辑故障绝大部分表现为网络不通，或者同一个链路中有的网络服务通，有的网络服务不通。

例如同样是网络中的线路故障，该线路没有流量，但又可以 Ping 通线路的两端端口，这时就很有可能是路由配置错误。这种情况通常用路由跟踪命令（如 Tracert 或 Ping）就可以找到故障所在。

逻辑故障的另一类就是一些重要进程或端口关闭，以及系统的负载过高。例如线路中断，没有流量，用 Ping 发现线路端口不通，检查发现路由器该端口处于 Down 状态等，这就说明该端口已经关闭，因此导致故障。这时只需重新启动该端口，就可以恢复线路的连通。还有一种常见情况是链路中某个路由器的负载过高，表现为路由器 CPU 温度太高、CPU 利用率太高以及内存剩余太少等。如果因此影响网络服务的质量，那么最直接也是最好的办法就是更换路由器。

2. 按照故障出现的对象分类

按照故障出现的对象进行分类，网络故障可分为主机故障、路由故障和线路故障等几类。

1）主机故障

主机故障常见的原因就是主机配置不当。像主机 IP 地址与其他主机冲突、IP 地址不在子网范围内、子网掩码错误，或者驱动程序错误、服务程序错误等导致主机无法连通。主机的另一故障就是安全故障，主机因为安全防护的问题，也可能造成主机故障的表现。

主机故障通常的后果是该主机与网络不通或本主机提供的服务不能正常访问。但是找出主机故障具体细节一般比较困难，特别是他人恶意的攻击。一般可以通过监视主机的流量，或扫描主机端口和服务来防止可能产生的漏洞。另外，还可以通过安装防火墙等来减少主机的故障。

2）路由故障

路由故障主要是由于路由器设置错误、路由算法自身的问题、路由器超负荷等问题导致网络不通或时通时不通的故障。事实上，线路故障中很多情况都涉及路由器，因此，也可以把一些线路故障归结为路由故障。

3）线路故障

线路故障主要是由于线路老化、损坏、接触不良和中继设备故障等问题所致。线路故障最常见的情况就是不通，诊断这种情况首先应检查该线路上流量是否存在。可以观察线路两端设备的指示灯状态或者借助于专业设备，然后用 Ping 检查线路远端的路由器端口能否响应，用 tracert 检查路由器配置是否正确，找出问题逐个解决。

6.3.2 网络故障检测与排除的基本方法

当网络发生故障时，应能做到：

（1）必须尽可能快地找出故障发生的确切位置；

（2）将网络其他部分与故障部分隔离，以确保网络其他部分能不受干扰继续运行；

（3）重新配置或重组网络，尽可能降低由于隔离故障后对网络带来的影响；

（4）修复或替换故障部分，将网络恢复为初始状态。

网络故障检测是一门综合性技术，涉及网络技术的方方面面。网络故障检测应该实现3方面的目的：（1）确定网络的故障点，恢复网络的正常运行；（2）发现网络规划和配置中不合理部分，改善和优化网络的性能；（3）观察网络的运行状况，预测网络通信质量。

网络故障检测从故障现象出发，以网络检测工具为手段获取诊断信息，确定网络故障点，查找问题的根源，排除故障，恢复网络正常运行。

1. 故障检测

网络故障检测以网络原理、网络配置和网络运行的知识为基础，从故障现象出发，借助于网络诊断工具确定网络故障点，查找问题的根源，排除故障，恢复网络正常运行。根据 ISO 定义的网络参考模型（OSI），网络故障通常有以下几种可能。

物理层故障：主要由物理设备相互连接失败或者硬件及线路本身的问题所致。

数据链路层故障：主要由网桥（交换机）等接口配置问题所致。

网络层故障：主要由网络协议配置或操作错误引起。

传输层故障：主要由传输层设备性能或通信拥塞控制等问题引起。

应用层故障：主要由应用层协议的不完善性、网络应用软件自身的缺陷等问题引起。

故障检测一般从底层向上层推进，首先检查物理层，然后检查数据链路层，以此类推，最终确定通信失败的故障点。

2. 常见故障检测与排除的步骤

排除网络故障的过程类似于一个金字塔，在面积最大的底部是故障的症状，接下来是大量的故障原因和相关因素，在上部是排除该故障的特定手段。排除网络故障基本上是个过滤信息和匹配症状的过程。常见故障检测与排除步骤如图 6-7 所示。

第 1 步，详细记录和分析网络故障现象。在网络运行期间，应始终详细记录网络运行状况，一旦出现故障，就应详细分析故障的症状和潜在的原因。为此，要确定故障的具体现象，然后确定造成这种故障现象原因的类型。例如，主机不响应客户请求服务，可能的故障原因是主机配置错误、接口卡故障或路由器配置命令丢失等。

第 2 步，收集网络故障发生前后的必要信息。故障发生前后用户、网络管理员、其他关键人物的操作和现象描述等对故障的定位起着关键的作用。下面列出应该收集的内容：

故障现象出现期间，计算机正在运行什么进程（计算机正在进行什么操作）；

这个进程以前是否运行过；

以前这个进程的运行是否成功（以前运行过的话）；

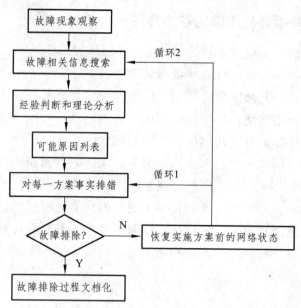

图 6-7 故障检测与排除的步骤

这个进程最后一次成功运行是什么时候：

从这个进程最后一次成功运行至今，计算机发生了哪些变化。

除了这些信息外，还应该广泛地从网络管理系统、协议分析跟踪、路由器诊断命令的输出报告或软件说明书中收集有用的信息。

第 3 步，对故障可能出现的地方做出合理的全面的推测，根据相关情况排除故障不可能出现的原因，将故障原因缩至最小范围。例如，根据 Ping 命令的结果可以排除硬件故障，那么就应该把注意力放在软件原因上。应该考虑所有的细节，千万不可匆忙下结论。

第 4 步，根据最后确定的可能故障点，拿出一套完整的故障排除方案。比如：可以先从最容易引起此类故障的地方入手，看故障是否能排除。观察设备指示灯来确定故障可能比别的方法都快，如观察网卡、Hub、Modem、路由器、交换机面板上的指示灯。通常情况下，绿灯表示连接正常、红灯表示连接故障，不亮表示无连接或线路不通。根据数据流量的大小，设备指示灯会时快时慢地闪烁。

第 5 步，根据所列出的可能原因制定故障排查计划，分析最有可能的原因，确定一次只对一类故障进行操作，这种方法使你能够重现某一故障的解决办法。如果有多个配置参数或连接状态同时被改变，即使问题得以解决，那么也不容易判断出导致故障的原因。处理故障的同时应该能够找到引起故障的原因。当进行故障处理后仍无法排除时，应尽量恢复到故障的原始状态，以免扩大故障。

第 6 步，详细记录故障排除过程。当最终排除了网络故障后，流程的最后一步就是对所做的工作进行文字记录，为以后故障定位和排除打好基础。文档化不是一个可有可无的工作，因为文档是排错宝贵经验的总结，是经验判断和理论分析这一过程中最重要的参考资料；同时文档记录了这次排错中网络参数所做的修改，也是下一次网络故障应收集的相关信息。文档记录主要包括以下几个方面：故障现象描述及收集的相关信息、网络拓扑图绘制、网络中使用的设备清单和介质清单、网络中使用的协议清单和应用清单、故障发生的可能原因、对每一可能原因制订的方案和实施结果、本次排错的心得体会等。

6.3.3 分层故障排除法

分层法的思想很简单：所有模型都遵循相同的基本前提，当模型的所有低层结构工作正常时，它的高层结构才能正常工作。分层故障排除法要求按照 OSI 参考模型，从物理层到应用层，逐层排除故障，最终解决故障问题。在确信所有低层结构都正常运行之前，解决高层结构的网络问题是比较困难的。

例如：在一个帧中继网络中，由于物理层接口的不稳定，帧中继连接总是出现反复失去连接的问题，这个问题的直接表象是到达远程端点的路由总是出现间歇性中断。这使得维护者认为可能是路由协议出问题了，如果凭借着这个判断为基础来对路由协议进行故障诊断和配置，可能不能处理问题。如果以 OSI 模型的底层逐步向上来探究原因的话，可能更容易找到问题并排除问题。

那么，在使用分层故障排除法进行故障排除时，具体每一层次我们应该关注什么？

1. 物理层

物理层负责通过某种介质提供到另一设备的物理连接，包括端点间的二进制流的发送与接收，完成与数据链路层的交互操作等功能。物理层需要关注的是：电缆、连接头、信号电平、编码、时钟和组帧，这些都是导致链路处于 down 状态的因素。

2. 数据链路层

数据链路层负责在网络层与物理层之间进行信息传输，规定了介质如何接入和共事，站点如何进行标识，如何根据物理层接收的二进制数据建立帧。封装的不一致是导致数据链路层故障的最常见原因。当使用 display interface 命令显示端口和协议均为 up 时，我们基本可以认为数据链路层工作正常；而如果端口 up 而协议为 down，那么数据链路层存在故障。链路的利用率也和数据链路层有关，端口和协议是好的，但链路带宽有可能被过度使用，从而引起间歇性的连接失败或网络性能下降。

3. 网络层

网络层负责实现数据的分段打包与重组以及差错报告，更重要的是它负责信息通过网络的最佳路径。地址错误和子网掩码错误是引起网络层故障最常见的原因；因特网中的地址重复是网络故障的另一个可能原因。另外，路由协议是网络层的一部分，也是非常复杂的一部分，是故障排除重点关注的内容。排除网络层故障的基本方法是：沿着从源到目的地的路径查看路由器上的路由表，同时检查那些路由器接口的 IP 地址。通常，如果路由没有在路由表中出现，就应该通过检查来弄清是否已经输入了适当的静态、默认或动态路由，然后，手工配置丢失的路由或排除动态路由协议选择过程的故障以使路由表更新。

4. 高 层

高层协议负责端到端数据传输。如果确保网络层以下没有出现问题，高层协议出现问题，那么很可能就是网络终端出现故障，这是应该检查你的计算机、服务器等网络终端，确保应用程序正常工作，终端设备软硬件运行良好。

6.3.4 分块故障排除法

网络设备在构建时，实际上是按照功能进行分块的并通过配置文件体现的。例如路由器和交换机等网络设备的配置文件的组织结构，是以全局配置、物理接口配置、逻辑接口配置、路由配置等方式编排的。实际上，也可以按以下进行分块：

管理部分（如路由器名称、口令、服务、日志等）；

端口部分（地址、封装、cost、认证等）；

路由协议部分（静态路由、RIP、OSPF、BGP、路由引入等）；

策略部分（路由策略、策略路由、安全配置等）；

接入部分（主控制台、Telnet 登录或哑终端、拨号等）；

其他应用部分（语言配置、VPN 配置、QoS 配置等）。

上述分类给故障定位提供了一个原始框架，当出现某个故障现象时，我们可以把它归入上述某一类或某几类中，从而有助于缩减故障定位范围。

例如：当使用"display ip routing-table"命令，结果只显示出了直连路由，那么问题可能发生在哪里呢？看上述的分块，可以发现有三部分可能引起该故障：路由协议、策略、端口。如果没有配置路由协议或配置不当，路由表就可能为空；如果访问列表配置错误，就可能妨碍路由的更新；如果端口的地址、屏蔽或认证配置错误，也可能导致路由表错误。

6.3.5 分段故障排除法

分段故障排除法把发生故障的网络分为若干段，逐步定位网络故障。这对排除大型复杂的广域网络的故障是有效的，有助于更快的定位故障点。例如通过路由器互联的 DDN 网络，两端终端不能够互相访问，这种应用对路由器来说配置并不太复杂，而问题容易出在线路和 Modem 方面，就可以采用分段故障排除法来定位网络故障，把网络分为如下几段：

主机到路由器 LAN 接口的这一段；

路由器到 CSU/DSU 界面的这一段；

CSU/DSU 到电信部门界面的这一段；

WAN 电路；

CSU/DSU 本身问题；

路由器本身问题。

6.3.6 替换法

替换法是在检查硬件是否存在问题时最常用的方法。当怀疑网线有问题时，更换一根好的网线试试；当怀疑是接口模块有问题时，更换一个其他接口模块试试。

上面列出了网络故障排除的常用方法。针对不同的网络故障，可能使用的故障排除方法也不同。例如对大型广域网络来说，我们可能首先考虑采用分段故障排除法，找到故障发生的具体位置；然后在故障发生点，采用分层故障排除法或者其他方法来排除故障。

网络故障的成功排除不仅依赖于正确的故障排除方法，还需要技术人员具有丰富的故障排除经验和扎实的技术功底，这样才能够快速准确地定位和排除故障。

6.3.7　网络故障处理工具

计算机网络操作系统一般都会提供若干网络程序用以协助网络管理，这些程序以各种各样的形式体现，其功能和使用方法也繁简不一，通过这些程序，可以协助相关人员找到网络故障，分析网络的运行状况。主要包括以下命令：

ping 命令；

ipconfig 命令；

netstat 命令；

nbtstat 命令；

tracert 命令；

pathPing 命令；

arp 命令；

display 命令；

debug 命令。

下面将以 Windows 系统或网络设备为例分别介绍，使用时，在 Windows 系统下，点击"开始"→"运行"→"cmd"，进入命令行模式，执行相应命令，在网络设备中，根据不同命令需要在不同的视图中进行处理。

1. Ping 命令

Ping 命令在检查网络故障中使用广泛。它是一个连通性测试命令，可以测试端到端的连通性。这个命令在网络设备和 Windows 系统下都可以使用，命令格式相似，下面以 Windows 为例说明。

使用格式是在命令行提示符下键入：

Ping 被测主机 IP 地址或被测主机名

如果本机与被测主机连通，则返回应答信息（Reply from ……），否则，返回超时（Timeout）信息或其他故障信息（故障可能是网线不通、网络适配器配置不正确、网络连接被禁用或 IP 地址配置不正确等）。

1）ping 命令的用法

格式：Ping[-t][-a][-n count][-l size][-f][-i TTL][-v TOS][-r count][-s count][-j host-list]|[-k host-list][-w timeout]目的 IP 地址

常用参数说明如下：

-t 参数：不限制包的个数，即不停地发送请求包，直到用户通过按"CTRL+C"组合键中断。

-a 参数：将目标的机器名（网址）转换为口地址，即地址解析功能。

-n count 参数：要求 ping 命令连续发送数据包，直到发出并接收到 count 个请求。

-l size 参数：发送缓冲区的大小，即发送包的字节个数，默认为 32 字节。

-r count 参数：记录包经过的路由器信息，count 取 1～9。

注意，操作系统不同，提供的参数会有些不同。以上主要以 Windows 为准，如果是 Linux，可查阅其相应的帮助文档。

2）通过 ping 检测网络故障的典型次序

正常情况下，当使用 Ping 命令来查找问题所在或检验网络运行情况时，需要使用许多 Ping 命令，为此可以使用参数-t。如果所有的都运行正确，就可以确定基本的连通性和配置参数没有问题；如果某些 Ping 命令出现运行故障，它也可以指明到何处去查找问题。

现假设某主机的 IP 地址为 192.168.0.10，网关、DNS 皆为 l92.168.0.254，此时发现出现了网络连接故障，下面给出一个典型的检测次序及对应的可能故障。

（1）先诊断是否是本机 TCP/IP 协议故障。在命令提示符下输入"Ping127.0.0.1"，如果有应答，则说明本机 TCP/IP 协议安装和运行正常。

（2）如果显示"Request timed out"，则表示本机 TCP/IP 的安装或配置存在某些故障。

（3）验证网卡工作是否正常。在命令提示符下输入"ping 192.168.0.10"，如果有应答（Reply from……），则说明网卡工作正常，如果显示"Request timed out"，则表示本机 IP 配置或安装存在问题。当然，如果同一网内另一台计算机有相同的 IP 地址，也会出现这种情况，可以断开网络电缆，然后重新发送该命令。如果网线断开后本命令正确，则表示另一台计算机配置了相同的 IP 地址。

（4）检查网线是否连通。在网络协议和网卡配置正确的情况下，检测网线是否连通。在命令提示符下输入"ping 局域网相邻计算机 IP"，如"ping 192.168.0.20"，如果有应答，则表明本机网线连通正常，如果显示超时则表示网线故障，注意，这个测试是在局域网的配置正确的情况下，如果本机子网掩码不正确或被测主机网络配置错误或其他问题，都可能造成测试超时。

（5）验证 DNS 配置是否正确，连接在网络中的计算机工作时，先通过 DNS 服务器将域名转换成 IP 地址。如果看不到对应的 IP 地址，则表示 DNS 服务器的 IP 地址配置不正确或 DNS 服务器有故障。在命令行下输入 ping 域名，如果有应答，则表明 DNS 设置正确，如果没有应答，则可能的原因是 DNS 设置错误、DNS 主机关机、域名不存在、域名主机没有开机等，这时可以先通过 ping 命令测试 DNS 主机是否开机，再通过其他计算机与相同域名测试排除其他原因。

2. ipconfig 命令

ipconfig 命令可以显示 IP 协议的具体配置信息，比如显示网卡的物理地址、主机的 IP 地址、子网掩码以及默认网关等，还可以查看主机名、DNS 服务器、节点类型等相关信息，这是 Windows 的命令。

1）ipconfig **命令的用法**

命令格式如下：

ipconfig 参数

参数：

/? ：显示所有可用参数信息。

/all：显示所有的有关 IP 地址的配置信息。

/batch[file]：将命令结果写入指定文件。

/releaseall：释放网络适配器参数。

/renew all：重新设置网络适配器参数。

2）ipconfig **命令的应用**

ipconfig 命令在查看动态 TCP/IP 参数及多网卡参数中作用较大，比如自动获得 IP、ADSL 或 VPN 连接中动态建立的网络连接参数等，同时，网络 IP 地址冲突时 IP 地址的检测也可以使用此命令，通过 ipconfig 提供的信息，还可以确定存在于 TCP/IP 属性中的一些配置上的问题。例如使用"ipconfig /all"就可以获取主机的详细的配置信息，其中包括口地址、子网掩码和默认网关、DNS 服务器等信息。例如在命令提示符下输入：ipconfig/all，这时会显示出如下信息：

Windows IP Configuration

    Host Name . . . . : PC-00112

    Primary Dns Suffix　. . . . . . . :

    Node Type . . . . : Unknown

    IP Routing Enabled. . . . . : No

    WINS Proxy Enabled. . . . . : No

Ethernet adapter 本地连接：

    Connection-specific DNS Suffix. :

    Description . . . . : Realtek RTL8139 Family PCI Fast Ethernet NIC

    Physical Address. . . . . : 00-26-566-639-CB-A8

    Dhcp Enabled. . . . . : No

    IP Address . . . . : 192.168.0.162

    Subnet Mask . . . . : 255.255.255.0

    Default Gateway . . . . : 192.168.0.1

    DNS Servers . . . . : 61.153.177.200

                          61.153.177.202

它表明了该主机的 IP 地址为 192.168.0.162，MAC 地址为 00-26-55-39-CB-A8。子网掩码为 255.255.255.0，缺省网关为 192.168.0.1，DNS 服务器为 61.153.177.200，同时它也能反映出计算机的名称（Host Name）为 PC-00112。

通过所获知的信息，可以迅速判断出网络的故障所在。例如子网掩码为 0.0.0.0 时，则表示局域网中的 IP 地址可能有重复的现象存在；如果返回的本地 IP 地址显示为 169.254.X.X，子网掩码为 255.255.0.0，则表示该 IP 地址是由 Windows XP 的自动分配的。这意味着 TCP/IP 未能找到 DHCP 服务器，或是没有找到用于网络接口的默认网关。如果返回的本地 IP 地址显示为 0.0.0.0，则既可能是 DHCP 初始化失败导致 IP 地址无法分配，也可能是因为网卡检测到缺少网络连接或 TCP/IP 检测到 IP 地址有冲突而导致的。

3. netstat 命令

netstat 用于显示与 IP、TCP、UDP 和 ICMP 协议（均是 TCP/IP 协议族中的协议）相关的统计数据，一般用于检验本机各端口的网络连接情况。例如显示网络连接、路由表和网络接口信息，得知目前总共有哪些网络连接正在运行，这是 Windows 的命令。

netstat 命令格式如下：

Netstat [-a][-e][-n][-s][-p proto][-r][interval]

netstat 命令主要用于网络统计与诊断，现以主机名为 PC-00120 的主机为例来解释常用参数如下：

-s 参数：显示每个协议的统计信息。默认情况下，显示 TCP、UDP、ICMP 和 IP 的统计信息。可以和参数-p 配合指定某个特定协议，也可以和参数-e 配合显示 IP、ICMP、TCP 和 UDP 协议的统计数据。

如果网络运行速度比较慢，或者不能显示 Web 页的数据，可以用参数-s 来查看一下所显示的信息。仔细分析故障的原因，找到出错的关键，进而确定问题所在。带-s 参数的命令执行后，将 TCP、UDP、ICMP 和 IP 协议的基本信息都显示出来了，如接收了多少数据包，多少字节，有多少出错，有多少 TCP 端口打开，有多少 UDP 端口打开等信息。

-a 参数：以名字形式显示所有连接和侦听端口。

-n 参数：以 IP 地址形式显示地址和端口号（注意和-a 的区别）。

-r 参数：显示路由表的信息。详细显示目的网络经过哪个网关、接口等路由信息。

-e 参数：显示 Ethernet 接口统计数据。该参数可以与-s 选项结合使用用于显示关于以太网的统计数据。它列出的项目包括传送的数据报的总字节数、错误数、删除数、数据报的数量和广播的数量。这些统计数据既有发送的数据报数量，也有接收的数据报数量。这个选项可以用来统计一些基本的网络流量。

-proto 参数：显示由 proto 指定的协议的统计数据。proto 可以是 TCP 或 UDP，如果与-s 选项一同使用可显示每个协议的统计，proto 可以是 TCP、UDP、ICMP 或 IP。

interval 参数：interval 是以秒为单位的时间数。此参数使 netstat 命令以 interval 给定的时间间隔执行，按"CTRL+C"组合键停止。例如每过 30 s 检查一次计算机当前 TCP 连接的状态，使用 netstat 30-ptcp，这样 netstat 就会每 30 s 报告一次 TCP 端口的信息。

若接收错和发送错分组接近为零或全为零，认为网络的接口无问题，但当这两个字段有 100 个以上的出错分组时就可以认为是高出错率。高的发送出错率表示本地网络饱和或在主机与网络之间有不良的物理连接，高的接收出错率表示整体网络饱和、本地主机过载或物理连接有问题，可以用 Ping 命令统计误码率，进一步确定故障的程度。

4. nbtstat 命令

nbtstat 命令和 netstat 命令相近，只是它使用 NBT（TCP/IP 上的 NetBIOS）显示协议统计和当前 TCP/IP 连接，这是 Windows 下的命令。

其命令格式如下：

nbtstat[-a RemoteName][-A IP address][-c][-n][-r][-R][- RR][-s][-S][interval]

常用参数如下：

-a RemoteName 参数：使用远程计算机的名称列出其名称表。此参数可以通过远程计算机的 NetBIOS 名来查看当前状态。

-A IP Address 参数：使用远程计算机的 IP 地址并列出名称表。和参数-a 不同的是-A 使用 IP，其实，-a 就包括了-A 的功能。

-c 参数：对于给定远程计算机名称或 IP 地址，列出 NetBIOS 缓存的内容。此参数表示在本地计算机的 NetBIOS 缓存中连接过的计算机的信息。

-n 参数：列出本地 NetBIOS 名称。此参数和-a 类似，只是这个参数是检查本地计算机的，如果把-a 后面的 IP 换为自己的 IP 就和-n 效果一样。

-r 参数：列出 Windows 网络名称解析（WINS）的名称解析统计。在配置使用 WINS 的 Windows2000 计算机上，此选项返回要通过广播或 WINS 来解析和注册的名称数。

-R 参数：清除 NetBIOS 名称缓存中的内容（通过 nbtstat -c 看到的），重新装入 Lmhosts 文件内容。

-S 参数：以目的计算机 IP 地址列出会话表。可以查看计算机当前正在会话的 NetBIOS。

5. tracert 命令

当数据报从本地计算机经过多个网关传送到目的地时，tracert 命令可以用来跟踪数据报经过的路径信息，这是 Windows 和网络设备都有的命令。

该命令跟踪的路径是源计算机到目的地的一条路径。需注意的是：以后的数据报并不总是遵循这个路径。如果配置使用 DNS，会看到所经过路由器的域名。Tracert 是一个运行得比较慢的命令（如果指定的目标地址比较远的话），经过的每个路由器大约需要 15 s。

命令格式如下：

tracert IP 地址或主机名参数

命令的参数如下：

-d：不解析目标主机的名字。

-h：maximum hops：指定搜索到目标地址的最大跳跃数。

-j：host list：按照主机列表中的地址释放源路由。

-w：timeout：指定超时时间间隔，单位为毫秒。

举例说明：

tracert www.baidu.com.cn

测试结果如下：

Tracing route to www.a.shifen.com [119.75.218.70] over a maximum of 30 hops：

1	*	*	*	Request timed out.
2	<1 ms	<1 ms	<1 ms	10.48.1.100
3	4 ms	3 ms	3 ms	61.232.197.1
4	1 ms	1 ms	1 ms	222.41.131.69
5	2 ms	2 ms	2 ms	222.41.131.49
6	1 ms	1 ms	1 ms	61.236.216.109
7	33 ms	32 ms	33 ms	61.237.121.93
8	32 ms	33 ms	32 ms	61.233.9.202
9	69 ms	69 ms	74 ms	222.35.251.110
10	42 ms	40 ms	40 ms	222.35.251.202
11	69 ms	188 ms	146 ms	192.168.0.5
12	42 ms	33 ms	34 ms	10.65.190.131
13	63 ms	64 ms	65 ms	119.75.218.70

Trace complete.

tracert 命令通过向目标计算机发送具有不同生存时间（TTL）的数据，确定到目标计算机的"路径"，或用来检测网络中哪段出现了故障。但 tracert 命令只能确定哪段出现了问题，而不能给出具体的故障原因。

tracert 命令最多可以展示 30 个"跳"（hops），同时显示出路由上每一站的反应时间、站点名称和 IP 地址等重要信息。但是如果得到了其他不必要的信息。或者在一个路由上出现了"*"和"Requesttimed out"等信息，则很可能该路由器拒绝 tracert 操作。

6. pathPing 命令

pathPing 命令是一个路由跟踪工具，它将 Ping 和 tracert 命令的功能和这两个工具所不提供的其他信息结合起来。pathPing 命令在一段时间内将数据包发送到达最终目标的路径上的每个路由器，然后基于数据包的计算机结果从每个跃点返回。由于命令显示数据包在任何给定路由器或链接上丢失的程度，因此可以很容易地确定可能导致网络问题的路由器或链接，这是 Windows 的命令。

命令格式如下：

PathPing IP 地址或主机名参数

命令的参数如下：

-n Hostnames：不将地址解析成主机名。

-h Maximumhops：搜索目标的最大跃点数。

-s Host-list：沿着路由列表释放源路由。

-P Period：在 Ping 之间等待的秒数。

-q Num_queries：每个跃点的查询数。

-w Time-out：为每次回复所等待的秒数。

当运行 pathPing 时，在测试问题时首先查看路由的结果，此路径与 tracert 命令所显示的路径相同；然后从列出的所有路由器和它们之间的链接之间收集信息。工作结束时，它显示测试结果。

7. arp 命令

arp 命令用于确定对应 IP 地址的网卡物理地址。这是 Windows 和网络设备都有的命令，但这个命令在 Windows 和网络设备中的作用稍有不同，下面以 Windows 为主介绍。

使用 arp 命令，能够查看本地计算机或另一台计算机的 ARP 高速缓存中的当前内容。此外，使用 arp 命令，也可以用人工方式输入静态的网卡物理/IP 地址对，对网关和本地服务器等主机进行这项操作，有助于减少网络上的信息量。

命令格式如下：

arp + 参数

命令的参数如下：

-a[IP]：显示与接口相关的 ARP 缓存项目。

-s[IP]：物理地址：向 ARP 高速缓存中人工输入一个静态项目。该项目在计算机引导过程中将保持有效状态，或者在出现错误时，人工配置的物理地址将自动更新该项目。

-d IP：人工在 ARP 缓存中删除一个静态项目。

arp 命令通常用来查看和修改本地计算机上的 arp 列表。arp 命令对于查看 arp 缓存和解决地址解析问题非常有用。

8. display 命令

display 命令可以显示交换机或路由器的配置信息，这是网络设备的命令。不同设备的 display 后跟参数不一样，可以通过 display ？显示可用的内容，在不同视图下，display ？显示的可用参数也不同，可以根据实际情况选择使用。如 display version 命令用于显示网络设备的版本信息，display current-configuration 用于查看当前的配置信息，display interface 命令可以显示所有接口的状态等。

9. debugging 命令

Debugging 命令可以打开或关闭调试开关，是网络设备的命令。在配置网络设备或网络设备运行过程时，显示配置或运行过程中的参数、事件等信息，使得能够了解设备运行过程中发生的事情，可以帮助用户在网络发生故障时获得网络设备中交换的报文和帧的细节信息，这些信息对网络故障的定位是至关重要的。

用户要打开调试开关，命令格式为：

在用户视图下：

<Huawei>debugging {要跟踪的内容}

例如：要了解开启 ospf 后出现的各种事件，可以写：

<Huawei>debugging ospf event

关闭时，在用户模式下：

<Huawei>undo debugging ospf event   //关闭 ospf event 调试开关。

或

<Huawei>undo debugging all   //关闭所有的调试开关。

显示当前 debugging 的使用情况：

<Huawei>display debugging

由于调试信息的输出在 CPU 处理中赋予了很高的优先级，许多形式的 debugging 命令会占用大量的 CPU 运行时间，在负荷高的路由器上运行 debugging 命令可能引起严重的网络故障（如网络性能迅速下降）。但 debugging 命令的输出信息对于定位网络故障很重要，使用时需要注意：

（1）尽可能使用 debugging 命令来查找故障，而不是用来监控正常的网络运行；

（2）尽量在网络使用的低峰期或网络用户较少时使用，以降低 debugging 命令对系统的影响性；

（3）在没有完全掌握某 debugging 命令的工作过程以及它所提供的信息前，不要轻易使用该 debugging 命令；

（4）当网络故障范围比较小时，使用特定的 debugging 命令查找故障。也就是说命令所指要清楚、明确，尽可能少用 "all" 等范围较大的查找。例如：要查看帧中继的报文的调试信息时，最好使用带接口参数的 debugging 命令 "debugging fr packet interface s0/0/0"（这将打开串口 0 的帧中继报文调试开关），而不使用 "debugging fr packet"（这将打开所有串口的帧中继报文调试开关）。这样一方面可以减少 debugging 命令对路由器性能的影响，一方面减少了许多无用信息的输出，有利于更加迅速定位故障。

（5）在使用 debugging 命令获得足够多的信息后，应尽快用 "undo debugging xx" 命令终止 debugging 命令的执行。

（6）可以使用 display debugging 命令查看当前已打开的调试开关，不用时使用相应命令关闭；也可以使用 undo debugging all 命令关闭所有调试开关。

以上所介绍的网络中常用命令只是网络管理和维护中的一小部分，在实际使用中，要参考相应网络设备的管理手册。

思考与练习

1. 配置 SNMP 时，默认的版本号是多少？

2. 代理进程 Agent 发送 trap 信息给 NMS 时，目的端口号是多少？

3. Debugging 命令作用是什么？使用时的注意事项是什么？

任务 7.1　BGP 协议原理及配置

在任何网络中都有路由的概念，从公路网、铁路网到我们平时拨打电话用的传统电信网络都离不开路由。一条路由就是从源地址到目的地址的一条通路，在电话网络中电话号码是按照地域分级的，所以可以根据电话号码从大到小逐级查找，最终找到到达目的地的通路。而 IP 网络与此不同，IP 网络的开放性、自由性以及 IP 地址的分配方式等，决定了我们无法根据 IP 地址像传统电信网络一样建立和查找路由。

在 Internet 刚刚开始建立时，整个网络都是很小的，可以使用手工配置静态路由的方法来建立路由表，随着 Internet 的迅速发展，其规模越来越大，并且 Internet 提供的是动态的链接，可能因各种原因中断然后又重新建立，所以路由信息是在不断变化的。在一个较大的网络中使用静态路由使用手工的方法已经不可能实时做到反映这些变化，必须让网络能够按照某种方法自动地建立路由，所以也就产生了相应的动态路由协议。

Internet 并不是完全由一个组织从上而下建立起来的，而是一些网络自下而上互相链接而构成的。为了便于管理，Internet 被划分为若干自治系统（Automomous Syetem）。自治系统是由同一个技术管理机构管理，使用同一路由策略的一些路由器的集合，简称 AS。如 CHINANET CERNET 等用一个 1~65 535 范围内的整数来标志由 InterNIC 统一分配 AS 号，分为私有 AS 号和公有 AS 号，实际上在一个管理机构管理的大的网络中，为了便于管理也会划分不同的 AS。一般使用私有 AS 号在 AS 内运行内部路由协议 IGP，在 AS 间运行外部路由协议 EGP。所以动态路由协议分为内部路由协议，外部路由协议。内部路由协议主要有 RIP、OSPF、IS-IS、IGRP、EIGRP 等，外部路由协议主要有 EGP、BGP 等。

另一种动态路由分类的方法是根据路由算法分为距离矢量路由协议（如 RIP、BGP 等）和链路状态路由协议（如 OSPF、IS-IS 等）。

BGP（Border Gateway Protocol）边界网关协议是一种外部路由协议，边界指的是自治系统的边界，用于在自治系统间传播路由信息。BGP 通过在路由信息中增加 AS 路径和其他等附带属性信息来构造自治系统的拓扑图，从而消除路由环路。实施用户配置的策略，其着眼点是选择最好的路由并控制路由的传播，而不在于发现和计算路由，发现和计算路由属于 IGP 的工作范围。

7.1.1　BGP 原理

1. BGP 邻居

由于 BGP 运行在整个互联网当中，BGP 路由器要传递庞大路由信息，因此需要使

BGP 路由器之间的路由传递具有高可靠性和高准确性，所以 BGP 路由器之间的数据传输使用了 TCP 协议，端口号为 179，这里指的是会话的目标端口号为 179，而会话源端口号是随机的。

由于 BGP 使用了 TCP 协议传递，所以两台路由器只要能够正常通信，就能建立起 BGP 邻居。但是 BGP 的邻居要手工指定。

BGP-speaker：也可以叫 BGP 路由器或 BGP 发言者，是指配置了 BGP 进程的路由器。

BGP-peer：当两台 BGP-speaker 形成了邻居之后，就被称为 BGP-peer。

例：如图 7-1 所示 R1 与 R2 都为 BGP 邻居。

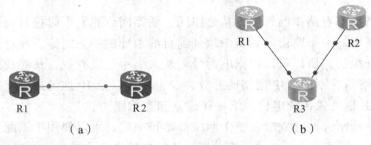

图 7-1　BGP 邻居

2. BGP 的消息类型

BGP 所有的消息都采用单播的方式经 TCP 连接传递给邻居。

BGP 使用以下 4 种消息类型：

open（打开）消息；

keepalive（保持激活）消息；

update（更新）消息；

notification（通告）消息。

3. BGP 几种状态

BGP 建立邻居后，通过发送 keepalive 消息来维持邻居关系，每 60 s 一次，Hold time 为 180 s，即 180 s 没有收到邻居的 keepalive 消息后，便认邻居消失，则断开与邻居的连接。

BGP 在建立邻居关系时，经历以下几个过程：

Idle：BGP 进程被启动或被重置，这个状态是等待开始；

Connect：检测到有 peer 要尝试建立 TCP 连接；

Active：尝试和 peer 建立 TCP 连接，如有故障，回到 Idle；

opensent：TCP 连接已建立，BGP 发送一个 OPEN 消息给对方 peer，然后切换到 opensent 状态，如果失败，则切换到 active 状态；

Openconfirm：收到 peer 的 OPEN 消息，并等待 keepalive 消息，收到 keepalive 则转为 Established，如果收到 notification 则回到 idle 状态；

Established：从对端 peer 收到 keepalive，并开始交换数据收到 keepalive 后，hold timer 都会重置，如果收到 notification 就会回到 Idle 状态。

4. BGP 更新源

由于 BGP 不能主动在网络中寻找邻居，必须手工指定邻居的地址，BGP 会将数据包发往指定的地址，来请求建立邻居，除此之外 BGP 发送的请求数据包除了写明目标 IP 地址外，还要写上自己的 IP 地址，即 BGP 源地址。为了 BGP 的稳定性，采用逻辑端口来建立 BGP 邻居，即 loopback 端口。

5. BGP TTL

一台 BGP 路由器，只能属于一个 AS，在建立 BGP 邻居时，自己和对方路由器属于同一个 AS，则邻居关系为 internal BGP（iBGP），如果属于不同 AS 则邻居关系为 external BGP（eBGP）。考虑到安全问题，BGP 建立外部邻居时要求邻居必须与自己直接，而 iBGP 则可以是任意距离，这是通过控制 BGP 数据包的 TTL 来实现的。EBGP 建立邻居时发送的数据包 TTL 为 1，而 iBGP 建立邻居时的 TTL 为最大，即 255。但是建立 eBGP 的 TTL 值可以修改，最大 255。

6. BGP AS-path

BGP 的路由可能穿越多个 AS，运行 BGP 的网络通常非常大，因此，从一个 AS 出去的路由，可能在经过几次转发后又会回到原来的 AS 中，最终形成环路。因此 BGP 在将路由发给 eBGP 邻居时，会将自己的 AS 号写在路由中，eBGP 邻居收到路由后，再发给他的 AS 邻居时，除了保留之前的 AS 号码，也会把自己的 AS 号码写入其中，这样在路由中就形成了 AS-path。如图 7-2 所示，一条路由从 AS 10 发出后，到达 AS 20 后，AS-path 为 "10"，到达 AS 40 后，AS-path 为 "20，10"，到达 AS 50 后，AS-path 为 "40，20，10"。而 AS 40 将路由发给 AS 30 时，AS-path 为 "40，20，10"，由 AS 30 把路由再传回到 AS 10 时，AS-path 为 "30，40，20，10"，AS10 收到路由后，发现有自己的 AS 10 会丢弃此路由。

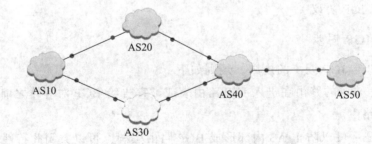

图 7-2　BGP AS-path

7. iBGP 防环

eBGP 可以通过 AS-path 来防环，iBGP 防环机制为：一台 BGP 路由器从 iBGP 邻居收到的路由，不能传递给其他的 iBGP 邻居，只能传递给 eBGP。

如图 7-3 所示，R4 从 R6 收到的路由，会转发给 R3 和 R5，但是 R3，R5 不会把路由转发给 R2。由于 R1 是 R3 的 eBGP 邻居，所以，R1 有从 AS30 来的路由。要让 R2 收到 AS30 的路由，就需要让 R2 与 R4 建立 BGP 会话，即 R4 与 R2 之间也要建立邻居关系。

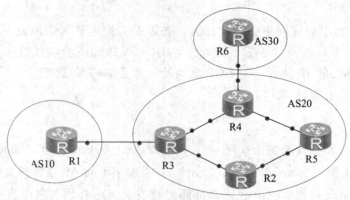

图 7-3　iBGP 防环

除此之外也可以用 BGP router-reflector 和 BGP confederation 的方式来实现路由全网传递。

8. BGP 路由表

运行了 BGP 协议的路由器会把由 BGP 得到的路由与普通路由分开存放，所以 BGP 会有两张路由表，一张是存放普通路由的路由表，即 IGP 路由表，通过 show ip route 可以看到；另外一张就是 BGP 路由表，通过 show ip bgp 查看。若要让 BGP 邻居之前传递 BGP 路由，需要 BGP 路由表中有路由才行。路由加入 BGP 路由表通过以下几种方法：

（1）将 IGP 路由导入 BGP 路由表；

（2）将其他路由重分布进 BGP；

（3）通过邻居获得。

BGP 的邻居分为两种，eBGP 和 iBGP。所以 BGP 的路由的 AD 值也有区分，如果路由是从 eBGP 学到的，AD 值为 20（优于任何 IGP 协议）；从 iBGP 学到的路由 AD 值为 200（优先级低于任何 IGP 协议）。

9. IBGP 与 IGP 同步

BGP 有 IBGP 与 IGP 同步的规则，规则如下：

学习自 IBGP 邻居的路由在进入 IGP 路由表或被宣告给 BGP 对等体之前，必须首先通过 IGP 来知晓该路由。

此规则作用是：可以防止 AS 内部形成 BGP 路由黑洞，可以关闭此特性。

7.1.2　BGP 路径属性

路径属性是宣告 BGP 路由的特性。对于 IGP 路由协议，有多条路径可以到达同一目的地时，则根据最小 metric 值来选择最优路径。而 BGP 会比较 BGP 路径属性值。BGP 路径属性可以划分为以下四类：

公认强制（well-known mandatory）；

公认自选（well-known discretionary）；

可选可传递（optional transitive）；

可选不可传递（optional nontransitive）。

1. 公认强制（well-known mandatory）

公认强制属性是所有运行 BGP 路由器都必须支持的属性。并且在将路由信息发给其他 BGP 邻居时，必须在路由中写入公认强制属性。没有公认强制属性的路由被 BGP 路由器视为无效而丢弃。此类型的 BGP 路由属性有三个：Origin，next_hop，AS_path。

1）Origin 属性

Origin 是公认强制属性，指定了路由的更新来源。它是确定优选路由的因素之一，Origin 属性指定的路由来源有如下几种：

IGP：NLRI 是从源 AS 的协议中学到的，拥有最高优先级，如果路由是通过 network 语句从 IGP 路由表中学到的，那么该 BGP 路由的源就是 IGP。

EGP：NLRI 是从外部网关协议中学到的，EGP 的优先级次于 IGP。

不完全的（incomplete）：NLRI 是从其他渠道学习到的，拥有最低优先级，BGP 通过重分发制学习到的路由将携带不完全路由来源属性。

2）AS_path 属性

AS_path 属性为公认强制属性，该属性利用一串 AS 号来描述去往由 NLRI 指定的目的地的 AS 间路径或路由。通常会选择 BGP AS_path 短的路由，但是特殊情况下必须要选择 AS_path 长的路由，可以通过修改 AS_path 属性来决定路由的选择。AS_path 可以用来防环路，如果一台 BGP 路由器从其外部邻居收到路由的 AS_path 中包含自己的 AS 号，则丢弃该路由。AS_path 还可以分为以下两种类型：

AS_SEQUEENCE：一个有序的 AS 号列表（平常所知）；

AS_SET：一个去往特定目的地所经路径上的无序 AS 号列表。

3）next_hop 属性

next_hop 属性，公认强制属性。描述了下一跳路由器的 IP 地址。BGP 的 next_hop 属性所描述的 IP 地址并不总是邻居路由器的 IP 地址，规则如下：

（1）如果宣告路由器与接收路由器位于不同自治系统中（外部对等体），那么 next_hop 是宣告路由器的接口 IP 地址，如图 7-4 所示。

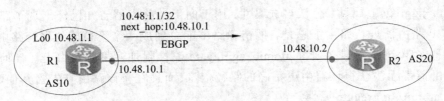

图 7-4　外部对等体的 next_hop

（2）如果位于同一自治系统中（内部对等体），且 update 消息的 NLRI 指向的是同一 AS 内的目的地，那么 next_hop 是宣告路由器的 IP 地址，如图 7-5 所示。

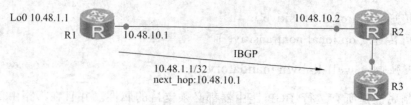

图 7-5　内部对等体的 next_hop

（3）如果位于同一自治系统中，且 update 消息的 NLRI 指向的是不同 AS 内的目的地，那么 next_hop 是外部对等体的 IP 地址，如图 7-6 所示。

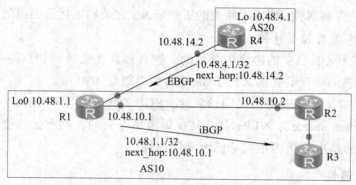

图 7-6　不同 AS 的 next_hop 内部对等体

2. 公认自选（well-known discretionary）

公认自选属性并不像公认强制属性那么严格，任何一台运行 BGP 的路由器都必须支持公认自选属性，必须理解和认识公认自选属性，但是为路由写入公认自选属性并不是必须的，是否要为路由写入公认自选属性可以自由决定。为路由写上公认自选属性之后，所有 BGP 路由器都能认识和理解，并且都会自动保留和传递该属性。例如：local-pref，atomic_aggregate。

1）local_pref 属性

local_pref 是本地优先级的缩写，公认自选属性，仅用于内部对等体之间的 update 消息，不会被传递到其他的 AS，该属性用来向 BGP 路由器通告某被宣告路由的优先等级。Local_pref 越大，优先级越高。

2）atomic_aggregate 属性

atomic_aggregate 属性，公认自选属性，用于向下游路由器告知已经出现了路径丢失情况。即 BGP 路由器进行路由汇总是，把精确路由汇总到成一个不精确的聚合路由，都将丢失路径信息。BGP 路由器必须将 atomic_aggregate 属性附加到聚合路由上。任何接收到此路由的路由器都无法获得该路由更精确的路径信息，而且在将该路由宣告给其他对等体时，必须加上 atomic_aggregate 属性。

3. 可选可传递（optional transitive）。

并不是所有运行 BGP 的路由器都能理解和支持可选可传递属性，路由的可选可传递属性是任意写入的，其他 BGP 路由器并不一定能理解，也并不一定能保留和传递该属性，但是当为路由设置了可选可传递属性后，可以明确要求 BGP 路由器保留和传递该属性。例如：aggregator，community。

1）aggregator 属性

当设置 atomic_aggregate 属性时，BGP 路由器还可以附加 aggregator 属性，该可选传递性属性包含了 AS 号及发起路由聚合的路由器 IP 地址。

2）community 属性

community 属性，可选传递性属性，用于简化策略的执行。例如，ISP 可能会为其所有客户的路由都分配一个特定的 community 属性，之后，该 ISP 就可以基于 community 值（而不是每条路由），来设置 local_pref 和 med 属性了。

Community 属性是一组 4 个 8 位组的数值，可以用 1 ~ 4 294 967 295 之间的数字表示也可以用 AS：NN 表示，NN 是自定义的数值。

4. 可选不可传递（optional nontransitive）

如果是可选不可传递属性，无法识别该属性的 BGP 进程可以忽略 Update 消息中包括的该属性，并且不将该路由路径传递给 BGP 邻居。例如：multi_exit_dis（MED），originator_id，cluster_list。

1）multi_exit_dis 属性

multi_exit_dis（MED）属性，可选非传递属性。类似于 metric 值，优选 med 值小的路由。

2）originator_id 属性和 cluster_list 属性

originator_id 属性和 cluster_list 属性都是可选非传递性属性，在配置 RR（route-reflector，路由反射器）时使用。

originator_id 是一种由路由反射器创建的可选非传递性属性，是本地 AS 中路由发起者的路由器 ID。如果路由发起者在接收到的 update 消息中包含自己的 RID，则忽略该 update 消息。

cluster_list 是一种可选非传递性属性，用于记录簇 ID，就像 AS_path 记录 AS 号一样。当 RR 将来自客户的路由反射给非客户时，同时将其簇 ID 附加到 cluster_list 中，如果 cluster_list 为空，则 RR 将创建一个 cluster_list。RR 接收到 update 消息后就会检查 cluster_list，如果发现其簇 ID 位于簇列表中，则知道已经出现了路由环路，从而忽略该 update 消息。

7.1.3 BGP 选路规则

默认情况下，到达同一目的地，BGP 只走单条路径，并不希望在多条路径之间执行负载均衡。当 BGP 路由表中有多条路径可以到达同一目的地时，需要比较路由条目中的路径属性。BGP 的每条路由都带有路径属性，对于通过比较路径属性来选择最优路径，BGP 需要在多条路径之间按照一定的顺序比较属性，当多条路由的同一属性完全相同时，需要继续比较顺序中的下一条属性。BGP 在选择最优路径时，需要按照以下顺序来做比较：

（1）最高 Weight 值。

选择最高 Weight 值的路由，Weight 值为思科专有，并且只在本地路由器生效，默认值为 0，本地发起路由为 32 768。

（2）最高 local_pref 值。

如果 Weight 值相同，则选择拥有最高 local_pref 值的路由，默认为 100。

（3）本地发起路由。

local_pref 值也相同，则优选 BGP 本地发起的路由，也就是下一跳为 0.0.0.0 的路由。

（4）最短 AS_path。

如果本地发起路由无法比较出最优路由，则选择拥有最短 AS_path 的路由。

（5）最低 Origin 类型。

如果 AS_path 也相同，则优选路由来源编码最低的路径，IGP 低于 EGP，EGP 低于 incomplete（不完全的）。

（6）最小 med 值。

如果 Origin 类型无法比较出最优路径，则选择拥有最小 med 值的路由，并且只有当多个下一跳邻居在同一 AS 时才比较 med 值。

（7）eBGP 优于 iBGP。

如果 MED 无法比较出最优路径，则选择下一跳为 eBGP 的邻居而不选择 iBGP 邻居。优选 eBGP，次选联盟 EBGP，最后选择 IBGP。

（8）最小 IGP metric 到达下一跳的路由。

如果上面的属性仍然相同，则优选到 BGP next_hop 最近的路由，该路由是去往下一跳路由器 IGP 度量值最小的路由。

（9）负载均衡。

BGP 并不是不能负载均衡的，如果上面的属性也相同，则执行负载均衡。但是必须之前的属性完全相同，并且开启了负载均衡。否则继续比较下一属性。

（10）如果下一跳都为 eBGP，则选择最早学习到的路由（时间最长的）。

为了防止路由翻动，所以选择最早学习到的路由。

（11）最低 router-id 下一跳。

拥有最低 router-id 的下一跳路由将被选为最优路由。

（12）最短的 cluster-list。

如果在配置有 RR 的大型 BGP 网络环境中，拥有多个 RR，则选择最少 RR 的路径。

（13）最小下一跳邻居地址。

如果之前所有的属性都无法选出最优路径，则会选择下一跳的邻居地址最小的路由，也就是建立邻居时所指的地址。也是邻居和自己建立 TCP 连接时所使用的源地址。

7.1.4　大型网络的 BGP

管理大规模 BGP 对等应用的几种方法：

对等体组（peer group）；

团体（community）；

路由反射器（route reflector）；
联盟（confederation）。

1. 对等体组（peer group）

对于大规模的 BGP 互联网络来说，通常需要对多个对等体实施相同路由策略，此时可以将这些共享相同策略的对等体加入对等体组（peer group）就可以大大简化相应的配置和管理工作。

2. 团体（community）

与对等体组是对一组路由器实施路由策略不同，团体是对一组路由实施路由策略。可以为一条路由设置多个 community 属性，路由器在接收到一条拥有多个 community 属性的路由后，既可以基于全部属性来设置路由策略，也可以基于部分属性来设置路由策略。当包含 community 的属性的路由被聚合之后，聚合路由将继承所有被聚合路由的 community 属性。

3. 路由反射器（route reflector）

当 AS 内部包含了大量 IBGP 对等体时，路由反射器将非常有用，除非 EBGP 路由被重分发进自治系统的 IGP，否则所有的 IBGP 对等体之间都必须建立全连接关系，如果 6 台路由器建立全连接的 IBGP，需要 15 条 IBGP 连接。

路由反射器为全连接的 IBGP 对等体提供了一种可选替代方案：将某台路由器配置为 RR，其他 IBGP 路由则被称为客户，客户不再需要与每台 IBGP 都建立对等体关系，只要与 RR 建立对等体关系即可，路由反射器及其客户被共同称为簇（cluster）。

上述方法中只有一个 RR，会给整个系统带来单点故障问题，因此从冗余角度来看，一个簇中可以拥有多台 RR。

一个 AS 也可以有多个路由反射簇，簇之间也可以实现冗余互连。

一个簇里的 RR 也可以是其他簇的客户，因此可以构建嵌套式的路由反射簇

BGP 规则要求 BGP 不能将学习自内部对等体的路由转发给其他内部对等体。但是路由反射器放宽了该规则，为了防止环路出现，路由反射器必须使用两种 BGP 路径属性：originator_id 和 cluster_list。

前面已介绍过这两种属性，这里不再赘述。

4. 联盟（confederation）

联盟是另一种控制大量 IBGP 对等体的方法，它就是一个被细分为一组子自治系统[被称为成员自治系统（member autonomous systems）]的 AS。

BGP 会为联盟分配一个联盟 ID，该联盟 ID 被联盟之外的对等体视为整个联盟的 AS 号。

联盟增加了两种类型的 AS_path：

AS_confed_sequence：一个去往特定目的地所经路径上的有序 AS 列表，其用法与 AS_sequence 完全一样，区别在于该列表中的 AS 号属于本地联盟中的自治系统。

AS_confed_set：一个去往特定目的地所经路径上的无序 AS 号列表，其用法与 AS_SET 完全一样，区别在于该列表中的 AS 属于本地联盟中的自治系统。

7.1.5 配置举例

1. 启动 BGP 进程（指定本地 AS 号）

[Huawei]bgp ?
INTEGER<1-4294967295> AS number in asplain format （number<1-4294967295>）指定 2 字节 AS 号
STRING<3-11> AS number in asdot format（number<1-65535>.number<0-65535>）4 字节 AS 号

在 BGP 对等体建立后，改变 BGP 的 Router ID 会导致 BGP 对等体关系重置。为了提高网络的稳定性，建议将 Router ID 手动配置为 Loopback 接口地址。

当 BGP 设备各个接口连接的都是位于同一 AS 中的设备时，其运行的是 IGBP；当设备至少有一个接口连接的是其他 AS 中是设备时，其运行的是 EBGP。每台 BGP 设备只能运行在一个 AS 内，即只能指定一个本地 AS 号；BGP 是单进程协议，所有没有进程号，只能用所处的 AS 号来标识。BGP 进程配置就是为 BGP 指定所处的 AS 号。

2. 设置 BGP 设备的路由 ID

[Huawei]bgp 100
[Huawei-bgp]router-id 1.1.1.1

缺省情况下，BGP 选择 Router ID 依次优选系统视图下配置的 Router ID、Loopback 接口最大的 IP 地址、接口最大 IP 地址、IP 地址 "0.0.0.0"。

3. BGP 对等体配置

（1）创建 BGP 对等体。

[Huawei]bgp 100
[Huawei-bgp]peer 10.10.10.10（对等体[对端]的 IP 地址）as-number 100（对等体[对端]所属 AS）

（2）设置 BGP 对等体之间建立 TCP 连接的源接口和源地址（缺省使用与邻居直连的物理接口作为 TCP 连接的本地接口）

[Huawei-bgp]peer 10.10.10.10 connect-interface GigabitEthernet 0/0/1 ?
IP_ADDR <X.X.X.X>   Specify IPv4 source address
Please press ENTER to execute command

（3）设置建立 EBGP（非 IBGP）连接允许的最大跳数（缺省允许的最大跳数为 1，即只能在物理直连链路上建立 EBGP 连接）。

[Huawei-bgp]peer 10.10.10.20 ebgp-max-hop 3
（4）设置对等体描述（可选）。

[Huawei-bgp]peer 10.10.10.20 description test
（5）使能 IPv4 组播功能（可选）。

[Huawei-bgp]ipv4-family ? multicast
Multicast   Specify multicast address family

unicast	Specify unicast address family
vpn-instance	Specify VPN instance
vpnv4	Specify VPNv4 address family

（6）设置组播 MP-BGP 对等体（可选）。

[Huawei-bgp-af-multicast]peer 1.1.1.2 enable

配置 BGP 对等体时，如果指定对等体所属的 AS 编号与本地 AS 编号相同，表示配置 IBGP 对等体。如果指定对等体所属的 AS 编号与本地 AS 编号不同，表示配置 EBGP 对等体。为了增强 BGP 连接的稳定性，推荐使用路由可达的 Loopback 接口地址建立 BGP 连接。当使用 Loopback 接口的 IP 地址建立 BGP 连接时，建议对等体两端同时配置命令 peer connect-interface，保证两端 TCP 连接的接口和地址的正确性。如果仅有一端配置该命令，可能导致 BGP 连接建立失败。当使用 Loopback 接口的 IP 地址建立 EBGP 连接时，必须配置命令 peer ebgp-max-hop（其中 *hop-count* ≥ 2），否则 EBGP 连接将无法建立。

若需要对大量对等体进行相同配置，可以通过配置 BGP 对等体组减轻配置工作量。

4. BGP 对等体组配置

（1）创建对等体组。

[Huawei]bgp 100

[Huawei-bgp]group ?

[Huawei-bgp]group test ?

    external   Create an external group   # 创建 EBGP 对等体组

internal   Create an internal group   # 创建 IBGP 对等体组（默认）

    Please press ENTER to execute command

（2）设置 EBGP 对等体组的 AS 号（可选，如果是 IBGP 对等体组则不用配置）。

[Huawei-bgp]peer test（对等体组名称）as-number 100

（3）向对等体组中加入对等体。

[Huawei-bgp]peer 10.10.10.10 group test

（4）指定 BGP 对等体之间建立 TCP 连接会话的源接口和源地址，配置此命令后，本地设备与所有对等体组成员之间的 TCP 连接会话使用相同的源接口和源 IP 地址。 GTSM 和 EBGP-MAX-HOP 功能均与 BGP 报文的 TTL 值相关，因此不能同时配置。

[Huawei-bgp]peer test connect-interface GigabitEthernet 0/0/1 10.1.1.1

（5）设置本地设备与对等体组中的对等体成员建立 EBGP（不能是 IBGP）连接时允许的最大跳数（可选）。

[Huawei-bgp]peer test as-number 200 ebgp-maxhop 3

（6）设置 BGP 的 IPv4 组播地址族（仅当在组播网络中使用 BGP 对等体组时才设置）。

[Huawei-bgp]ipv4-family multicast

（7）为指定 BGP 对等体组使能 MP-BGP 功能，使之成为 MP-BGP 对等体组。

[Huawei-bgp-af-multicast]peer 1.1.1.2 enable

在大型 BGP 网路中，对等体的数目众多，配置和维护极为不便。对于存在相同配置的

BGP 对等体，可以将它们加入一个 BGP 对等体组进行批量配置，简化管理的难度，并提高路由发布效率。

对单个对等体和对等体组同时配置了某个功能时，对单个对等体的配置优先生效。当使用 Loopback 接口或子接口的 IP 地址建立 BGP 连接时，建议对等体两端同时配置步骤 4 中第（4）步，以保证两端连接的正确性。如果仅有一端配置该命令，可能导致 BGP 连接建立失败。当使用 Loopback 接口建立 EBGP 连接时，必须配置步骤 4 中第（5）步（其中 *hop-count* ≥2），否则 EBGP 连接将无法建立。

5. BGP 引入路由配置

BGP 协议本身不发现路由，因此需要将其他路由（如 IGP 路由等）引入到 BGP 路由表中，从而将这些路由在 AS 之内和 AS 之间传播。

BGP 协议支持通过以下两种方式引入路由：

Import 方式：按协议类型，将 RIP 路由、OSPF 路由、ISIS 路由等协议的路由引入到 BGP 路由表中。为了保证引入的 IGP 路由的有效性，Import 方式还可以引入静态路由和直连路由。

Network 方式：逐条将 IP 路由表中已经存在的路由引入到 BGP 路由表中，比 Import 方式更精确。

1）Import 引入路由配置方式

（1）进入要引入路由的对应 IP 地址组试图。如果在 BGP 视图下配置，将在多种地址族下生效，下同。

[Huawei-bgp]ipv4-family ? unicast

multicast   Specify multicast address family   # ipv4 组播视图

unicast   Specify unicast address family   # ipv4 单播试图（默认）

　　vpn-instance   Specify VPN instance

　　vpnv4   Specify VPNv4 address family

（2）设置 BGP 引入其他协议的路由（不包括各种缺省路由）进入本地 BGP 路由表中。

[Huawei-bgp-af-ipv4]import-route ?

　　　direct   Connected routes

　　　isis   Intermediate System to Intermediate System （IS-IS）routes

　　　ospf   Open Shortest Path First （OSPF）routes

　　　rip   Routing Information Protocol （RIP）routes

　　　static   Static routes

　　　unr   User network routes

[Huawei-bgp-af-ipv4]import-route ospf 2（进程号）?

　　med Med for imported route #用于判断进入其他 AS 时的路由优先级

　　route-policy Specify a route policy #用于过滤要引入和修改 MED 属性的路由的路

由策略名

Please press ENTER to execute command

（3）允许 BGP 引入本地 IP 路由表中已经存在的缺省路由。如果需要在本地 IP 路由表不存在缺省路由的情况下，而又需要向对等体（组）发布缺省路由，则需要使用 peer default-route-advertise 命令。

[Huawei-bgp-af-ipv4]default-route imported

2）Network 方式

（1）设置对应的 IP 地址族视图

[Huawei-bgp]ipv4-family unicast

（2）配置 BGP 逐条引入 IPv4 路由表或 IPv6 路由表中的路由，并发布给对等体。

[Huawei-bgp-af-ipv4]network 10.0.1.0　24 ?

　route-policy　Specify a route policy　# 过滤路由发布的路由策略名

　Please press ENTER to execute command

任务 7.2　VRRP 原理及应用

7.2.1　概　述

随着 Internet 的发展，人们对网络的可靠性的要求越来越高。对于局域网用户来说，能够时刻与外部网络保持联系是非常重要的。

通常情况下，内部网络中的所有主机都设置一条相同的缺省路由，指向出口网关（见图 7-7 中的路由器 R），实现主机与外部网络的通信。当出口网关发生故障时，主机与外部网络的通信就会中断。

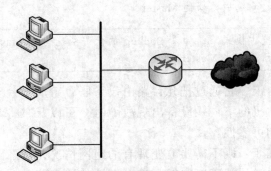

图 7-7　局域网中路由器当做网关

配置多个出口网关是提高系统可靠性的常见方法，但局域网内的主机设备通常不支持动态路由协议，如何在多个出口网关之间进行选路是个问题。

IETF（Internet Engineering Task Force，因特网工程任务组）推出了 VRRP（Virtual Router Redundancy Protocol）虚拟路由冗余协议，来解决局域网主机访问外部网络的可靠性问题，如表 7-1 所示。

表 7-1　与 VRRP 协议相关的基本概念

概　念	解　释
VRRP 路由器 （VRRP Router）	运行 VRRP 的设备，它可能属于一个或多个虚拟路由器
虚拟路由器 （Virtual Router）	由 VRRP 管理的抽象设备，又称为 VRRP 备份组，被当作一个共享局域网内主机的缺省网关 它包括了一个虚拟路由器标识符和一组虚拟 IP 地址
虚拟 IP 地址 （Virtual IP Address）	虚拟路由器的 IP 地址，一个虚拟路由器可以有一个或多个 IP 地址，由用户配置
IP 地址拥有者 （IP Address Owner）	如果一个 VRRP 路由器将虚拟路由器的 IP 地址作为真实的接口地址，则该设备是 IP 地址拥有者 当这台设备正常工作时，它会响应目的地址是虚拟 IP 地址的报文，如 ping、TCP 连接等
虚拟 MAC 地址	是虚拟路由器根据虚拟路由器 ID 生成的 MAC 地址 一个虚拟路由器拥有一个虚拟 MAC 地址，格式为：00-00-5E-00-01-{VRID} 当虚拟路由器回应 ARP 请求时，使用虚拟 MAC 地址，而不是接口的真实 MAC 地址
主 IP 地址 （Primary IP Address）	从接口的真实 IP 地址中选出来的一个主用 IP 地址，通常选择配置的第一个 IP 地址 VRRP 广播报文使用主 IP 地址作为 IP 报文的源地址
Master 路由器 （Virtual Router Master）	是承担转发报文或者应答 ARP 请求的 VRRP 路由器，转发报文都是发送到虚拟 IP 地址的 如果 IP 地址拥有者是可用的，通常它将成为 Master
Backup 路由器 （Virtual Router Backup）	一组没有承担转发任务的 VRRP 路由器，当 Master 设备出现故障时，它们将通过竞选成为新的 Master
抢占模式	在抢占模式下，如果 Backup 的优先级比当前 Master 的优先级高，将主动将自己升级成 Master

　　VRRP 是一种容错协议，它通过把几台路由设备联合组成一台虚拟的路由设备，并通过一定的机制来保证当主机的下一跳设备出现故障时，可以及时将业务切换到其他设备，从而保持通讯的连续性和可靠性。

　　使用 VRRP 的优势在于：既不需要改变现有的组网情况，也不需要在主机上配置任何动态路由或者路由发现协议，就可以获得更高可靠性的缺省路由。

7.2.2　VRRP 的工作原理

　　VRRP 将局域网的一组路由器构成一个备份组，相当于一台虚拟路由器，如图 7-8 所示。局域网内的主机只需要知道这个虚拟路由器的 IP 地址，并不需知道具体某台设备的 IP 地址，将网络内主机的缺省网关设置为该虚拟路由器的 IP 地址，主机就可以利用该虚拟网关与外部网络进行通信。

VRRP 将该虚拟路由器动态关联到承担传输业务的物理路由器上，当该物理路由器出现故障时，再次选择新路由器来接替业务传输工作，整个过程对用户完全透明，实现了内部网络和外部网络不间断通信。

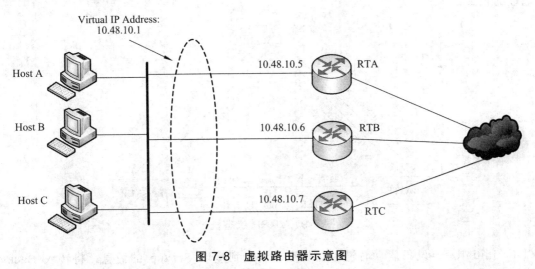

图 7-8　虚拟路由器示意图

虚拟路由器的组网环境如下：

RTA、RTB 和 RTC 属于同一个 VRRP 组，组成一个虚拟路由器，这个虚拟路由器有自己的 IP 地址 10.48.10.1。虚拟 IP 地址可以直接指定，也可以借用该 VRRP 组所包含的路由器上某接口地址。

物理路由器 RTA、RTB 和 RTC 的实际 IP 地址分别是 10.48.10.5、10.48.10.6 和 10.48.10.7。

局域网内的主机只需要将缺省路由设为 10.48.10.1 即可，无需知道具体路由器上的接口地址。

主机利用该虚拟网关与外部网络通信。路由器工作机制如下：

（1）根据优先级的大小挑选 Master 设备。Master 的选举方法如下：

比较优先级的大小，优先级高者当选为 Master。

当两台优先级相同的路由器同时竞争 Master 时，比较接口 IP 地址大小。接口地址大者当选为 Master。

其他路由器作为备份路由器，随时监听 Master 的状态。

（2）当主路由器正常工作时，它会每隔一段时间（Advertisement Interval）发送一个 VRRP 组播报文，以通知组内的备份路由器，主路由器处于正常工作状态。

（3）当组内的备份路由器一段时间（Master_Down_Interval）内没有接收到来自主路由器的报文，则将自己转为主路由器。一个 VRRP 组里有多台备份路由器时，短时间内可能产生多个 Master，此时，路由器将会将收到的 VRRP 报文中的优先级与本地优先级做比较。从而选取优先级高的设备做 Master。

从上述分析可以看到，主机不需要增加额外工作，与外界的通信也不会因某台路由器故障而受到影响。

7.2.3 VRRP 的状态机

VRRP 协议中定义了三种状态机：初始状态（Initialize）、活动状态（Master）、备份状态（Backup），如图 7-9 所示。其中，只有处于活动状态的设备才可以转发那些发送到虚拟 IP 地址的报文。

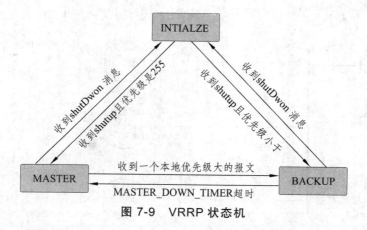

图 7-9 VRRP 状态机

（1）Initialize：设备启动时进入此状态，当收到接口 Startup 的消息，将转入 Backup 或 Master 状态（IP 地址拥有者的接口优先级为 255，直接转为 Master）。在此状态时，不会对 VRRP 报文做任何处理。

（2）Master：当路由器处于 Master 状态时，它将会做下列工作：

① 定期发送 VRRP 报文。

② 以虚拟 MAC 地址响应对虚拟 IP 地址的 ARP 请求。

③ 转发目的 MAC 地址为虚拟 MAC 地址的 IP 报文。

④ 如果它是这个虚拟 IP 地址的拥有者，则接收目的 IP 地址为这个虚拟 IP 地址的 IP 报文。否则，丢弃这个 IP 报文。

⑤ 如果收到比自己优先级大的报文则转为 Backup 状态。

⑥ 如果收到优先级和自己相同的报文，并且发送端的主 IP 地址比自己的主 IP 地址大，则转为 Backup 状态。

⑦ 当接收到接口的 Shutdown 事件时，转为 Initialize。

（3）Backup：当路由器处于 Backup 状态时，它将会做下列工作：

① 接收 Master 发送的 VRRP 报文，判断 Master 的状态是否正常。

② 对虚拟 IP 地址的 ARP 请求，不做响应。

③ 丢弃目的 MAC 地址为虚拟 MAC 地址的 IP 报文。

④ 丢弃目的 IP 地址为虚拟 IP 地址的 IP 报文。

⑤ Backup 状态下如果收到比自己优先级小的报文时，丢弃报文，不重置定时器；如果收到优先级和自己相同的报文，则重置定时器，不进一步比较 IP 地址。

⑥ 当 Backup 接收到 MASTER_DOWN_TIMER 定时器超时的事件时，才会转为 Master。

⑦ 当接收到接口的 Shutdown 事件时，转为 Initialize。

7.2.4 VRRP 功能

1. 主备备份

这是 VRRP 提供 IP 地址备份功能的基本方式。主备备份方式需要建立一个虚拟路由器，该虚拟路由器包括一个 Master 和若干 Backup 设备。

正常情况下，业务全部由 Master 承担。Master 出现故障时，Backup 设备接替工作。

2. 负载分担

现在允许一台路由器为多个做备份。通过多虚拟路由器设置可以实现负载分担。负载分担方式是指多台路由器同时承担业务，因此需要建立两个或更多的备份组。负载分担方式具有以下特点：

（1）每个备份组都包括一个 Master 设备和若干 Backup 设备。

（2）各备份组的 Master 可以不同。

（3）同一台路由器可以加入多个备份组，在不同备份组中有不同的优先级。

如图 7-10 所示，配置两个备份组：组 1 和组 2；

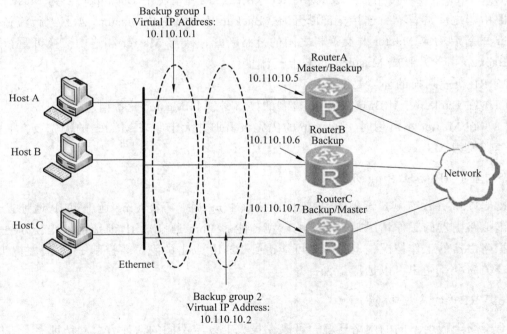

图 7-10　VRRP 负载均衡示意图

RouterA 在备份组 1 中作为 Master，在备份组 2 中作为 Backup；

RouterB 在备份组 1 和 2 中都作为 Backup；

RouterC 在备份组 2 中作为 Master，在备份组 1 中作为 Backup。

一部分主机使用备份组 1 作网关，另一部分主机使用备份组 2 作为网关。这样，以达到分担数据流，而又相互备份的目的。

3. 监视接口状态

VRRP 可以监视所有接口的状态。当被监视的接口 Down 或 Up 时，该路由器的优先级会自动降低或升高一定的数值，使得备份组中各设备优先级高低顺序发生变化，VRRP 路由器重新进行 Master 竞选。

4. VRRP 快速切换

双向转发检测 BFD（Bidirectional Forwarding Detection）机制，能够快速检测、监控网络中链路或者 IP 路由的连通状况，VRRP 通过监视 BFD 会话状态实现主备快速切换，主备切换的时间控制在 1 s 以内。

对于以下情况，BFD 都能够将检测到的故障通知接口板，从而加快 VRRP 主备倒换的速度：

（1）备份组包含的接口出现故障。

（2）Master 和 Backup 不直接相连。

（3）Master 和 Backup 直接相连，但在中间链路上存在传输设备。

BFD 对 Backup 和 Master 之间的实际地址通信情况进行检测，如果通信不正常，Backup 就认为 Master 已经不可用，升级成 Master。在以下两种情况下 Backup 转换为 Master：当两台路由器之间的背靠背连接全部断开时，Backup 主动升级成 Master，承载上行流量；当 Master 重新启动或 Master 与交换机之间的链路断开，或与 Master 相连的交换机重新启动时，Backup 主动升级成 Master，承载上行流量。

VRRP 快速切换的环境要求：

（1）在 Backup 上，BFD Session 检测的接口必须和 Master 设备相连；

（2）在 Master 不可用时，Backup 的优先级增加并大于原来 Master 的优先级，促使自己快速切换为 Master。

5. 虚拟 IP 地址 Ping 开关

RFC3768 并没有规定虚拟 IP 地址应不应该 Ping 通。不能 Ping 通虚拟 IP 地址，会给监控虚拟路由器的工作情况带来一定的麻烦，能够 Ping 通虚拟 IP 地址可以比较方便的监控虚拟路由器的工作情况，但是带来可能遭到 ICMP 攻击的隐患。控制 Ping 通虚拟 IP 地址的开关命令，用户可以选择是否打开。

6. VRRP 的安全功能

对于安全程度不同的网络环境，可以在报头上设定不同的认证方式和认证字。在一个安全的网络中，可以采用缺省设置：路由器对要发送的 VRRP 报文不进行任何认证处理，收到 VRRP 报文的路由器也不进行任何认证，认为收到的都是真实的、合法的 VRRP 报文。这种情况下，不需要设置认证字。在有可能受到安全威胁的网络中，VRRP 提供简单字符认证，可以设置长度为 1 ~ 8 的认证字。

7. VRRP 平滑倒换

在路由器主板和备板状态都正常的情况下，VRRP 备份组中的 Master 设备会以

Advertisement Interval 间隔定时发送 VRRP 广播报文，Backup 通过不断检测接收到的广播报文来判断 Master 状态是否正常。

当 Master 设备发生主备倒换后，从发生主备倒换到新主板正常工作，需要一段时间，该时间随不同设备和不同配置差别较大，结果可能导致 Master 设备不能正常处理 VRRP 协议报文，Backup 设备因为收不到广播报文而抢占到 Master 状态，并针对每一个虚拟路由器的虚 IP 地址发送免费 ARP，给相关绑定模块发送状态变化通知。

由于倒换过程中系统过于繁忙，Master 端的 Hello 协议报文无法正常发送，而 Backup 端无法及时收到报文，会抢占成为 Master，引起链路切换，导致丢包。因此需要启用了 VRRP 功能的 CE 设备支持 VRRP 的平滑倒换（SS，Smoth SW）功能，避免因主备倒换影响业务流量。

基本原理如下：

在 VRRP 平滑倒换的过程中，Master 和 Backup 分工不同，相互配合，共同保证业务的平滑传输。要进行 VRRP 整机平滑倒换处理，必须分别在 Master 和 Backup 上使能 VRRP 协议报文时间间隔学习功能。如图 7-11 所示，设备 1 和设备 2 都使能 VRRP 协议报文时间间隔学习功能。如果使能了 VRRP 协议报文时间间隔学习功能，Master 状态的 VRRP 不学习也不检查协议报文时间间隔的一致性。

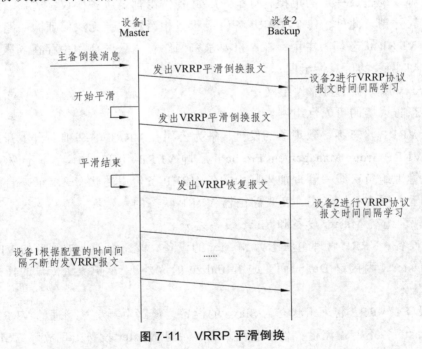

图 7-11　VRRP 平滑倒换

非 Master 状态的 VRRP 收到 Master 状态 VRRP 发来的协议报文后，会检查报文中的时间间隔值，如果和自己的不同，非 Master 状态的 VRRP 就会学习到报文中的时间间隔，并调整自己的协议报文时间间隔值，与报文中的值保持一致。

设备 1 配置整机 VRRP 平滑倒换功能。设备主备倒换新的主板启动后，VRRP 根据设备主备倒换前的状态判断，保存当前配置的 VRPP 协议报文时间间隔，并对 Master 状态的 VRRP 进行协议报文时间间隔调整，然后以当前配置的时间间隔发出 VRRP 平滑倒换报文，

285

报文中携带着新的时间间隔发送到对端设备 2。

设备 2 收到的 VRRP 协议报文中携带的时间间隔和自己本地的间隔不一致，将对自己的运行时间间隔调整，并调整自己的定时器，与其保持一致。

设备 1 平滑结束时将发出 VRRP 恢复报文，报文中携带着主备倒换前配置的时间间隔，此时设备 2 上的 VRRP 会再进行一次时间间隔学习。

需要注意的是，学习功能优先于抢占功能，即如果收到的协议报文时间间隔和自己当前的不一致，并且报文中携带的优先级低于自己当前的配置优先级，这种情况 VRRP 首先考虑的是学习功能和重置定时器，而后才会考虑是否抢占。

VRRP 整机平滑倒换功能还依赖于系统本身，如果设备自身从主备倒换一开始系统便非常繁忙，无法调度 VRRP 模块运行的情况，VRRP 整机平滑倒换功能无效。

VRRP 加入了 VGMP 之后，VRRP 的运行将依赖于 VGMP，此时的 VRRP 将不受平滑倒换的影响。该功能不能用于业务 VRRP。

8. VRRP 管理组

在配置大量 VRRP 备份组时，过多 VRRP 协议报文占用较大的链路带宽，大量 VRRP 报文的处理对系统造成一定的负担，每个 VRRP 备份组都要维护协议定时器，对系统来说也是个很大的开销，此外，每个 VRRP 备份组状态相对独立，无法保证同一路由器上相关联的接口上 VRRP 状态都为主用，在严格要求来回路径一致的应用中存在局限性：

基于 NAT 网关的可靠性组网；

基于 Proxy 服务器的可靠性组网；

基于状态防火墙的可靠性组网。

为防止 VRRP 状态不一致现象的发生，华为公司在 VRRP 的基础上自主开发了扩展协议 VGMP（VRRP Group Management Protocol），即 VRRP 组管理协议。基于 VGMP 协议建立的 VRRP 管理组负责统一管理加入其中的各 VRRP 备份组的状态，保证一台路由器上的接口同时处于主用或备用状态，实现路由器 VRRP 状态的一致性。

VRRP 管理组有 Master 设备和 Slave 设备之分。

Master 设备：VRRP 管理组状态为 Master 的设备，该路由器上被管理的 VRRP 备份组状态都是 Master（因接口 Down 而变成 Initialize 的除外），承担流量传输的任务，并定时发送 Hello 报文。

Slave 设备：VRRP 管理组状态为 Slave 的设备，该路由器上被管理的 VRRP 备份组状态都是非 Master，不传输流量，处于监听状态，一旦 Master 设备出现故障，Slave 将竞选成为 Master。

VRRP 管理组相当于在 VRRP 备份组的基础上叠加了一层逻辑层。VRRP 备份组加入 VGMP 之后，不再发送传统 VRRP 报文，由 VRRP 管理组负责统一管理加入其中的各 VRRP 备份组的状态。

VRRP 备份组感知到接口状态变化后，会改变自身的状态。VGMP 将感知到这种状态迁移，然后来确定是否切换 VGMP 的状态，从而切换 VGMP 组内 VRRP 备份组的状态。

7.2.5　VRRP配置举例

1.配置环境参数

SWA通过E0/24与SWC相连，通过E0/23上行；

SWB通过E0/24与SWC相连，通过E0/23上行；

交换机SWA通过ethernet 0/24与SWB的ethernet 0/24连接到SWC；

SWA和SWB上分别创建两个虚接口，interface vlan 10和interface 20作为三层接口，其中interface vlan10分别包含ethernet 0/24端口，interface 20包含ethernet 0/23端口，作为出口。

2.组网需求

SWA和SWB之间做VRRP，interface vlan10作为虚拟网关接口，SWA为主设备，允许抢占，SWB为从设备，PC1主机的网关设置为VRRP虚拟网关地址192.168.100.1，进行冗余备份，访问远端主机PC2 10.1.1.1/24。

3.配置（见图7-12）

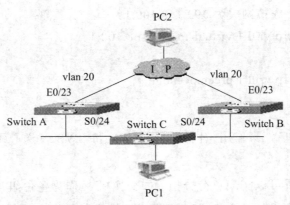

图 7-12　配置要求

1）SWA相关配置

（1）创建vlan10、vlan20。

（2）将E0/24加入到vlan10。

（3）将E0/23加入到vlan20。

（4）给vlan20的虚接口配置IP地址11.1.1.1，255.255.255.252。

（5）给vlan20的虚接口配置IP地址192.168.100.2，255.255.255.0。

（6）配置一条到对方网段的静态路由：

[SWA]ip route-static 10.1.1.1 255.255.255.0 11.1.1.2

（7）VRRP配置。

创建VRRP组1，虚拟网关为192.168.100.1：

[SWA-Vlanif10]vrrp vrid 1 virtual-ip 192.168.100.1

设置VRRP组优先级为120，缺省为100：

[SWA-Vlanif]vrrp vrid 1 priority 120

设置为抢占模式：

[SWA-Vlan-interface10]vrrp vrid 1 preempt-mode

设置监控端口为 interface vlan 20，如果端口 Down 优先级降低 30：

[SWA-Vlan-interface10]vrrp vrid 1 track Vlan-interface 20 reduced 30

2）SWB 相关配置

（1）创建 vlan10、vlan20。

（2）加 E0/24 加入到 vlan10。

（3）将 E0/23 加入到 vlan20。

（4）给 vlan20 的虚接口配置 IP 地址，12.1.1.1，255.255.255.252。

（5）给 vlan10 的虚接口配置 IP 地址，192.168.100.3，255.255.255.0。

（6）配置一条到对方网段的静态路由：

[SWB]ip route-static 10.1.1.1 255.255.255.0 12.1.1.2

（7）VRRP 配置。

创建 VRRP 组 1，虚拟网关为 192.168.100.1：

[SWB-Vlanif10]vrrp vrid 1 virtual-ip 192.168.100.1

设置为抢占模式：

[SWB-Vlanif10]vrrp vrid 1 preempt-mode

3）SWC 相关配置

SWC 在这里起端口汇聚作用，同时允许 SWA 和 SWB 发送心跳报文，可以不配置任何数据。

通过多备份组设置可以实现负荷分担。如交换机 A 作为备份组 1 的 Master，同时又兼职备份组 2 的备份交换机；而交换机 B 正相反，作为备份组 2 的 Master，并兼职备份组 1 的备份交换机。一部分主机使用备份组 1 作网关，另一部分主机使用备份组 2 作为网关。这样，以达到分担数据流，而又相互备份的目的。

任务 7.3　MSTP 原理及应用

7.3.1　MSTP 简介

多生成树协议 MSTP（Multiple Spanning Tree Protocol）是 IEEE 802.1s 中提出的一种 STP 和 VLAN 结合使用的新协议，简单说来，STP/RSTP 是基于端口的，而 MSTP 是基于实例的。它既继承了 RSTP 端口快速迁移的优点，又解决了 RSTP 中不同 VLAN 必须运行在同一棵生成树上的问题。

7.3.2 MSTP 实现说明

1. 域和实例

与 STP/RSTP 相比，MSTP 中引入了"实例"（Instance）和"域"（Region）的概念。所谓"实例"就是多个 VLAN 的一个集合。使用的时候可以把多个相同业务的 VLAN 映射到某一个实例中。MSTP 拓扑计算以实例为维度，各个实例独立破环。通过 VLAN 和实例的映射，可以实现在这些实例上实现负载均衡。缺省情况下，所有的 VLAN 都映射到实例 0 上。除实例 0 外的其他实例叫做多生成树实例。

所谓"域"，由域名、修订级别、VLAN 与实例的映射关系（mapping of VIDs to spanning trees）组成。每个域内所有交换机都要有相同的 MST 域配置，也就是说多台交换机域中的三个配置完全相同时，才属于同一个域。缺省情况下，域名就是交换机的桥 MAC 地址，修订级别等于 0，所有的 VLAN 都映射到实例 0 上。

MSTP 生成树分为 4 种：

（1）CIST（Common Internal Spanning Tree），即公共与内部生成树。CIST 由 CST 和 IST 组成。

（2）CST（Common Spanning Tree）连接交换网络内所有 MST 域的一棵生成树。

（3）IST（Internal Spanning Tree）各个 MST 域内的一棵生成树。

（4）SST（Single Spanning Tree）运行 STP 或 RSTP 的交换设备只能属于一个生成树或者 MST 域中只有一个交换设备，这个交换设备构成单生成树。

2. 域根和总根

总根是一个全局概念，对于所有互连的运行 STP/RSTP/MSTP 的交换机只能有一个总根，也即是实例 0 的根。

域根是一个局部概念，是相对于某个域的某个实例而言的。也就是说每个域内的每个实例都有一个域根，所以每个域所包含的域根数目与实例个数相关。

3. Master 端口和域边缘端口

Master 端口：Master 端口是 MST 域的所有边界端口中，到达总根具有最小开销的端口，也就是连接 MST 域到总根的端口，位于整个域到总根的最短路径上。Master 端口在 CIST 上的角色是 Root Port。

域边缘端口：是连接不同 MST 域的端口，位于 MST 域的边缘。一个域中可以有多个域边缘端口。

4. MSTP 生成树计算

1）CIST 生成树的计算

CIST 生成树计算中，通过 7 个维度的比较，最终把环形组网裁剪为树形组网。7 个维度是根交换设备 ID，外部路径开销，域根 ID，内部路径开销，指定交换设备 ID，指定端口 ID，接收端口 ID。

2）CIST 生成树计算过程

（1）网络中的设备发送接收 BPDU 报文，在经过比较配置消息后，在整个网络中选择一个优先级最高的交换机作为 CIST 的树根。

（2）在每个 MST 域内 MSTP 通过计算生成 IST

（3）MSTP 将每个 MST 域作为单台交换机对待，通过计算在 MST 域间生成 CST。

如前所述，CST 和 IST 构成了整个交换机网络的 CIST。

3）MSTI 的计算

MSTI 生成树计算中，通过 5 个维度的比较，最终把环形组网裁剪为树形组网。5 个维度是 { 域根 ID，内部路径开销，指定交换设备 ID，指定端口 ID，接收端口 ID }。在 MST 域内，MSTP 根据 VLAN 和生成树实例的映射关系，针对不同的 VLAN 生成不同的生成树实例。每棵生成树独立进行计算，计算原则与 STP/RSTP 计算生成树的相同。

5. 使用注意事项

绑定实例的 VLAN，必须已经创建，并且接口已经加入指定 VLAN。通过命令 "display stp brief" 查看端口状态时，只会显示使能 STP 且 UP 的端口。

配置 MST 域的相关参数后，必须执行 "active region-configuration" 命令，配置才会生效。

MST 域的默认域名是设备的 MAC 地址，每个设备的 MAC 地址是不相同的，所以必须手动指定域内，才能使交换机的域信息一致。

需要通过 "bpdu enable" 使能 BPDU 报文上送 CPU 处理的功能，才能使 STP 报文上送 CPU 处理，否则 STP 状态无法收敛。

Eth-Trunk 接口使能 STP 时，建议修改 Eth-Trunk 接口的 cost 值使其小于物理端口的 cost 值，使其不易协商为备份端口。一是因为 Eth-Trunk 接口的开销为单个成员接口的开销除以成员接口数量，当成员口状态变化时 Eth-trunk 接口的 cost 值会变化；二是 cost 值越小说明链路质量越高。

7.3.3 配置举例

1. 流量负载分担

1）组网需求

如图 7-13 所示，当前网络中 SWA、SWB、SWC 和 SWD 通过环形组网备份链路，同时对两个用户的流量进行负载分担。希望通过运行 MSTP 协议阻塞特定端口，将环形网络结构修剪成无环路的树形网络结构：

CLIENT1 和 CLIENT2 的流量进行负载分担；

SWA 和 SWB 分别作为两个部门的根桥和备份根桥；

SWC 和 SWD 连接用户的接口 GE1/0/3 不要参与 STP 计算。

2）配置思路

采用如下的思路配置 MSTP：

（1）创建 VLAN，并把接口加入 VLAN。

（2）配置模式是 MSTP 模式。

（3）配置域名为 RG1，并配置域内 VLAN 和实例的映射关系。

（4）配置 SWA 和 SWB 分别作为 Client1 和 Client2 的根桥和备份根桥。

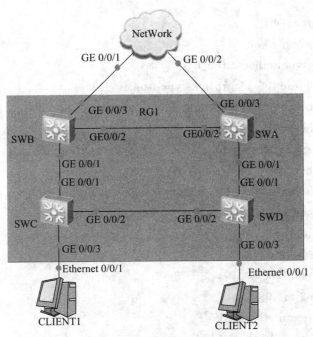

图 7-13　组网需求

（5）统一使用默认路径开销（华为交换机默认的路径开销计算标准使用的是标准的 dot1t。GE 接口默认路径开销是 20 000，而 Ethernet 接口默认路径开销是 200 000，eNSP 模拟器中，STP 的路径开销默认是 1）。

（6）SWC 和 SWD 的 GE1/0/3 端口去使能 STP 协议。

（7）SWA、SWB、SWC 和 SWD 使能 STP 协议。

3）操作步骤

步骤 1：创建 VLAN，并把接口加入 VLAN。

SWA 交换机配置：

```
<HUAWEI> system-view
[HUAWEI] sysname SWA
[SWA]vlan batch 2 to 4094
[SWA]interface gigabitethernet0/0/1
[SWA-GigabitEthernet0/0/1]port link-type trunk
[SWA-GigabitEthernet0/0/1]port trunk allow-pass vlan 2 to 4094
[SWA-GigabitEthernet0/0/1] quit
[SWA]interface gigabitethernet0/0/2
[SWA-GigabitEthernet0/0/2]port link-type trunk
[SWA-GigabitEthernet0/0/2]port trunk allow-pass vlan 2 to 4094
[SWA -GigabitEthernet0/0/2] quit
```

SWB 交换机配置：

```
<HUAWEI>system-view
```

```
[HUAWEI]sysname SWB
[SWB]vlan batch 2 to 4094
[SWB]interface gigabitethernet0/0/1
[SWB-GigabitEthernet0/0/1]port link-type trunk
[SWB-GigabitEthernet0/0/1]port trunk allow-pass vlan 2 to 4094
[SWB-GigabitEthernet0/0/1] quit
[SWB] interface gigabitethernet0/0/2
[SWB-GigabitEthernet0/0/2] port link-type trunk
[SWB-GigabitEthernet0/0/2] port trunk allow-pass vlan 2 to 4094
[SWB-GigabitEthernet0/0/2] quit
```
SWC 交换机配置：
```
<HUAWEI>system-view
[HUAWEI]sysname SWC
[SWC]vlan batch 2 to 4094
[SWC]interface gigabitethernet0/0/1
[SWC-GigabitEthernet0/0/1]port link-type trunk
[SWC-GigabitEthernet0/0/1]port trunk allow-pass vlan 2 to 4094
[SWC-GigabitEthernet0/0/1]quit
[SWC]interface gigabitethernet0/0/2
[SWC-GigabitEthernet0/0/2]port link-type trunk
[SWC-GigabitEthernet0/0/2]port trunk allow-pass vlan 2 to 4094
[SWC-GigabitEthernet0/0/2]quit
```
SWD 交换机配置：
```
<HUAWEI> system-view
[HUAWEI] sysname SWD
[SWD] vlan batch 2 to 4094
[SWD] interface gigabitethernet0/0/1
[SWD -GigabitEthernet0/0/1]port link-type trunk
[SWD -GigabitEthernet0/0/1]port trunk allow-pass vlan 2 to 4094
[SWD -GigabitEthernet0/0/1]quit
[SWD] interface gigabitethernet0/0/2
[SWD -GigabitEthernet0/0/2]port link-type trunk
[SWD -GigabitEthernet0/0/2]port trunk allow-pass vlan 2 to 4094
[SWD -GigabitEthernet0/0/2]quit
```
步骤 2：配置模式为 MSTP 模式。
```
[SWA]stp mode mstp
[SWB]stp mode mstp
[SWC]stp mode mstp
```

[SWD]stp mode mstp

步骤 3：配置域名为 RG1，并配置域内 VLAN 和实例的映射关系。注意 4 台设备的域配置需要完全一致，才可以正确破环。

[SWA]stp region-configuration

[SWA-mst-region]region-name RG1　　//配置域名为 RG1

[SWA-mst-region]instance 1 vlan 1 to 200　//默认所有 VLAN 都属于实例 0，这里把 VLAN1~200 映射为实例 1，其他 VLAN201~4094 还是属于实例 0

[SWA-mst-region]active region-configuration　//域内的配置，需要激活才能生效

[SWA-mst-region] quit

[SWB]stp region-configuration

[SWB-mst-region]region-name RG1

[SWB-mst-region]instance 1 vlan 1 to 200

[SWB-mst-region]active region-configuration

[SWB-mst-region] quit

[SWC]stp region-configuration

[SWC-mst-region]region-name RG1

[SWC-mst-region]instance 1 vlan 1 to 200

[SWC-mst-region]active region-configuration

[SWC-mst-region] quit

[SWD]stp region-configuration

[SWD-mst-region]region-name RG1

[SWD-mst-region]instance 1 vlan 1 to 200

[SWD-mst-region]active region-configuration

[SWD-mst-region] quit

步骤 4：配置根桥和备份根桥。

配置在实例 0 中 SWA 为根桥，SWB 为备份根桥。在实例 1 中 SWA 为备份根桥，SWB 为根桥。

[SWA]stp instance 0 root primary　　//也可以使用命令 stp priority 0 配置优先级为 0，和 stp root primary 的作用是一样的。

[SWA]stp instance 1 root secondary　//也可以使用命令 stp priority 4096 配置优先级为 4096，和 stp root secondary 的作用是一样的。

[SWB]stp instance 0 root secondary

[SWB] stp instance 1 root primary

步骤 5：去使能 SWC 和 SWD 设备 GE0/0/3 端口的 STP 功能。

[SWC]interface gigabitethernet0/0/3

[SWC-GigabitEthernet0/0/3]stp disable

[SWC-GigabitEthernet0/0/3] quit

[SWD]interface gigabitethernet 0/0/3

[SWD-GigabitEthernet0/0/3]stp disable

[SWD-GigabitEthernet0/0/3]quit

步骤 6：全局使能 STP 功能。

[SWA]stp enable

[SWB]stp enable

[SWC]stp enable

[SWD]stp enable

步骤 7：验证配置结果。

查看 MSTP 简要信息，通过 MSTP 简要信息可以快速的看出端口的角色和状态。

[SWA]disp stp brief

MSTID	Port	Role	STP State	Protection
0	**GigabitEthernet0/0/1**	**DESI**	**FORWARDING**	**NONE**
0	**GigabitEthernet0/0/2**	**DESI**	**FORWARDING**	**NONE**
0	**GigabitEthernet0/0/3**	**DESI**	**FORWARDING**	**NONE**
1	GigabitEthernet0/0/1	DESI	FORWARDING	NONE
1	GigabitEthernet0/0/2	ROOT	FORWARDING	NONE
1	GigabitEthernet0/0/3	DESI	FORWARDING	NONE

[SWA]

上面黑体部分为实例 0 的根桥。

[SWB]disp stp brief

MSTID	Port	Role	STP State	Protection
0	GigabitEthernet0/0/1	DESI	FORWARDING	NONE
0	GigabitEthernet0/0/2	ROOT	FORWARDING	NONE
0	GigabitEthernet0/0/3	DESI	FORWARDING	NONE
1	**GigabitEthernet0/0/1**	**DESI**	**FORWARDING**	**NONE**
1	**GigabitEthernet0/0/2**	**DESI**	**FORWARDING**	**NONE**
1	**GigabitEthernet0/0/3**	**DESI**	**FORWARDING**	**NONE**

[SWB]

上面黑体部分为实例 1 的根桥。

[SWC]dis stp brief

MSTID	Port	Role	STP State	Protection
0	GigabitEthernet0/0/1	ROOT	FORWARDING	NONE
0	GigabitEthernet0/0/2	DESI	FORWARDING	NONE
1	GigabitEthernet0/0/1	ROOT	FORWARDING	NONE

1	GigabitEthernet0/0/2	DESI	FORWARDING	NONE

[SWC]
[SWD]disp stp brief

MSTID	Port	Role	STP State	Protection
0	GigabitEthernet0/0/1	ROOT	FORWARDING	NONE
0	**GigabitEthernet0/0/2**	**ALTE**	**DISCARDING**	**NONE**
1	GigabitEthernet0/0/1	MAST	FORWARDING	NONE
1	**GigabitEthernet0/0/2**	**ALTE**	**DISCARDING**	**NONE**

[SWD]

上面黑体部分分别为实例 0 和实例 1 的阻塞端口。

4）配置文件（略）

2. MSTP+VRRP 综合配置

1）组网要求

拓扑结构如图 7-14 所示。

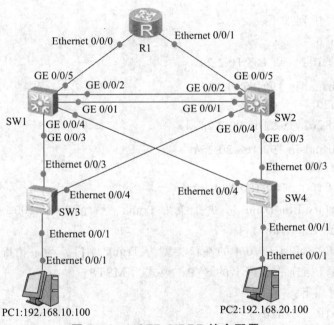

图 7-14　MSTP+VRRP 综合配置

2）配置思路

从拓扑可以看到,两个 SW1、SW2 分别作为主备核心,可以在其上建立 vlan20 和 vlan30 作为业务 vlan, 建立 vlan100 作为心跳 vlan;利用 SW3、SW4 作为接入交换机,直接和 PC 相连, 在 SW3、SW4 上建立 Vlan20 和 Vlan30 等作为业务 vlan。

3）配置内容

以 SW1 为主, 规划如下:

（1）创建 vlan10。

interface vlanif 10：192.168.10.1 24

vrrp vrid 10 virtual-ip 192.168.10.254

vrrp vrid 10 priority 120

vrrp vrid 10 preempt-mode timer delay 5

（2）创建 vlan20。

interface vlanif 20：192.168.20.1 24

vrrp vrid 20 virtual-ip 192.168.20.254

vrrp vrid 20 priority 120

vrrp vrid 20 preempt-mode timer delay 5

（3）创建 vlan100。

Interface vlanif 100：100.100.100.1 24

（4）创建 interface Eth-Trunk 1，并配置为 Trunk，只允许 vlan100 通过，将 GE0/0/1 和 GE0/0/2 端口加入到 Eth-Trunk1 中。

（5）配置 GE0/0/3 和 GE0/0/4 的端口类型为 Trunk 端口，为了精确只允许业务 Vlan 通过。

以 SW2 为备，规划如下：

（1）创建 vlan10。

interface vlanif 10：192.168.10.2 24

vrrp vrid 10 virtual-ip 192.168.10.254

（2）创建 vlan20。

interface vlanif 20：192.168.20.2 24

vrrp vrid 20 virtual-ip 192.168.20.254

（3）创建 vlan100。

interface vlanif 100：100.100.100.2 24

（4）创建 interface Eth-Trunk 1，并配置为 Trunk，只允许 vlan100 通过，将 GE0/0/1 和 GE0/0/2 端口加入到 Eth-Trunk1 中。

（5）配置 GE0/0/3 和 GE0/0/4 的端口类型为 Trunk 端口，为了精确，只允许业务 vlan 通过。开启各交换机相连的端口上的 STP，模式为 MSTP。

SW3 配置规划如下：

（1）创建 vlan10，vlan20；

（2）将 Ethernet0/0/3 和 Ethernet0/0/4 的端口类型置为 Trunk，只要允许业务 vlan10 和 vlan20 通过即可；

SW4 配置规划如下：

（1）创建 vlan10，vlan20；

（2）将 Ethernet0/0/3 和 Ethernet0/0/4 的端口类型置为 Trunk，只要允许业务 vlan10 和 vlan20 通过即可；

4）配置文件（略）

5）利用 display 命令查看 VRRP 的运行情况

```
<SWB>dis vrrp
  Vlanif10 | Virtual Router 10
    State : Backup
    Virtual IP : 192.168.10.254
    Master IP : 192.168.10.1
    PriorityRun : 100
    PriorityConfig : 100
    MasterPriority : 120
    Preempt : YES    Delay Time : 0s
    TimerRun : 1s
    TimerConfig : 1s
    Auth type : NONE
    Virtual MAC : 00EB-98AA-0043
    Check TTL : YES
    Config type : normal-vrrp
    Create time : 2017-01-11 22:12:22 UTC-08:00
    Last change time : 2017-01-22 22:12:22 UTC-08:00
  Vlanif20 | Virtual Router 20
State : Backup
Virtual IP : 192.168.20.254
Master IP : 192.168.20.1
PriorityRun : 100
PriorityConfig : 100
MasterPriority : 120
Preempt : YES    Delay Time : 0s
TimerRun : 1s
TimerConfig : 1s
Auth type : NONE
    Virtual MAC : 00EB-98AA-0043
    Check TTL : YES
    Config type : normal-vrrp
    Create time : 2017-01-11 22:12:22 UTC-08:00
    Last change time : 2017-01-22 22:12:22 UTC-08:00
<SWA>dis vrrp
  Vlanif10 | Virtual Router 10
    State : Master
    Virtual IP : 192.168.10.254
```

Master IP : 192.168.10.1

PriorityRun : 120

PriorityConfig : 120

MasterPriority : 120

Preempt : YES   Delay Time : 5s

TimerRun : 1s

TimerConfig : 1s

Auth type : NONE

Virtual MAC : 0000-5e00-010a

Check TTL : YES

Config type : normal-vrrp

Create time : 2012-11-21 17:05:18 UTC-08:00

Last change time : 2012-11-21 17:05:35 UTC-08:00

Vlanif20 | Virtual Router 20

State : Master

Virtual IP : 192.168.20.254

Master IP : 192.168.20.1

PriorityRun : 120

PriorityConfig : 120

MasterPriority : 120

Preempt : YES   Delay Time : 5s

TimerRun : 1s

TimerConfig : 1s

Auth type : NONE

Virtual MAC : 0000-5e00-0114

Check TTL : YES

Config type : normal-vrrp

Create time : 2012-11-21 17:05:18 UTC-08:00

Last change time : 2012-11-21 17:05:35 UTC-08:00

任务 7.4   SmartLink 原理及应用

7.4.1   Smart Link 简介

当下游设备连接到上游设备时，使用单上行方式容易出现单点故障，造成业务中断。因此通常采用双上行方式，即将一台下游设备同时连接到两台上游设备，以最大限度地避免单点故障，提高网络可靠性，如图 7-15 所示。

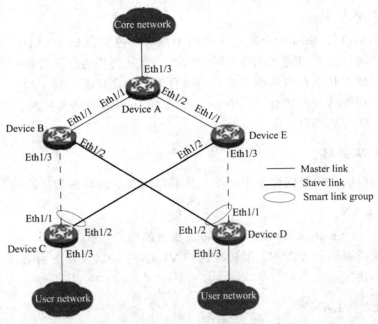

图 7-15　Smart Link 应用场景示意图

双上行组网虽然能提高网络可靠性，但又引入了环路问题。通常可通过 STP（Spanning Tree Protocol，生成树协议）或 RRPP（Rapid Ring Protection Protocol，快速环网保护协议）来消除环路，但 STP 在收敛速度上只能达到秒级，不适用于对收敛时间有很高要求的用户，而 RRPP 尽管在收敛速度上能达到要求，但组网配置的复杂度较高，主要适用于较复杂的环形组网。

为了在满足用户对链路快速收敛要求的同时又能简化配置，我们针对双上行组网提出了 Smart Link 解决方案，实现了主备链路的冗余备份，并在主用链路发生故障后使流量能够迅速切换到备用链路上，因此具备较高的收敛速度。Smart Link 的主要特点如下：

专用于双上行组网；

收敛速度快（达到亚秒级）；

配置简单，便于用户操作。

7.4.2　Smart Link 基本概念

1. Smart Link 组

Smart Link 组也叫灵活链路组，每个组内只包含两个端口，其中一个为主端口，另一个为从端口。

正常情况下，只有一个端口处于转发（ACTIVE）状态，另一个端口被阻塞，处于待命（STANDBY）状态。当处于转发状态的端口出现链路故障时（这里的链路故障包括端口 down、OAM 单通等），Smart Link 组会自动将该端口阻塞，并将原阻塞的处于待命状态的端口切换到转发状态。

如图 7-15 所示，Device C 和 Device D 各自的端口 Ethernet1/1 和 Ethernet1/2 分别组成了一个 Smart Link 组，其中 Ethernet1/1 处于转发状态，而 Ethernet1/2 处于待命状态。

2. 主端口/从端口

主端口和从端口是 Smart Link 组中的两个端口角色。当 Smart Link 组中的两个端口都处于 up 状态时，主端口将优先进入转发状态，而从端口将保持待命状态。但是，主端口并不一直处于转发状态，而从端口也并不一直处于待命状态。当主端口所在链路发生故障时，从端口将切换为转发状态。图中 Device C 和 Device D 各自的端口 Ethernet1/1 为主端口，Ethernet1/2 为从端口。

3. 主链路/从链路

我们把主端口所在的链路称为主链路，从端口所在的链路称为从链路。

4. 保护 VLAN

保护 VLAN 是 Smart Link 组控制其转发状态的用户数据 VLAN。同一端口上不同的 Smart Link 组保护不同的 VLAN。端口在保护 VLAN 上的转发状态由端口在其所属 Smart Link 组内的状态决定。

5. 发送控制 VLAN

发送控制 VLAN 是用于发送 Flush 报文的 VLAN。当发生链路切换时，设备（见图 7-15 中的 Device C 和 Device D）会在发送控制 VLAN 内广播发送 Flush 报文。

6. 接收控制 VLAN

接收控制 VLAN 是用于接收并处理 Flush 报文的 VLAN。当发生链路切换时，设备（见图 7-15 中的 DeviceA、DeviceB 和 DeviceE）接收并处理属于接收控制 VLAN 的 Flush 报文，进行 MAC 地址转发表项和 ARP/ND 表项的刷新操作。

7. Flush 报文

当 Smart Link 组发生链路切换时，原有的转发表项将不适用于新的拓扑网络，需要网络中的所有设备进行 MAC 地址转发表项和 ARP/ND 表项的更新。这时，Smart Link 组通过发送 Flush 报文通知其他设备进行 MAC 地址转发表项和 ARP/ND 表项的刷新操作。Flush 报文是普通的组播数据报文，会被阻塞的接收端口丢弃。

7.4.3 Smart Link 运行机制

1. 链路备份机制

在如图 7-15 所示的组网中，Device C 的端口 Ethernet1/1 所在的链路是主链路，Ethernet1/2 所在的链路是从链路。正常情况下，Ethernet1/1 处于转发状态，Ethernet1/2 处于待命状态。当主链路出现故障时，Ethernet1/1 将自动阻塞并切换到待命状态，Ethernet1/2 将切换到转发状态。

当端口切换到转发状态时，系统会输出日志信息通知用户。

当主链路故障恢复时，该端口将维持在阻塞状态，不进行链路状态切换，从而保持流量稳定。只有等下一次链路切换时，该端口才会重新切换为转发状态。

2. 网络拓扑变更机制

当 Smart Link 发生链路切换时，网络中各设备上的 MAC 地址转发表项和 ARP/ND 表项可能已经不是最新状态，为了保证报文的正确发送，需要提供一种 MAC 地址转发表项和 ARP/ND 表项的更新机制。目前更新机制有以下两种：

（1）自动通过流量刷新 MAC 地址转发表项和 ARP/ND 表项。此方式适用于不支持 Smart Link 功能的设备（包括其他厂商设备）对接的情况，需要有上行流量触发。

（2）由 Smart Link 设备从新的链路上发送 Flush 报文。此方式需要上行的设备都能够识别 SmartLink 的 Flush 报文并进行更新 MAC 地址转发表项和 ARP/ND 表项的处理。

3. 角色抢占机制

在如图 7-15 所示的组网中，Device C 的端口 Ethernet1/1 所在的链路是主链路，Ethernet1/2 所在的链路是从链路。当主链路出现故障时，Ethernet1/1 将自动阻塞并切换到待命状态，Ethernet1/2 处于转发状态。当主链路恢复后，如果该 Smart Link 组配置允许角色抢占，Ethernet1/2 将自动阻塞并切换到待命状态，而 Ethernet1/1 将切换到转发状态。

4. 负载分担机制

在同一个环网中，可能同时存在多个 VLAN 的数据流量，Smart Link 可以实现流量的负载分担，即不同 VLAN 的流量沿不同 Smart Link 组所确定的路径进行转发。

通过把一个端口配置为多个 Smart Link 组的成员端口（每个 Smart Link 组的保护 VLAN 不同），且该端口在不同组中的转发状态不同，这样就能实现不同 VLAN 的数据流量的转发路径不同，从而达到负载分担的目的。每个 Smart Link 组的保护 VLAN 是通过引用 MSTP 实例来实现的。

5. 链路检测联动机制

当网络的中间传输设备或传输链路发生故障（如光纤链路发生单通、错纤、丢包等故障）以及故障恢复时，Smart Link 本身无法感知。Smart Link 端口需要通过专门的链路检测协议来检测端口的链路状态，当链路检测协议检测到故障发生或故障恢复时就通知 Smart Link 进行链路切换。当端口与 CFD（Connectivity Fault Detection，连通错误检测）的 CC（Continuity Check，连续性检测）机制联动时，CFD 按照检测 VLAN 和检测端口来通知故障检测事件，只有当端口所在 Smart Link 组的控制 VLAN 与检测 VLAN 一致时，才响应此 CC 事件。

7.4.4 配置实例

1. Smart Link 基本功能配置示例

1）组网需求

如图 7-16 所示，为了保证网络的可靠性，用户侧网络采用双归属上行方式连接到城域网。同时，要保证在主链路发生故障时，主链路报文能够快速切换到从链路，并且使业务中断时间控制在毫秒级。

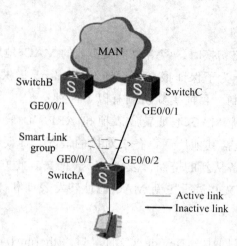

图 7-16　Smart Link 配置

2）配置思路

采用如下的思路配置 Smart Link 基本功能：

SWA 上配置 Smart Link 组，并将上行链路加入组中。

SWA 上使能回切功能。

SWA 上使能发送 Flush 报文功能。

SWB 和 SWC 两台设备上使能 Flush 报文接收功能。

SWA 上使能 Smart Link 组功能。

3）准备工作

（1）创建 Smart Link 组的 ID。

（2）SWA 上行链路接口编号。

（3）发送 Flush 报文携带的控制 VLAN 编号和密码。

4）操作步骤

（1）在 SWA 上配置控制 VLAN，并将接口加入该 VLAN 中。

\<SWA\> system-view

[SWA] vlan batch 10

[SWA] interface gigabitethernet 0/0/1

[SWA-GigabitEthernet0/0/1] port link-type trunk

[SWA-GigabitEthernet0/0/1] port trunk allow-pass vlan 10

[SWA] interface gigabitethernet 0/0/2

[SWA-GigabitEthernet0/0/2] port link-type trunk

[SWA-GigabitEthernet0/0/2] port trunk allow-pass vlan 10

[SWA-GigabitEthernet0/0/2] quit

SWB 和 SWC 配置同 SWA 相似。

（2）将去使能 STP 功能的上行接口加入 Smart Link 组并指定为主接口或从接口。

[SWA] interface gigabitethernet 0/0/1

[SWA-GGigabitEthernet0/0/1] stp disable

[SWA-GigabitEthernet0/0/1] quit

[SWA] interface gigabitethernet 0/0/2

[SWA-GigabitEthernet0/0/2] stp disable

[SWA-GigabitEthernet0/0/2] quit

[SWA] smart-link group 1

[SWA-smlk-group1] port gigabitethernet 0/0/1 master

[SWA-smlk-group1] port gigabitethernet 0/0/2 slave

（3）使能回切功能并设置回切时间。

[SWA-smlk-group1] restore enable

[SWA-smlk-group1] timer wtr 30

（4）使能发送 Flush 报文功能。

[SWA-smlk-group1] flush send control-vlan 10 password simple 123

（5）在 SWA 使能 Smart Link 组功能。

[SWA-smlk-group1] smart-link enable

（6）使能接收 Flush 报文功能。

① 配置 SWB。

[SWB] interface gigabitethernet 0/0/1

[SWB-GigabitEthernet0/0/1] smart-link flush receive control-vlan 10 password simple 123

[SWB-GigabitEthernet0/0/1] quit

② 配置 SWC。

[SWC] interface gigabitethernet 0/0/1

[SWC-GigabitEthernet0/0/1] smart-link flush receive control-vlan 10 password simple 123

[SWC-GigabitEthernet0/0/1] quit

（7）验证配置结果。

使用 display smart-link group 命令查看 SWA 上的 Smart Link 组信息。如果显示如下信息，则表示配置成功。

<SWA> display smart-link group 1

Smart Link group 1 information：

    Smart Link group was enabled

    There is no Load-Balance

    There is no protected-vlan reference-instance

    DeviceID：0025-9e80-2494 Control-vlan ID：10

Member	Role	State	Flush Count	Last-Flush-Time
GigabitEthernet0/0/1	Master	Active	1	0000/00/00 00:00:00 UTC+00：00
GigabitEthernet0/0/2	Slave	Inactive	0	0000/00/00 00:00:00 UTC+00：00

（8）使用 shutdown 命令关闭接口 GigabitEthernet0/0/1，可以看到接口 GigabitEthernet0/0/1 已经处于 Inactive 状态，接口 GigabitEthernet0/0/2 为 Active 状态。

[SWA-GigabitEthernet0/0/1]undo shutdown

[SWA-GigabitEthernet0/0/1]display smart-link group 1

Smart Link group 1 information:

   Smart Link group was enabled

   There is no Load-Balance

   There is no protected-vlan reference-instance

   DeviceID: 0025-9e80-2494   Control-vlan ID: 10

Member	Role	State	Flush Count Last-Flush-Time
GigabitEthernet0/0/1	Master	Inactive	1　0000/00/00 00:00:00 UTC+00: 00
GigabitEthernet0/0/2	Slave	Active	1　0000/00/00 00:00:00 UTC+00: 00

（9）使用 undo shutdown 命令开启接口 GigabitEthernet0/0/1，等待 30 s 后，可以看到接口 GigabitEthernet0/0/1 处于 Active 状态，接口 GigabitEthernet0/0/2 为 Inactive 状态。

SWA-GigabitEthernet0/0/1] undo shutdown

[SWAGigabitEthernet0/0/1] display smart-link group 1

Smart Link group 1 information:

   Smart Link group was enabled

   There is no Load-Balance

   There is no protected-vlan reference-instance

   DeviceID: 0025-9e80-2494 Control-vlan ID: 10

Member	Role	State	Flush Count Last-Flush-Time
GigabitEthernet0/0/1	Master Active	1	0000/00/00 00:00:00 UTC+00: 00
GigabitEthernet0/0/2	Slave Inactive	1	0000/00/00 00:00:00 UTC+00: 00

配置文件，略。

2. 配置 Smart Link 主备备份示例

1）组网需求

如图 7-17 所示，为了保证网络的可靠性，用户侧网络采用双上行方式组网。用户希望能够破除网络环路，实现主备链路冗余备份和快速收敛。

2）配置思路

采用如下的思路配置 Smart Link 功能：

（1）创建 VLAN，并配置接口允许相应 VLAN 通过。

（2）在 SWA 上创建 Smart Link 备份组，并指定端口角色。

（3）在 SWA 上使能回切功能，使得故障恢复后，流量切换到相对稳定的原主链路上。

（4）在 SWA 上使能发送 Flush 报文功能。

（5）在 SWB、SWC 和 SWD 三台设备对应端口上使能 Flush 报文接收功能。

（6）在 SWA 上使能 Smart Link 组功能。

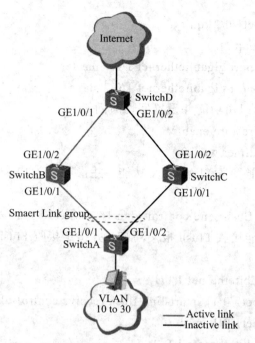

图 7-17 配置 Smart Link 主备备份示例

3）操作步骤

（1）配置 VLAN 信息：

在 SWA 上创建 VLAN，并配置接口允许相应 VLAN 通过。SWB、SWC 和 SWD 的配置与 SWA 类似，详见配置文件。

system-view

[Quidway] sysname SWA

[SWA] vlan batch 10 to 30

[SWA] interface gigabitethernet 1/0/1

[SWA-GigabitEthernet1/0/1] port link-type trunk

[SWA-GigabitEthernet1/0/1] port trunk allow-pass vlan 10 to 30

[SWA-GigabitEthernet1/0/1] quit

[SWA] interface gigabitethernet 1/0/2

[SWA-GigabitEthernet1/0/2] port link-type trunk

[SWA-GigabitEthernet1/0/2] port trunk allow-pass vlan 10 to 30

[SWA-GigabitEthernet1/0/2] quit

（2）在 SWA 上创建 Smart Link 备份组，并指定端口角色。

[SWA] interface gigabitethernet 1/0/1

[SWA-GigabitEthernet1/0/1] stp disable

[SWA-GigabitEthernet1/0/1] quit

[SWA] interface gigabitethernet 1/0/2

[SWA-GigabitEthernet1/0/2] stp disable

[SWA-GigabitEthernet1/0/2] quit

[SWA] smart-link group 1

[SWA-smlk-group1] port gigabitethernet 1/0/1 master

[SWA-smlk-group1] port gigabitethernet 1/0/2 slave

（3）配置 SWA 使能回切功能并设置回切时间。

[SWA-smlk-group1] restore enable

[SWA-smlk-group1] timer wtr 30

（4）配置 SWA，使能发送 Flush 报文功能，并指定发送 Flush 报文的密码为 SHA 加密方式。

[SWA-smlk-group1] flush send control-vlan 10 password sha 123

（5）配置 SWB，使能接收 Flush 报文功能，并指定接收 Flush 报文的密码为 SHA 加密方式。

[SWB] interface gigabitethernet 1/0/1

[SWB-GigabitEthernet1/0/1] smart-link flush receive control-vlan 10 password sha 123

[SWB-GigabitEthernet1/0/1] quit

[SWB] interface gigabitethernet 1/0/2

[SWB-GigabitEthernet1/0/2] smart-link flush receive control-vlan 10 password sha 123

[SWB-GigabitEthernet1/0/2] quit

（6）配置 SWC，并指定接收 Flush 报文的密码为 SHA 加密方式。

[SWC] interface gigabitethernet 1/0/1

[SWC-GigabitEthernet1/0/1] smart-link flush receive control-vlan 10 password sha 123

[SWC-GigabitEthernet1/0/1] quit

[SWC] interface gigabitethernet 1/0/2

[SWC-GigabitEthernet1/0/2] smart-link flush receive control-vlan 10 password sha 123

[SWC-GigabitEthernet1/0/2] quit

（7）配置 SWD，并指定接收 Flush 报文的密码为 SHA 加密方式。

[SWD] interface gigabitethernet 1/0/1

[SWD-GigabitEthernet1/0/1] smart-link flush receive control-vlan 10 password sha 123

[SWD-GigabitEthernet1/0/1] quit

[SWD] interface gigabitethernet 1/0/2

[SWD-GigabitEthernet1/0/2] smart-link flush receive control-vlan 10 password sha 123

[SWD-GigabitEthernet1/0/2] quit

（8）在 SWA 使能 Smart Link 组功能。

[SWA-smlk-group1] smart-link enable

[SWA-smlk-group1] quit

（9）验证配置结果。

使用 display smart-link group 1 命令查看 SWA 上的 Smart Link 组信息。如果显示如下信息，则表示配置成功。

Smart Link 组功能已经使能；

回切时间为 30 s；

控制 VLAN 编号为 10；

接口 GE1/0/1 为主接口且处于 Active 状态，接口 GE1/0/2 为从接口且处于 Inactive。

如：

[SWA] display smart-link group 1

Smart Link group 1 information：

Smart Link group was enabled

Wtr-time is：30 sec.

There is no Load-Balance

There is no protected-vlan reference-instance

DeviceID：0018-2000-0083 Control-vlan ID：10

Member Role State Flush Count Last-Flush-Time

GigabitEthernet1/0/1 Master Active 1 2009/01/05 10：33：46 UTC+05：00

GigabitEthernet1/0/2 Slave Inactive 0 0000/00/00 00：00：00 UTC+05：00

使用 shutdown 命令关闭接口 GE1/0/1，可以看到接口 GE1/0/1 已经处于 Inactive 状态，接口 GE1/0/2 为 Active 状态。

[SWA] interface gigabitethernet 1/0/1

[SWA-GigabitEthernet1/0/1] shutdown

[SWA-GigabitEthernet1/0/1] display smart-link group 1

Smart Link group 1 information：

Smart Link group was enabled

Wtr-time is：30 sec.

There is no Load-Balance

There is no protected-vlan reference-instance

DeviceID：0018-2000-0083 Control-vlan ID：10

Member Role State Flush Count Last-Flush-Time

GigabitEthernet1/0/1 Master Inactive 1 2009/01/05 10：33：46 UTC+05：00

GigabitEthernet1/0/2 Slave Active 1 2009/01/05 10：34：46 UTC+05：00

使用 undo shutdown 命令开启接口 GE1/0/1。

[SWA-GigabitEthernet1/0/1] undo shutdown

等待 30 s 后，可以看到接口 GE1/0/1 处于 Active 状态，接口 GE1/0/2 为 Inactive 状态。

[SWA-GigabitEthernet1/0/1] display smart-link group 1

Smart Link group 1 information：

Smart Link group was enabled

Wtr-time is：30 sec.

There is no Load-Balance

There is no protected-vlan reference-instance

DeviceID：0018-2000-0083 Control-vlan ID：10

Member Role State Flush Count Last-Flush-Time

GigabitEthernet1/0/1 Master Active 2 2009/01/05 10：35：46 UTC+05：00

GigabitEthernet1/0/2 Slave Inactive 1 2009/01/05 10：34：46 UTC+05：00

配置文件，略。

参考文献

[1] 范新龙，董奇. 计算机网络应用教程[M]. 西安：西安电子科技大学出版社，2011.

[2] 李智慧，郭凤芝. 计算机网络应用技术基础[M]. 北京：清华大学出版社，2010.

[3] 曹建春. 计算机网络技术实训教程[M]. 北京：中国人民大学出版社，2010.

[4] 王春海，张晓莉，田浩. VPN 网络组建案例实录[M]. 北京：科学出版社，2008.

[5] 任云晖，宋维堂. 计算机网络技术[M]. 北京，中国水利水电出版社，2010.

[6] 杨云，陈华. 计算机网络基础与实训[M]. 北京：化学工业出版社，2010.

[7] 刘敏涵，王存祥. 计算机网络技术[M]. 西安：西安电子科技大学出版社，2003.

[8] 王津，孙通. 网络组建与管理[M]. 北京：北京航空航天大学出版社，2010.

[9] 吴立勇. 计算机网络技术[M]. 北京：北京航空航天大学出版社，2010.

[10] 钱英军，刘民. 计算机网络专业综合实训[M]. 北京：中国水利水电出版社，2009.

[11] 刘培文，赵建功. 计算机网络应用教程[M]. 北京：中国人民大学出版社，2009.

[12] 苏英如. 局域网技术与组网工程实训教程[M]. 北京：中国水利水电出版社，2009.

[13] 任云晖. 网络互联技术[M]. 北京：中国水利水电出版社，2009.

[14] 张继山. 计算机网络实用技术[M]. 北京：中国铁道出版社，2008.

[15] 马民虎. 互联网信息内容安全管理教程[M]. 北京：中国人民公安大学出版社，2007.

[16] 王达. 管理员必读—网络应用[M]. 北京：电子工业出版社，2006.

[17] 周舸. 计算机网络技术基础[M]. 北京：人民邮电出版社，2008.

[18] 王树军，王趾成. 计算机网络技术基础[M]. 北京：清华大学出版社，2009.

[19] 高殿武. 计算机网络[M]. 北京：机械工业出版社，2010.

[20] 华为. HCNA-HNTD 进阶实验指导书[M]. 深圳：华为公司，2009.

[21] 华为. HCNA（HCDA）华为认证网络工程师培训_V1.6 [M]. 深圳：华为公司，2009.

[22] H3C. H3C 网络学院教材第 1，2 学期（上册）[M]. 杭州：华三通公司，2009.